初级岗位培训教材

CANDU-6 核电厂系统与运行

核岛系统（二）

主　编　邹正宇

副主编　姚　翀　陈齐清　周发如　姚照红
吴明亮

原子能出版社

图书在版编目(CIP)数据

CANDU-6 核电厂系统与运行．核岛系统(二)/邹正宇主编．—北京:原子能出版社,2010.5

初级岗位培训教材

ISBN 978-7-5022-4882-6

Ⅰ.①C… Ⅱ.①邹… Ⅲ.①核电厂—技术培训—教材 Ⅳ.①TM623

中国版本图书馆 CIP 数据核字(2010)第 069168 号

内 容 简 介

根据中国核工业集团公司的要求编写的《CANDU-6 核电厂系统与运行·初级岗位培训教材》是CANDU-6 核电厂运行现场值班员上岗前的培训教材,它侧重于描述系统设备的现场布置、系统参数测量点、风险警示和运行实践、系统操作技能等内容。

《CANDU-6 核电厂系统与运行·初级岗位培训教材》适用于 CANDU-6 核电厂运行现场值班员培训和自学,还对电站其他生产岗位人员和协作单位人员有一定的指导作用。

CANDU-6 核电厂系统与运行·核岛系统(二)·初级岗位培训教材

出版发行 原子能出版社(北京市海淀区阜成路 43 号 100048)
责任编辑 刘 岩
技术编辑 丁怀兰 王亚翠
责任印制 潘玉玲
印　　刷 保定市中画美凯印刷有限公司
经　　销 全国新华书店
开　　本 787 mm×1092 mm 1/16
印　　张 15.625 **字 数** 387 千字
版　　次 2010 年 8 月第 1 版 2010 年 8 月第 1 次印刷
书　　号 ISBN 978-7-5022-4882-6 **定 价 75.00 元**

网址:http://www.aep.com.cn **E-mail:atomep123@126.com**
发行电话:(010)68452845

CANDU-6 核电厂系统与运行

核岛系统(二)　初级岗位培训教材

编　辑　部

主　　编　邹正宇

副 主 编　姚　翀　陈齐清　周发如　姚照红　吴明亮

编　　者　（按姓氏拼音顺序排列）

付援非　洪黎辉　金　山　李璟涛　龙　江
马建江　马旭阳　任　诚　宋　刚　田桂红
王福栋　王晶晶　吴　斌　吴明亮　杨　俊
杨　勇　姚　翀　姚照红　于传松　曾　春
张建元　张世敏　张玉虎　郑建华　朱志斌
邹香兰

统审专家　居玉鑫　陶少平　吴国安　陈茂松

总　序

核工业作为国家高科技战略性产业，是国家安全的重要基石、重要的清洁能源供应，以及综合国力和大国地位的重要标志。

1978年以来，我国核工业第二次创业。中国核工业集团公司走出了一条以我为主发展民族核电的成功道路。在长期的核电设计、建造、运行和管理过程中，积累了丰富的实践和理论经验，在与国际同行合作过程中，实现了技术和管理与国际先进水平相接轨，取得了骄人的业绩。

中国核工业集团公司在三十多年的核电建设中，经历了起步、小批量建设、快速发展三个阶段。我国先后建成了秦山、大亚湾、田湾三大核电基地，实现了我国大陆核电“零”的突破、国产化的重大跨越、核电管理与国际接轨，走出了一条以我为主，发展民族核电的成功之路。在最近几年中，发展尤为迅猛。截至2008年底，核电运行机组11台，装机容量907.82万千瓦，全部稳定运行，态势良好。

进入新世纪，党中央、国务院和中央军委对核工业发展高度重视、极为关怀，对核工业做出了新的战略决策。胡锦涛总书记指出：“无论从促进经济社会发展看，还是从保障国家安全看，我们都必须切实把我国核事业发展好”。发展核电是优化能源结构、保障能源安全、满足经济社会发展需求的重要途径。2007年10月，国务院正式颁布了《核电中长期发展规划(2005—2020年)》。核电进入了快速、规模化、跨越式发展的新阶段。

在中国核电大发展之际，中国核工业集团公司继续以“核安全是核工业的生命线”的核安全文化理念和“透明、坦诚和开放”的企业管理心态，以推动核电又好又快又安全发展为己任，为加速培养核电发展所需的各类人才，组织核电领域专家，全面系统地对核电设计、工程建造、电站调试、生产准备和生产运营等各阶段的知识进行了梳理，构造了有逻辑性、系统性的核电知识体系，形成了覆盖核电各阶段的核电工程培训系列教材。

这套教材作为培养核电人才的重要工具，是国内目前第一套专业化、体系化、公开出版的核电人才培养系列教材，有助于开展培训工作，提高培训质量、节约培训成本，夯实核电发展基础。它集中了全集团的优势，突出高起点、实用性强，是集团化、专业化运作的又一次实践。是中国核工业50余年知识管理的积淀，是中国核工业10万人多年总结和实践经验的结晶。

21世纪是“以人为本”的知识经济时代，拥有足够的优秀人才是企业持续发展的重要基础。中国核工业集团公司愿以这套教材为核电发展开路，为业界理论探讨、实践交流提供参考。

我们要继续以科学发展观为指导，认真贯彻落实党中央、国务院的指示精神，积极推进核电产业发展。特别是要把总结核电建设经验作为一项长期的工作来抓，不断更新和完善人才教育培训体系。

核电培训系列教材可广泛用于核电厂人员培训，也可用于核电管理者的学习工具书，对于有针对性地解决核电厂生产实践和管理问题具有重要的参考价值。

中国核工业集团公司总经理 孙勤

2009年9月9日

前　言

高素质专业人才是核电站安全稳定经济运行的重要保证。通过有效的培训来提高公司员工全面工作技能，不断更新知识，永无止境地追求更高的水平，不但是运营管理好核电站的基础，也是保持企业强大生命力的基础。根据秦山第三核电有限公司（以下简称秦山三核）的培训政策，所有的培训都必须要有配套的培训教材。为此秦山三核在系统性培训方法（SAT）的基础上建立了一套适合于运行人员培训的教材体系。这套教材的内容涵盖面广，融入了各方面的技术知识，包括电站设计变更以及一线技术人员的技术经验等，图文并茂，面向生产，强调实用，符合培养人才的特定要求，学员通过学习教材可以有效地掌握大量的专业知识，提升技能。

由于本套教材内容针对性强，教材的编写质量直接关系到课程教学效果，因此秦山三核高度重视教材的开发。为此，秦山三核组织各专业处室采用自编开发的方式，安排具备足够调试、运行和维修经验的人员参与教材的编写，并对完成的初稿进行了认真的审查。本套教材质量较高，专业性强，是一份高价值的技术总结，它凝聚了各级领导和广大员工的智慧和心血。在此，对他们辛勤的工作表示衷心的感谢！

本套培训教材满足了电站正常运行期间员工知识和技能培训的需要，它的编写意味着秦山三核的运行人员培训体系与世界先进的运行人员培训体系相接轨，人员培训走上了规范化运作道路。希望广大运行员工充分利用本教材，不断提高自身知识、技能水平，为秦山三期重水堆电站的长期安全稳定经济运行做出贡献。

中核集团秦山第三核电有限公司

二〇〇九年五月

目　　录

第一章　端屏蔽冷却系统(34110)

第二章　安全壳喷淋系统(34310)

第三章　应急堆芯冷却系统(34320)

第四章　乏燃料池冷却和净化系统(34410)

第五章　树脂输送系统(34510)

第六章　应急水供应系统(34610)

第七章 液体毒物注射系统(34710)

第八章 液体区域控制系统(34810)

第九章 环隙气体系统(34980)

第十章 主蒸汽系统(36110)

第十一章　蒸汽发生器排污系统(36310)

第十二章　轻水泄漏收集系统(36910)

第十三章 重水供给系统(38110)

第十四章 重水蒸气回收系统(38310)

第十五章　重水净化系统(38410)

第十六章　重水升级系统(38420)

第一章　端屏蔽冷却系统（34110）

内容介绍

课程名称：端屏蔽冷却系统
课程时间：3 学时

学员：现场操作员
学员条件：完成本系统的课堂部分培训

最终培训目标：
1. 了解系统设备的现场布置；
2. 掌握各参数测量点的现场位置和在系统流程中的位置；
3. 熟练完成现场巡检内容，正常参数、报警值、异常和故障识别技巧和技能；
4. 系统上操作和巡检存在的一些安全提示和危害，风险警示、运行实践；
5. 正常、应急时的操作和异常的现场响应；
6. 参照 OM 列出本系统的主要操作项目。

教学方式及教学用具：
培训方式：岗位培训
教员需要：
a. 流程图；
b. 白板等。

考核方法：现场考核（实际操作和模拟相结合）、口试

1.1　系统设备

1.1.1　设备清单和现场位置

1.1.1.1　总体描述系统设备的分布

端屏蔽冷却系统是一个低温、低压的半封闭式轻水再循环系统，主要由排管容器堆腔、

端屏蔽支撑环、端屏蔽、两台离心泵、两台管壳式热交换器、膨胀箱、离子交换床、延迟箱(衰变箱)阀门、管道及相关的仪表组成,图 1-1-1 给出了系统的工艺流程简图。

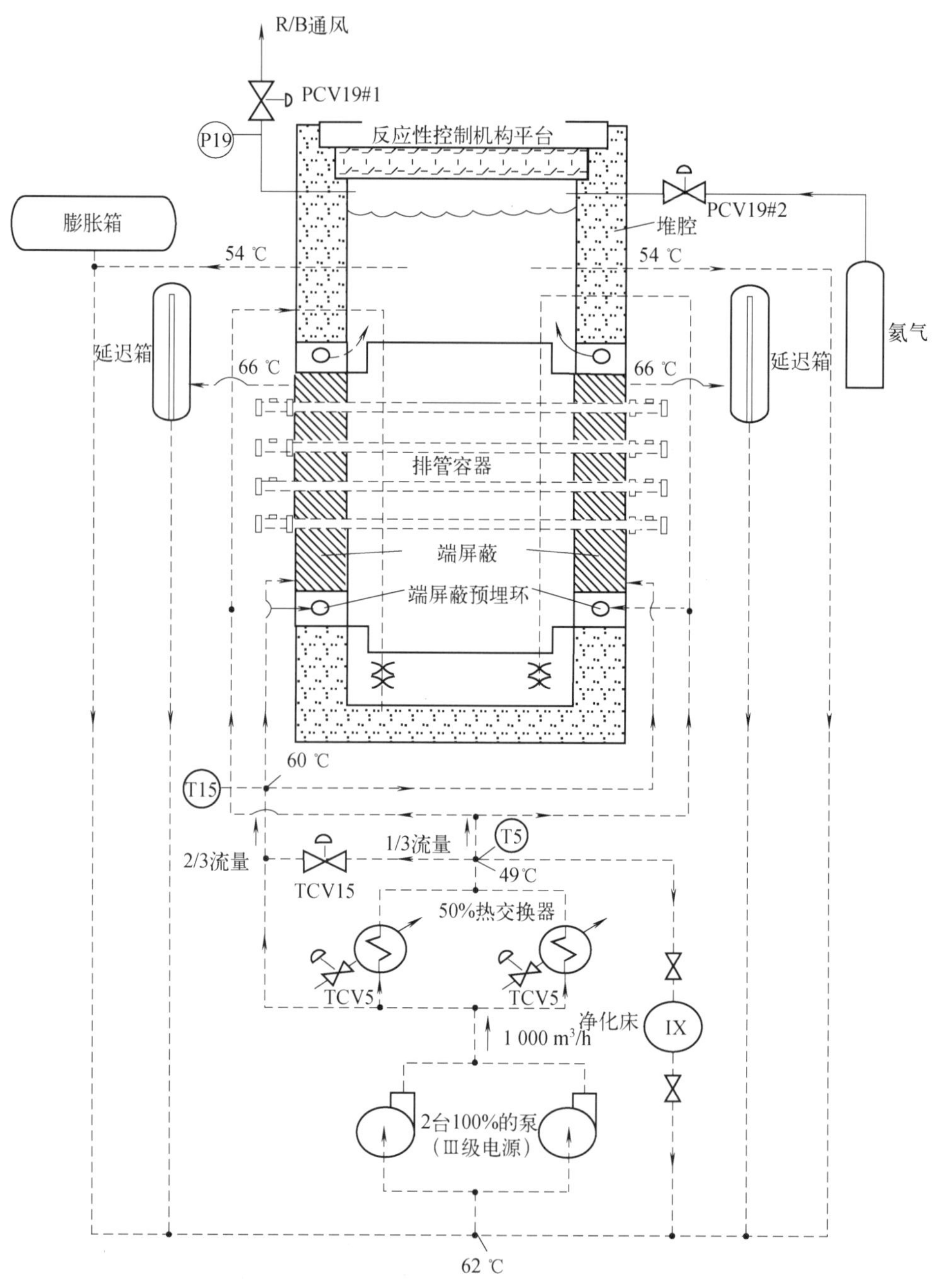

图 1-1-1 端屏蔽冷却系统工艺流程简图

本系统为轻水系统,主要由三个部分组成:

- 排管容器堆腔内充以轻水,顶部约 30 cm 的空间充 N_2 作覆盖气;
- 端屏蔽支撑环与排管容器两端的屏蔽结构接触,故必须给予冷却使膨胀趋于同步;

- 端屏蔽(X端、Y端)区内充满了钢球,余下的空隙内则充以轻水。

以上三部分的轻水是循环流动的,以起到冷却和屏蔽的作用。H_2O 从上述三个部分流出,汇集到泵入口总管后经泵输入热交换器冷却后再回到上述三个部分。

1.1.1.2 设备描述

(1) 循环泵(3411-P1、P2)

该系统的水通过一台离心泵进行循环,另一台泵备用。总流量为 311.5 L/s,在泵的入口压力为 179.3 kPa 时,泵的出口压力约为 489.6 kPa。

在Ⅳ级电源失效时,该系统必须有效冷却反应堆,所以泵由Ⅲ级电源供电。

(2) 热交换器(HX1,HX2)

系统设计有 2 台热交换器;2 台热交换器在满功率运行时必须均有效。壳侧的循环冷却水由控制阀 TCV5#1 和 TCV5#2 控制,其功能是维持每台热交换器的工艺流出口温度在 49 ℃。

(3) 膨胀箱(TK3)

膨胀箱位于辅助厂房标高 113.354 m 处,膨胀箱的容积为 3.71 m^3,正常液位在 2~2.1 m。当系统从停堆到正常运行时,该膨胀箱容纳因温度上升而体积膨胀的水。

膨胀箱直接与大气相连,并包括以下功能:

- 溢流到放射性疏水系统,避免堆腔超压;
- 疏水到放射性疏水系统;
- 除盐水补给端屏蔽用水;
- 高液位和低液位指示。

(4) 延迟箱(TK1 和 TK2)

分别安装在每个端屏蔽出口的 2 个延迟箱的功能是提供一个 40 s 的延迟,让短半衰期元素如 $^{19}O(T_{1/2}=26.9\ s)$ 和 $^{16}N(T_{1/2}=7.11\ s)$ 的放射性得以衰减,以减少放射性的扩散。

延迟箱是一根装在套管中的纵向垂直管,其高度为 10 m 左右。每个延迟箱通过一个爆破盘进行超压保护,排气到 R/B 放射性排气系统。

(5) 离子交换器(IX1)

封闭环路系统的水是除盐水,所以必须保持其离子纯度,以防止不锈钢设备腐蚀,如排管容器和端屏蔽。

- 通过保持适当的 pH 值,以防止碳钢设备腐蚀,如箱内涂层、端屏蔽钢球和管道。通过去除由覆盖气体中的氮气复合成的硝酸盐部分地达到所需要的 pH 值。
- 最大限度降低释放氢气的辐照分解。该氢气可能形成在覆盖气体中的易爆混合物。
- 离子交换器是一个筒形容器,其容量为 310 L,带一个碟形封头。在其顶部和底部都设置了滤网,用来截留树脂。工艺进口位于箱体顶部,出口位于箱体底部,而更换树脂的接口在上、下两端。混凝土屏蔽为操作员提供对树脂的高放射性场的防护。

离子交换器装有 200 LNRW-37LILC 型树脂,这些树脂组成一个阴树脂和阳树脂的混床。

净化流量为 8.5 L/s,它提供 19 h 的净化半寿期。最后,净化水温控制在 49 ℃,以避免树脂性能下降。

(6) 管道过滤器(STR4)

一个 Y 形管道过滤器装有一个易处置的滤网，该过滤器安装在离子交换器的下游，目的是截获离子交换器金属丝网没有截留的树脂。滤网是一个 40 孔目的过滤元件，它能截留 0.25 mm 直径的粒子。已知树脂的直径在 0.38～0.60 mm。

(7) 化学物添加箱(3411-Y3)

为了维持 pH 值和溶解 O_2 浓度在可接受的水平，该系统有一个化学物添加箱，允许添加氢氧化锂和联氨。在添加时，添加箱流量由运行泵提供。

(8) 覆盖气体

在反应性控制机构平台的底部和排管容器腔室中的水之间约需要 30 cm 的一层氮气覆盖气体。在毒物注射期间或压力管破裂期间的超压工况下，腔室中的 N_2 气体是一个缓冲空间。另一方面，氮气是一种稳定的气体，辐照产物可以在 N_2 中扩散和通过扫气去除。

覆盖气体的压力为 10.4 kPa(g)，并且通过一个氮气进气阀门 PCV19＃2 和一个通向 R/B 放射性大气的释放阀 PCV19＃1 来控制其压力，考虑到堆腔底部的设计压力，覆盖气体的最大压力不能高于 18 kPa(g)。因为氮气向 L21 液位变送器不停地补气，所以该系统实际上处于连续扫气的状态。

(9) 止回阀

本系统的 3411-V28/V29/V36 止回阀的目的是最大可能限制堆腔和端屏蔽的装量在管道发生破口时避免丧失。

(10) 通风管线

延迟箱、端屏蔽和堆腔的进出口都安装了通风排气管线，防止在管线破口时产生虹吸以减少装量损失。

(11) 爆破盘(RD1、RD2)

在冷却水丧失的工况下，在排管容器腔室可能产生蒸汽，端屏蔽中则更易产生蒸汽。如果通风管线来不及排气减压，则压力将上升并超过设备的限值。2 个爆破盘 RD1 和 RD2 在压力为 69 kPa(g)时破裂，以使压力泄压到 R/B 厂房中。

在 5 年一次的安全壳泄漏率试验时，124～143 kPa(g)的试验压力将造成爆破盘的反向破裂，试验时要做好相应防范措施。

(12) 正常运行时系统状态描述

所有的仪控设备投入运行，隔离阀打开，仪控设备疏水阀和平衡阀关闭，正常运行时系统阀门状态见表 1-1-1。

表 1-1-1 阀门状态清单

序号	设备编号	设备名称	运行时状态	房间区域/盘台号
1	3411-V1	1 号泵入口隔离阀	开	S-011
2	3411-V2	1 号泵出口止回阀	N/A	S-011
3	3411-V3	1 号泵出口隔离阀	开	S-011
4	3411-V4	2 号泵入口隔离阀	开	S-011

续表

序号	设备编号	设备名称	运行时状态	房间区域/盘台号
5	3411-V5	2 号泵出口止回阀	N/A	S-011
6	3411-V6	2 号泵出口隔离阀	开	S-011
7	3411-V7	IX 废树脂输送水隔离阀	关	S-011
8	3411-V8	IX 废树脂排出隔离阀	关	S-011
9	3411-V9	IX 废树脂传输管道隔离阀	关	S-011
10	3411-V10	1 号热交换器入口隔离阀	开	S-011
11	3411-V11	1 号热交换器出口隔离阀	开	S-011
12	3411-V12	2 号热交换器入口隔离阀	开	S-011
13	3411-V13	2 号热交换器出口隔离阀	开	S-011
14	3411-V14	化学添加回路隔离阀	关	S-011
15	3411-V16	Y3 隔离阀	关	S-011
16	3411-V17	净化回路出口隔离阀	开(50%)	S-011
17	3411-V18	净化回路入口隔离阀	开(节流)	S-011
18	3411-V20	Y3 隔离阀	关	S-011
19	3411-V21	废树脂冲洗水隔离阀	关	S-011
20	3411-V22	化学添加回路隔离阀	关	S-011
21	3411-V23	泵入口采样隔离阀	开	S-011
22	3411-V24	IX 出口采样隔离阀	开	S-011
23	3411-V26	63411-TCV15 隔离阀	开	S-011
24	3411 V27	63411-TCV15 隔离阀	开	S-011
25	3411-V28	至堆腔止回阀	N/A	R-011
26	3411-V29	至端屏蔽“Y”止回阀	N/A	R-011
27	3411-V31	63411-TCV15 旁路阀	关	S-011
28	3411-V34	63411-PT19 疏水阀	关	R-401
29	3411-V36	至端屏蔽“X”止回阀	N/A	R-011
30	3411-V37	热交换器旁路阀	关	S-011
31	3411-V42	覆盖气体出口疏水阀	关	R-401
32	3411-V43	覆盖气体进口疏水阀	关	R-401
33	3411-V44	系统疏水阀	关	S-011
34	3411-V45	膨胀箱隔离阀	开	S-011
35	3411-V47	STR4 疏水阀	关	S-011
36	3411V48	63411-F18 仪表根阀	关	S-011
37	3411-V49	63411-F18 仪表根阀	关	S-011
38	3411-V50	63411-F16 仪表根阀	关	S-022
39	3411-V51	63411-F16 仪表根阀	关	S-022

续表

序号	设备编号	设备名称	运行时状态	房间区域/盘台号
40	3411-V52	63411-F17 仪表根阀	关	S-011
41	3411-V53	63411-F17 仪表根阀	关	S-011
42	3411-V56	63411-F14 仪表根阀	关	R-111
43	3411-V57	63411-F14 仪表根阀	关	R-111
44	3411-V58	63411-F22 仪表根阀	关	R-111
45	3411-V59	63411-F22 仪表根阀	关	R-111
46	3411-V62	除盐水补水隔离阀	关	S-010
47	3411-V63	膨胀箱疏水阀	关	S-318
48	3411-V64	3411-IX1 疏水阀	关	S-011
49	3411-V68	热交换器旁路疏水阀	关	S-011
50	3411-V69	HX2 排气阀	关	S-011
51	3411-V70	HX2 疏水阀	关	S-011
52	3411-V71	HX1 排气阀	关	S-011
53	3411-V72	HX1 疏水阀	关	S-011
54	3411-V73	HX 出口管道疏水阀	关	S-011
55	3411-V74	PV40 上游管道疏水阀	关	S-019
56	3411-V75	63411-PDI3 仪表根阀	关	S-011
57	3411-V76	63411-PDT3 仪表根阀	开	S-011
58	3411-V77	63411-PDI3 仪表根阀	开	S-011
59	3411-V78	63411-PDT3 仪表根阀	开	S-011
60	3411-V79	63411-PDI20 仪表根阀	关	S-011
61	3411-V80	63411-PDS20 仪表根阀	开	S-011
62	3411-V81	63411-PI10 仪表根阀	开	S-011
63	3411-V84	63411-PDS20 仪表根阀	开	S-011
64	3411-V85	63411-PDI20 仪表根阀	关	S-011
65	3411-V86	63411-PDS3 仪表根阀	关	S-011
66	3411-V87	63411-PDS3 仪表根阀	开	S-011
67	3411-V88	63411-PT4 仪表根阀	开	S-011
68	3411-V89	63411-PI4 仪表根阀	开	S-011
69	3411-V90	63411-PS4 仪表根阀	开	S-011
70	3411-V91	63411-PDI32 仪表根阀	关	S-011
71	3411-V92	63411-PDI32 仪表根阀	关	S-011
72	3411-V93	63411-PDI31 仪表根阀	关	S-011
73	3411-V94	63411-PDI31 仪表根阀	关	S-011
74	3411-V95	泵出口排气阀	关	S-011

续表

序号	设备编号	设备名称	运行时状态	房间区域/盘台号
75	3411-V96	TCV15 上游管道疏水阀	关	S-011
76	3411-V97	IX 出口管道疏水阀	关	S-011
77	3411-V98	Y3 疏水阀	关	S-011
78	3411-V99	TCV15 下游管道排气阀	关	S-019
79	3411-V100	PV38 下游管道疏水阀	关	S-019
80	3411-V101	PV39 下游管道疏水阀	关	S-019
81	3411-V102	3411-Y4 隔离阀	关	R-401
82	3411-V103	3411-Y4 隔离阀	关	R-401
83	3411-V104	液位计 L11 隔离阀	开	S-318
84	3411-V105	Y3 加药阀	关	S-011
85	3411-V107	泵入口采样阀	关	S-011
86	3411-V108	IX 出口采样阀	关	S-011
87	3411-V802	63411-PI801 的仪表根阀	关	R-401
88	3411-V803	3411-PRV806 出口隔离阀	关	R-401
89	3411-V804	备用供气回路隔离阀	关	R-401
90	3411-V807	正常供气回路隔离阀	开	R-401
91	3411-PRV805	备用供气回路 1 次减压阀	关	R-401
92	3411-PRV806	备用供气回路 2 次减压阀	关	R-401
93	3411-PV38	34110 系统安全壳隔离阀	开(失效开)	S-019
94	3411-PV39	34110 系统安全壳隔离阀	开(失效开)	S-019
95	3411-PV40	34110 系统安全壳隔离阀	开(失效开)	S-019
96	3411-PV105	34110 系统安全壳隔离阀	开(失效开)	S-019
97	63411-PCV19＃1	堆腔覆盖气体氮气压力控制阀	控制(失效开)	R-401
98	63411-PCV19＃2	堆腔覆盖气体氮气压力控制阀	控制(失效关)	R-401
99	63411-TCV5＃1	3411-HX1 循环冷却水的出口温度控制阀	控制(失效开)	S-011
100	63411-TCV5＃2	3411-HX2 循环冷却水的出口温度控制阀	控制(失效开)	S-011
101	63411-TCV15	端屏蔽冷却水温度控制阀	控制(失效开)	S-011
102	63411-HS-5	热交换器温控操作手柄	选择 HX1 或 HX2 “LEAD”	S-326-PL14
103	63411-HS-19	堆腔覆盖气体操作手柄	AUTO 或 PURGE (如果在吹扫)	S-326-PL14
104	63411-HS-1	3411-P1 操作手柄	一台泵“ON”,另一台泵“STANDBY”	S-326-PL14
105	63411-HS-2	3411-P2 操作手柄		S-326-PL14
106	63411-HS-38	63411-PV-38 操作手柄	开(OPEN)	S-326-PL14
107	63411-HS-39	63411-PV-39 操作手柄	开(OPEN)	S-326-PL14

续表

<table>
<tr><th>序号</th><th>设备编号</th><th>设备名称</th><th>运行时状态</th><th>房间区域/盘台号</th></tr>
<tr><td>108</td><td>63411-HS-40</td><td>63411-PV-40 操作手柄</td><td>开(OPEN)</td><td>S-326-PL14</td></tr>
<tr><td>109</td><td>63411-HS-105</td><td>63411-PV-105 操作手柄</td><td>开(OPEN)</td><td>S-326-PL14</td></tr>
<tr><td>110</td><td>63411-TC5</td><td>堆腔入口温度控制器</td><td>自动“AUTO”</td><td>S-326-PL14</td></tr>
<tr><td>111</td><td>63411-TC15</td><td>端屏蔽入口温度控制器</td><td>自动“AUTO”</td><td>S-326-PL14</td></tr>
<tr><td>112</td><td>63411-PC19</td><td>堆腔覆盖气体压力控制器</td><td>自动“AUTO”</td><td>S-326-PL5</td></tr>
<tr><td>113</td><td>63411-HC19</td><td>堆腔覆盖气体手动控制器</td><td>手动</td><td>S-326-PL5</td></tr>
<tr><td>114</td><td>3353-V12</td><td>覆盖气体供气隔离阀</td><td>开</td><td>R-401</td></tr>
<tr><td>115</td><td>3353-PRV13</td><td>覆盖气体供气调节阀</td><td>20～30 kPa(g)</td><td>R-401</td></tr>
<tr><td>116</td><td>3451-V9</td><td>树脂传输隔离阀</td><td>关</td><td>S-222</td></tr>
<tr><td>117</td><td>7134V7504</td><td>63411-TCV5 号 1 隔离阀</td><td>开</td><td>S-011</td></tr>
<tr><td>118</td><td>7134V7506</td><td>63411-TCV5 号 1 隔离阀</td><td>开</td><td>S-011</td></tr>
<tr><td>119</td><td>7134V7510</td><td>63411-TCV5 号 1 旁通阀</td><td>关</td><td>S-011</td></tr>
<tr><td>120</td><td>7134V7507</td><td>63411-TCV5 号 2 隔离阀</td><td>开</td><td>S-011</td></tr>
<tr><td>121</td><td>7134V7509</td><td>63411-TCV5 号 2 隔离阀</td><td>开</td><td>S-011</td></tr>
<tr><td>122</td><td>7134V7511</td><td>63411-TCV5 号 2 旁通阀</td><td>关</td><td>S-011</td></tr>
<tr><td>123</td><td>7134V7500</td><td>3411-HX1 入口阀(RCW)</td><td>开</td><td>S-011</td></tr>
<tr><td>124</td><td>7134V7501</td><td>3411-HX2 入口阀(RCW)</td><td>开</td><td>S-011</td></tr>
<tr><td>125</td><td>7512-S-521-V5</td><td>63411-PCV19 号 1/2 供气阀</td><td>开</td><td>R-403</td></tr>
<tr><td>126</td><td>7512-AS-7436EC-V1</td><td>3411-PV38 供气阀</td><td>开</td><td>S-019</td></tr>
<tr><td rowspan="2">127</td><td>1-7512-AS-7455EA-V8</td><td rowspan="2">3411-PV39 供气阀</td><td rowspan="2">开</td><td rowspan="2">S-019</td></tr>
<tr><td>2-7512-AS-7455EA-V1</td></tr>
<tr><td>128</td><td>7512-AS-7436EC-V2</td><td>3411-PV40 供气阀</td><td>开</td><td>S-019</td></tr>
<tr><td rowspan="2">129</td><td>1-7512-AS-7455EA-V7</td><td rowspan="2">3411-PV105 供气阀</td><td rowspan="2">开</td><td rowspan="2">S-019</td></tr>
<tr><td>2-7512-AS-7455EA-V2</td></tr>
<tr><td>130</td><td>7512-AS-7454EC-V1</td><td>63411-TCV15 供气阀</td><td>开</td><td>S-015</td></tr>
<tr><td>131</td><td>7512-AS-7454EC-V2</td><td>63411-TCV5 号 1 供气阀</td><td>开</td><td>S-015</td></tr>
<tr><td>132</td><td>7512-AS-7454EC-V3</td><td>63411-TCV5 号 2 供气阀</td><td>开</td><td>S-015</td></tr>
</table>

1.1.1.3 需要进行现场实物介绍的设备

需要进行现场实物介绍的设备有排管容器堆腔、端屏蔽支撑环、端屏蔽、离心泵(3411-P1/P2)、管壳式热交换器(3411-HX1/2)、膨胀箱(3411-TK3)、离子交换床(3411-IX1)、延迟箱(3411-TK1/2)。

1.1.2 现场布置

端屏蔽(2 个):分别位于 R-107 和 R-108 房间。

离心泵(2台):位于S-011房间。

管壳式热交换器(2台):位于S-011房间。

膨胀箱(1个):位于S-010楼梯间(四楼)。

离子交换床(1个):位于S-011门口的屏蔽墙内。

延迟箱(2个):位于R-111房间(A/C两侧)。

1.1.3 系统接口

(1) 反应堆厂房通风系统(73120):为系统的端屏蔽、堆腔、延时箱提供一个对空的接口,用来缓解压力突然变化时对系统的冲击,同时也可用来破坏真空。另外为堆腔覆盖气体提供一个排放和扫气的通道,以维持堆腔覆盖气体的压力和活化产物的含量在许可的范围内。

(2) 除盐水系统(71650):一路通过膨胀箱与系统相连用于为系统补充除盐水,一路与离子交换床相连为废树脂传输提供水源。

(3) 循环冷却水系统(71340):流过3411-HX1/2的壳侧,带走管侧系统循环水的热量。

(4) 反应堆厂房氮气系统(33530):维持堆腔覆盖气体的惰性系统氛围,在堆腔覆盖气体氢气含量超过1%时,提供一个手动扫气的气源。同时为63411-LX21提供测量用气。

取样点如下:

1) 泵吸入口取样(3411-V107 S011门口)。目的是了解系统的水质是否满足化学要求。

2) 树脂床出口水取样(3411-V108 S011门口)。目的是了解离子床的工作状态是否正常,判断床内树脂是否已经失效。

3) 从3411-Y4处用针筒进行取样(R401)。目的是了解堆腔覆盖气体化学成分是否满足要求。

1.2 系统参数

1.2.1 参数的正常范围

(1) 压力

正常运行时压力参数如表1-2-1所示。

表1-2-1 压力参数列表

位 置	仪 控 设 备	AI	正常读数/kPa(g)
泵出口(S011)	63411-P-4	AI0707	450～480
泵吸入口(S-022)	63411-PI-10		160～170
堆腔覆盖气体	63411-P-19	AI2743	12
IX1压差(S011)	63411-PDI-3	AI2643	＜110
STR4压差(S-011)	63411-PDI-20		＜140

(2) 温度(以下为满功率时的温度,随着功率的下降相应的温度也有所下降)

正常运行温度参数如表1-2-2所示。

表 1-2-2 温度参数列表

位　置	仪　控　设　备	AI	正常读数/℃
热交换器出口	63411-T-5	AI0731	49
端屏蔽入口	63411-T-15	AI0730	55～60
端屏蔽“X”出口	63411-T-7	AI2740	60～66
端屏蔽“Y”出口	63411-T-8	AI2741	60～66
堆腔出口	63411-T-9	AI2742	52～54

(3) 液位

正常运行时液位参数见表 1-2-3。

表 1-2-3 液位参数列表

位　置	仪　控　设　备	AI	正常读数
堆腔液位	63411-L-21	AI2744	200～450 mm
膨胀箱液位	63411-L-11	AI0706	2.00～2.50 m
端屏蔽“X”(C侧)液位	63411-LT-23	AI1344	235～255 kPa
	63411-LT-24	AI1345	235～255 kPa
端屏蔽“Y”(A侧)液位	63411-LT-25	AI1346	235～255 kPa
	63411-LT-26	AI1347	235～255 kPa

(4) 流量

正常运行时流量参数见表 1-2-4。

表 1-2-4 流量参数列表

位　置	仪　控　设　备	AI	正常读数/(L/s)
端屏蔽“X”(C侧)流量	63411-F-13	AI1343	95～105
端屏蔽“Y”(A侧)流量	63411-F-12	AI1350	95～105

1.2.2 参数设定值/报警值

(1) 压力

表 1-2-5 所示为系统压力设定值和报警值。

表 1-2-5　压力设定值与报警值

位　置	仪　控　设　备		设定值	报警值/kPa
泵出口	63411PT4	AI-0707		低　400
	63411-PS-4 号 1 63411-PS-4 号 2	CI-1350		低　400 备用泵启动
覆盖气体压力	63411-P-19	AI-2743		高　14 低　10
	63411-PS-19	CI-0610		高　14
		CI-0611		低　10
	63411-PC-19		12	
	63411-HC-19			
IX1 压差	63411P3	AI-2643		高　110
	63411-PDS-3	CI-1295		高　110
STR4 压差	63411-PDS-20	CI-1349		高　140

(2) 温度

表 1-2-6 所示为温度设定值和报警值。

表 1-2-6　温度设定值和报警值

位　置	仪　控　设　备		设定值	报警值/℃
热交换器出口	63411-T-5	AI-0731		高　54 低　43
	63411-TC-5		49 ℃	
端屏蔽入口	63411-T-15	AI-0730		高　60.6 低　49.4
	63411-TC-15		60 ℃	
端屏蔽“X”出口	63411-T-7	AI-2740		高　71
	63411-TS-7	CI-0616		高　71
端屏蔽“Y”出口	63411-T-8	AI-2741		高　71
	63411-TS-8	CI-0614		高　71
堆腔出口	63411-T-9	AI-2742		高　60
	63411-TS-9	CI-0612		高　60

(3) 液位

表 1-2-7 所示为液位设定值和报警值。

表 1-2-7 液位设定值和报警值

位 置	仪 控 设 备		设定值	报 警 值
堆腔液位	63411-L-21	AI-2744		高 460 mm 低 186 mm
	63411-LS-21	CI-0608		高 460 mm
		CI-0609		低 186 mm
膨胀箱液位	63411-L-11	AI-0706		高 4.70 m 低 2.00 m
	63411-LS-11 号 1 63411-LS-11 号 2	CI-1351		高 4.70 m 低 2.00 m
端屏蔽“X”(C 侧)液位	63411-LT-23	AI-1344		低 132 kPa
	63411-LT-24	AI-1345		低 132 kPa
端屏蔽“Y”(A 侧)液位	63411-LT-25	AI-1346		低 132 kPa
	63411-LT-26	AI-1347		低 132 kPa
如果端屏蔽液位低于 128 kPa，会引起自动 Setback				

(4) 流量

表 1-2-8 所示为流量设定值和报警值。

表 1-2-8 流量设定值和报警值

位 置	仪 控 设 备		设定值	报 警 值
端屏蔽“X”(C 侧)流量	63411-F-13	AI-1350		低 88 L/s
端屏蔽“Y”(A 侧)流量	63411-F-12	AI-1343		低 88 L/s

(5) 安全阀和压力调节阀

安全阀和压力调节阀的设定值见表 1-2-9。

表 1-2-9 安全阀和压力调节阀设定值

设 备	位 置	设 定 值
3353-PRV13	氮气供应	18 kPa
3411-PRV805	备用供气回路 1 次减压阀	1 MPa
3411-PRV806	备用供气回路 2 次减压阀	18 kPa
63411-PSV65	树脂床	760 kPa
63411-PSV66	3411-HX2	760 kPa
63411-PSV67	3411-HX1	760 kPa
3411-RD1	屏蔽冷却通风爆破盘	69×(1±5%) kPa
3411-RD2	屏蔽冷却通风爆破盘	69×(1±5%) kPa

1.3　风险警示和运行实践

1.3.1　风险警示

(1) 人员风险

系统中的腐蚀产物和其他杂质会被活化,这些活化产物聚集到净化回路,特别是聚集到树脂床和管道滤网中。

必须严格控制端屏蔽系统中 LiOH 含量(0.7～2.2 mg/kg),以避免产生的氚过多而引起端屏蔽面放射性剂量上升。

系统排水会造成失去生物屏蔽,预计在反应堆的两个端面和反应性控制平台将出现高放射性区域。

(2) 设备风险

如果失去屏蔽冷却流量或失去循环冷却水流量,即是失去端屏蔽冷却系统热阱。

如果端屏蔽的平均水温偏差过大,或者说,偏离端屏蔽平均水温 63.3 ℃过大,随着反应堆的运行,会在端部管板产生不可接受的热应力。如果排管容器慢化剂平均温度和端屏蔽的平均水温偏差超过 20 ℃,造成端屏蔽内外管板热应力不同,会引起端屏蔽管板变形。

如果堆腔混凝土的温度高于 65 ℃的时间过长,会造成混凝土结构干裂变脆,影响混凝土强度。

如果反应堆在停堆降温期间,堆腔覆盖气体不能控制或操作,外界空气随着液体冷却收缩可能进入端屏蔽冷却系统。气体随着系统循环,在堆腔入口管道处产生水锤现象,造成对管道的损坏。

1.3.2　运行实践

(1) 温度控制

反应堆正常运行维持端屏蔽平均温度不超过 65 ℃。

反应堆正常运行维持堆腔平均温度不超过 65 ℃,堆腔平均温度应维持在 51.7 ℃左右。

(2) 堆腔覆盖气体氢气浓度的限制

如果堆腔覆盖气体氢气含量超过 1%,按照 98-34110-OM-001 中的 4.2.8 节,对堆腔覆盖气体进行手动扫气。

如果在 1 h 内 2 次取样结果证实覆盖气体氢气含量超过 2%,则在 1 h 内将反应堆停堆,如果氢气含量超过 4%,立即停堆。

(3) 只有 1 个热交换器投入运行

如果在满功率工况下,只有 1 个热交换器能投入运行,这是不正常的,必须限制反应堆功率以维持端屏蔽温度在正常的限值内。参见 98-34110-OM-001 中的 5.4 节“只有一个热交换器能投入运行”。

丧失Ⅳ级电源事故恢复后,需及时将热交换器选择开关复位,以免造成不在 LEAD 的热交换器不能投入运行。

(4) 运行状况

端屏蔽冷却系统必须保持运行,除非满足下列条件才可停运:

- 主热传输系统温度低于 55 ℃。
- 主慢化剂系统温度低于 38 ℃。
- 端屏蔽冷却系统温度低于 38 ℃。

(5) 空气进入堆腔和端屏蔽

在停堆降温期间,由于故障或检修,堆腔覆盖气体调节系统不能控制或操作,外界空气就可能进入端屏蔽冷却系统。气体随着系统循环在堆腔入口管道处可能产生水锤现象,造成对管道的损坏。

在停堆降温期间,端屏蔽冷却系统水由于冷却而收缩。在停堆降温期间(2～3 d),必须监视堆腔覆盖气体,确认堆腔覆盖气体压力能保持,使通风系统的空气不能进入端屏蔽冷却系统。为了防止外界空气进入,可以从膨胀箱补水以维持正常液位。

空气进入系统的一种可能是热交换器(3411-HX1/HX2)失去效果等,表现为在停堆降温期间,热交换器进口温度出现不稳定的波动。如果出现这种现象,在系统启动升温前,热交换器的管侧必须排气处理。

在反应堆停堆后重新启堆前,热交换器和泵应该排气以防止系统中有空气。

1.4 技　能

正常、应急时的操作和异常的现场响应如下。

(1) 3411-PV38/PV39/PV40/PV105 的手动和自动方式的切换:当阀门在自动控制方式下切换装置处于键槽之外,阀门可以实现气动状态下的自动开和关。图 1-4-1 所示为一气动阀现场示意图。当需要手动操作时(如气动操作失效),只需要将切换装置拉起来转动 90°放入键槽中,就可以进行阀门的手动操作,此时顺时针转动手轮则阀门关闭,逆时针转动手轮则阀门打开。手动操作时,阀门的状态可以通过键槽的位置来判断(阀门动作时,键槽会随着阀杆一起转动),当键槽指向图中的“SHUT”位置时,表示阀门关,当切换装置指向“OPEN”时,表示阀门开。注意:图 1-4-1 中的两个位置只能作为手动方式下的阀门状态的判断,自动方式下没有指示意义。

(2) 3411-TCV15(失气开)阀门手动锁定的方法:顺时针转动阀门上方的手轮到底可以将阀门锁定在关闭状态(气动无法打开),如图 1-4-2 所示。

(3) 63411-TCV5 号 1/号 2 的操作技能:正常情况下,阀门处于自动控制状态(如图 1-4-3 所示),通过顶部的阀位指示可以看到阀门的开度,此时阀门的定位销是插入的,手轮蜗杆的啮合/解啮操作杆位于“DISENGAGED”那一侧(左侧),表明手轮的蜗杆与阀门的传动齿轮解啮,阀门的开关由气动自动控制。当需要手动操作阀门时(如阀门的自动控制失效),先将定位销拔出,再将手轮蜗杆的啮合/解啮操作杆扳到“ENGAGED”那一侧,使手轮的蜗杆与阀门的传动齿轮啮合,就可以通过操作手轮来开关阀门(顺关逆开)。

图 1-4-1　气动阀现场示意图

图 1-4-2　温控阀(TCV15)现场示意图

图 1-4-3 温控阀(TCV5)现场示意图

1.5 主要操作

1.5.1 系统停役、复役

1.5.1.1 系统启动

系统在一般情况下保持运行,以消除热应力和减少腐蚀。系统启动的具体程序参见98-34110-OM-001 中的 4.1.2 节。系统启动简要流程如图 1-5-1 所示。

1.5.1.2 系统停运

端屏蔽冷却系统必须保持运行,除非满足下列条件才可停运:

- 主热传输系统温度低于 55 ℃。
- 主慢化剂系统温度低于 38 ℃。
- 端屏蔽冷却系统温度低于 38 ℃。

停运的具体程序参见 98-34110-OM-001 中的 4.4 节。系统停运简要流程如图 1-5-2 所示。

注意:系统停运,由于泵出口压力下降,堆腔液位会下降,且读数不稳定,只要保持堆腔液位有读数即可。同时,膨胀箱的液位会迅速上升,膨胀箱的水可能通过溢流管而溢流(大约 4.9～5 m),所以关闭膨胀箱隔离阀 3411-V45。

1.5.2 设备切换

(1) 正常泵切换运行。每 6 个月要对运行泵进行切换,切换的原则是先启后停。具体

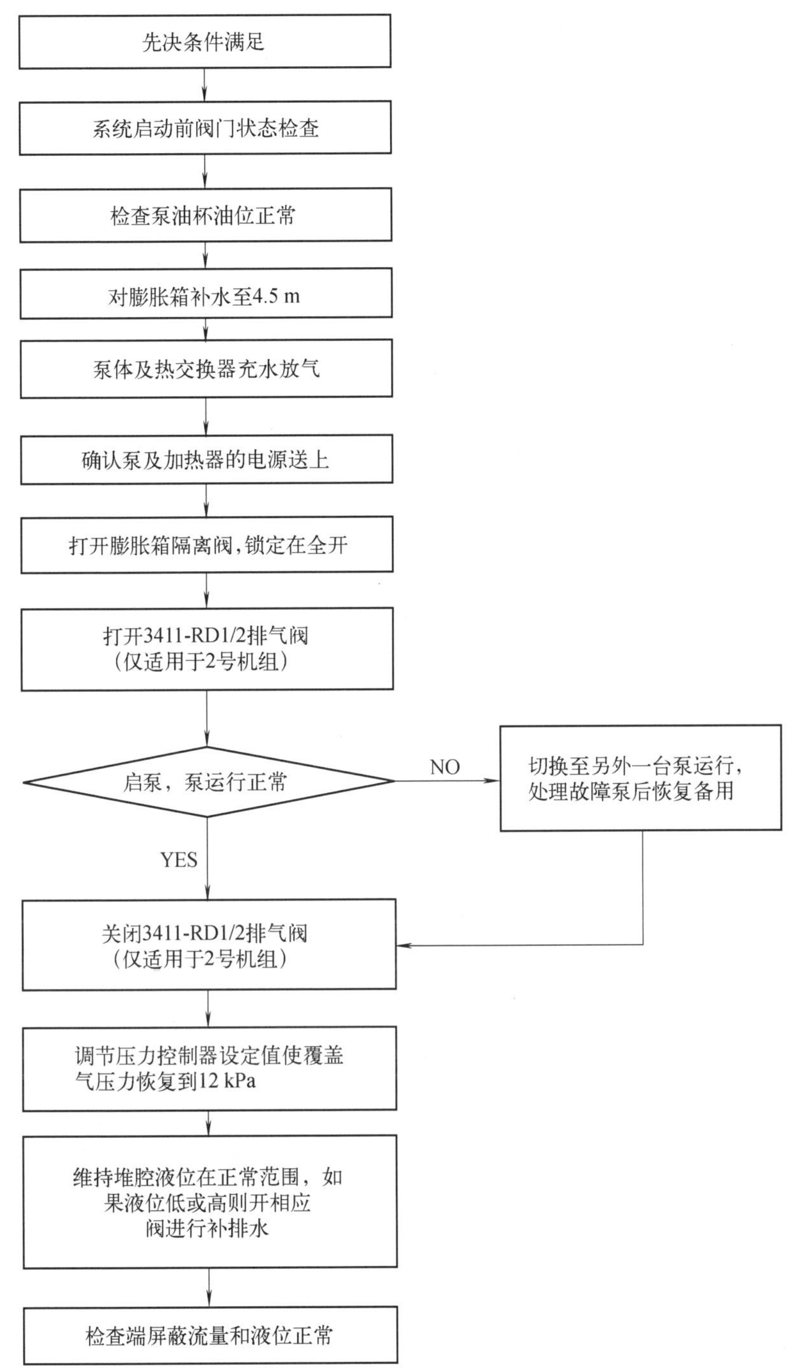

图 1-5-1　系统启动简要流程图

操作规程参见 98-34110-OM-001 中的 4.3.1 节。设备切换简要操作流程如图 1-5-3 所示。

(2) 氮气供气回路切换。安全壳整体低压泄漏监测试验 98-91140-OM-461 期间，7314-PV60/PV61 需要关闭约 12 h，这将造成端屏蔽冷却系统的覆盖气和 63411-LX21 不可用，所以试验前需将正常氮气供气回路切换到由 2 个临时氮气瓶供气。具体操作规程参见 98-

34110-OM-001 中的 4.3.2 节。

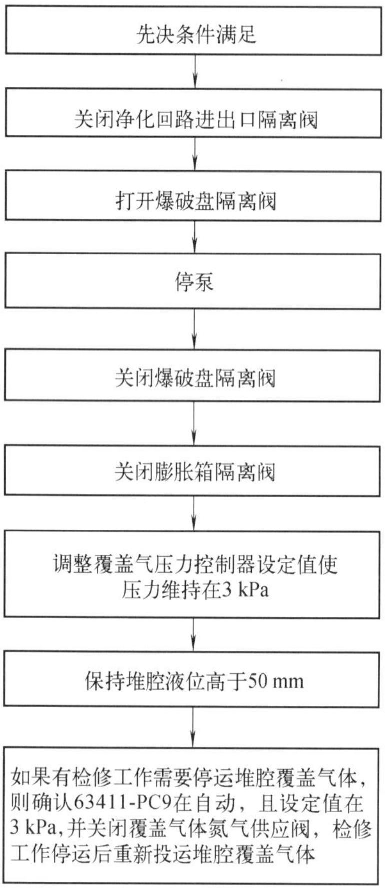

先决条件满足 → 关闭净化回路进出口隔离阀 → 打开爆破盘隔离阀 → 停泵 → 关闭爆破盘隔离阀 → 关闭膨胀箱隔离阀 → 调整覆盖气压力控制器设定值使压力维持在3 kPa → 保持堆腔液位高于50 mm → 如果有检修工作需要停运堆腔覆盖气体，则确认63411-PC9在自动，且设定值在3 kPa,并关闭覆盖气体氮气供应阀，检修工作停运后重新投运堆腔覆盖气体

图 1-5-2　系统停运简要流程图

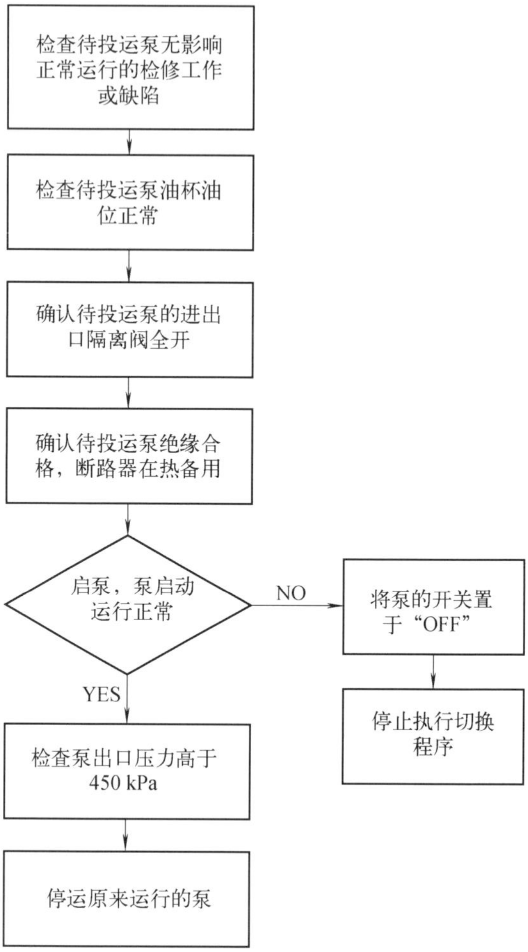

检查待投运泵无影响正常运行的检修工作或缺陷 → 检查待投运泵油杯油位正常 → 确认待投运泵的进出口隔离阀全开 → 确认待投运泵绝缘合格，断路器在热备用 → 启泵，泵启动运行正常

- NO → 将泵的开关置于“OFF” → 停止执行切换程序
- YES → 检查泵出口压力高于450 kPa → 停运原来运行的泵

图 1-5-3　设备切换简要流程图

1.5.3　系统取样

定期对系统进行化学取样，进行化学控制。频度为每周一次，由化学处执行。从以下 3 个取样点取样：泵吸入口，树脂床出口，3411-Y4。在从 3411-Y4 处取样堆腔覆盖气体时，在系统取样前，通知主控监视系统参数，取样过程中，系统排气可能使堆腔覆盖气体压力下降，甚至低报，关闭取样阀门后，覆盖气体压力会慢慢恢复正常。具体操作程序见 98-34110-OM-001 中的 4.2.1 节。

1.5.4　单设备停役、复役操作

(1) 3411-IX1 投运。具体操作规程参见 98-34110-OM-001 中的 4.2.2 节。

净化回路入口隔离阀 3411-V18 从全关位置开 2～3 圈，通过树脂床的流量约为 8.5 L/s，随着运行，树脂压差会越来越大，直至高压差报警，通知化学处取样决定是否需要更换树脂,如果树脂床仍然有效,暂可不更换树脂,适当调小 3411-V18 开度,使 63411-PI3 压差不超过 100 kPa。目前实际压差维持在 80 kPa 左右。

(2) 隔离一台热交换器。具体操作规程参见 98-34110-OM-001 中的 5.4 节。

在隔离一台热交换器的过程中,如果另一台投运的热交换器的温控阀将近全开,此时应该调整打开其温控阀的旁路阀,控制温控阀的开度在 30%～80%。

(3) 热交换器恢复投入运行。具体操作规程参见 98-34110-OM-001 中的 5.5 节。

在进行热交换器壳侧排气和注水时,现场注意与主控室保持热线联系,监视好 RCW 系统压力和补水流量,如果波动大,则减少注水速度。由于排气阀位于热交换器的上部,在操作时要注意人身安全,在排气过程中,排气阀的开度要控制好,以免喷出的水溅到附近的泵电机上。

1.5.5 应急运行规程相关

具体规程参见 98-91120-EOP-013,涉及现场的操作主要有以下几部分。

(1) 在端屏蔽冷却系统失去装量后的相应操作如表 1-5-1 所示。

表 1-5-1　端屏蔽冷却系统失去装量后的现场操作卡

3.6		
隔离泄漏,并补充装量		
警　告 因缺少屏蔽水,有潜在的辐射风险。		
(a)　如果人手充足	[ ]	
则同时派操作员查找并隔离泄漏:		
(i)　派操作员到设备间 63861-PL99(S-328),检查处于报警状态的湿度探测元件(ME),确定 R/B 内的泄漏位置	[ ]	现场操作
(ii)　必要时,派操作员查找泄漏点并隔离	[ ]	现场操作
(iii)　如果泄漏已隔离	[ ]	
则执行下列操作:		
①　开启 3411-V62,向端屏蔽冷却系统补充除盐水,直到高位水箱液位(AI 706)恢复正常后关闭	[ ]	现场操作
1 号机组 AI 706＞1.95 m		
2 号机组 AI 706＞2.15 m		
②　当系统装量恢复正常时	[ ]	
如果有 1 条流道畅通	[ ]	
则将 1 台端屏蔽冷却泵恢复运行		PL14
• 将 3411-PV40 置于"OPEN"	[ ]	
• 将 3411-PV105 置于"OPEN"	[ ]	
• 将 3411-P1 或 P2 置于"ON"	[ ]	
(b)　执行 4.1 步	[ ]	

在开启 3411-V62 对系统进行补水时,应该与主控室保持密切联系,根据液位的变化情况及时调整阀门开度,防止补水过快或过多造成除盐水通过 3411-TK3 的溢流管线溢流。

(2)在恢复端屏蔽冷却系统流量中的操作,执行表 1-5-2 所列出的操作。

表 1-5-2 恢复端屏蔽冷却系统装量操作卡

操作卡 B-确认端屏蔽冷却泵和热交换器的流道畅通(第 1 页,共 1 页)		
		备 注
确认端屏蔽冷却泵隔离阀开启		
(a) 3411-P1		S-011
确认 3411-V1 开启	[ ]	
确认 3411-V3 开启	[ ]	
(b) 3411-P2		S-011
确认 3411-V4 开启	[ ]	
确认 3411-V6 开启	[ ]	
确认端屏蔽冷却热交换器隔离阀开启		
(a) 3411-HX1		S-011
确认 3411-V10 开启	[ ]	
确认 3411-V11 开启	[ ]	
(b) 3411-HX2		S-011
确认 3411-V12 开启	[ ]	
确认 3411-V13 开启	[ ]	
-结束-		

(3)在恢复屏蔽系统冷却过程中,如果操作温度控制器仍不能恢复端屏蔽系统温度,则执行表 1-5-3 所列出的操作。

表 1-5-3 端屏蔽系统温度不能恢复至正常时操作卡

操作卡 C-恢复端屏蔽系统冷却(第 1 页,共 2 页)		
说明:所有的阀门都位于 S-011		备 注
1.0 确认 63411-TCV15 运行正常	[ ]	
1.1 确认 63411-TCV15 运行正常	[ ]	
1.2 如果 63411-TCV15 出现故障	[ ]	
则 执行下列操作		
(a) 确认 63411-TCV15 的隔离阀开启		
3411-V26	[ ]	
3411-V27	[ ]	
(b) 必要时,手动调节 63411-TCV15 旁通阀的开度		
3411-V31	[ ]	

续表

操作卡 C-恢复端屏蔽系统冷却(第 1 页,共 2 页)		
说明:所有的阀门都位于 S-011		备 注
2.0 确认 63411-TCV5 号 1 和 63411-TCV5 号 2 运行正常		
2.1 确认 63411-TCV5 号 1 运行正常	[ ]	
2.2 确认 63411-TCV5 号 2 运行正常	[ ]	
2.3 如果 63411-TCV5 号 1 或 63411-TCV5 号 2 出现故障	[ ]	
则 执行下列一项或多项操作,恢复冷却:		
(a) 确认热交换器旁路阀关闭		
确认 3411-V37 关闭	[ ]	
(b) 必要时,手动调节温度控制阀旁路阀的开度		
7134-V7510(63411-TCV5 号 1)	[ ]	
7134-V7511(63411-TCV5 号 2)	[ ]	
(c) 确认 RCW 隔离阀开启		
(i) 3411-HX1		
确认 7134-V7500 开启	[ ]	
确认 7134-V7504 开启	[ ]	
确认 7134-V7506 开启	[ ]	
(ii) 3411-HX2		
确认 7134-V7501 开启	[ ]	
确认 7134-V7507 开启	[ ]	
确认 7134-V7509 开启	[ ]	
3.0 通知 CRO/SS 本操作卡已执行完毕	[ ]	
-结束 -		

复习思考题

1. 端屏蔽冷却系统用来屏蔽哪些辐射源?哪些热源?

参考答案:

辐射源:来源于燃料裂变过程和裂变产物的衰变;来源于结构材料活化产物的衰变。

热源:热传输系统,慢化剂系统,材料辐照吸收发热。

2. 为什么我们要控制端屏蔽及堆腔室中流体的温度?

参考答案:

排出积聚在堆腔中的热量,维持堆腔温度在可接受的水平,确保堆腔混凝土结构不会干裂变脆。

消除积聚在端屏蔽环中的热量,维持端屏蔽环的温度在可接受的水平。

消除积聚在端屏蔽中的热量,控制端屏蔽内、外管板温差在可接受限值内。

在压力管破裂或慢化剂冷却失效的情况下,可以作为慢化剂的最终热阱。

3. 堆腔覆盖气体有什么作用?

参考答案:

为堆腔提供一个气体的弹性空间,给压力的变化提供缓冲。

通过扫气带走一些气态活化产物来降低放射性水平。

建立一个惰性气体氛围。

4. 延迟箱的作用是什么?

参考答案:

为循环水流提供大约 40 s 的延时,以使水中的 ^{16}N 和 ^{19}O 衰变,减少系统的放射性水平。

5. 简述 3411-PV38/PV39/PV40/PV105 的手动和自动方式的切换。

参考答案:

见 1.4 节。

6. 简述 3411-TCV 15(失气开)阀门手动锁定的方法。

参考答案:

见 1.4 节。

第二章　安全壳喷淋系统（34310）

内容介绍

课程名称：安全壳喷淋系统
课程时间：2 学时

学员：现场操作员
学员条件：已完成本系统的课堂部分培训

最终培训目标：

1. 熟悉系统设备的现场布置；
2. 掌握各参数测量点的现场位置和在系统流程中的位置；
3. 熟练完成现场巡检内容，正常参数、报警值、异常和故障识别技巧和技能；
4. 系统上操作和巡检存在的一些安全提示和危害，风险警示、运行实践；
5. 正常、应急时的操作和异常的现场响应；
6. 对照运行流程图能进行本系统主要操作项目的模拟操作。

教学方式及教学用具：

培训方式：岗位培训

教员需要：

a. 流程图：9801(9802)-34310-1-1-OF-A1
　　　　　9801(9802)-63431-1-1-OF-A1
　　　　　9801(9802)-63431-1-2-OF-A1

b. 白板等。

考核方法：现场考核（实际操作和模拟相结合）、口试

2.1 系统设备

2.1.1 设备清单和现场位置

(1) 总体描述

安全壳喷淋系统作为安全壳系统的一个子系统,为专设安全系统,在发生主热传输系统失去冷却剂(LOCA)或安全壳内主蒸汽管线破裂(MSLB)事故时,通过限制反应堆厂房里压力的瞬变,缩短反应堆厂房里高压力存在的时间来帮助维持反应堆厂房的完整性,减少放射性对环境的释放。

(2) 设备清单

主要设备清单如表 2-1-1 所示,详见 98-34310-OM-001。

表 2-1-1 设备清单

设备编号	设备名称	运行时状态	房间区域/盘台号
喷淋水箱	喷淋水箱	N/A	穹顶
3431-PV1	1 号喷淋阀	关(F/C)	R-601
3431-PV2	2 号喷淋阀	关(F/C)	R-601
3431-PV3	3 号喷淋阀	关(F/C)	R-601
3431-PV4	4 号喷淋阀	关(F/C)	R-601
3431-PV5	5 号喷淋阀	关(F/C)	R-601
3431-PV6	6 号喷淋阀	关(F/C)	R-601
3431-PV7	7 号喷淋阀	关(F/C)	R-601
3431-PV8	8 号喷淋阀	关(F/C)	R-601
3431-PV9	9 号喷淋阀	关(F/C)	R-601
3431-PV10	10 号喷淋阀	关(F/C)	R-601
3431-PV11	11 号喷淋阀	关(F/C)	R-601
3431-PV12	12 号喷淋阀	关(F/C)	R-601
3431-V13	PV5 与 PV6 间管线疏水阀	开	R-405
3431-V14	1 号集管疏水阀	关	R-405
3431-V15	PV7 与 PV8 间管线疏水阀	开	R-405
3431-V16	2 号集管疏水阀	关	R-405
3431-V17	PV9 与 PV10 间管线疏水阀	开	R-405
3431-V18	3 号集管疏水阀	关	R-405
3431-V19	PV11 与 PV12 间管线疏水阀	开	R-405
3431-V20	5 号集管疏水阀	关	R-405
3431-V21	PV1 与 PV2 间管线疏水阀	开	R-405

续表

设备编号	设备名称	运行时状态	房间区域/盘台号
喷淋水箱	喷淋水箱	N/A	穹顶
3431-V22	4 号集管疏水阀	关	R-405
3431-V23	PV3 与 PV4 间管线疏水阀	开	R-405
3431-V24	6 号集管疏水阀	关	R-405
3431-V25	除盐水补水隔离阀	关	R-405
3431-V26	喷淋箱加药阀	关	R-405
3431-V27	喷淋箱取样阀	关	R-405
3431-V28	除盐水补水止回阀	N/A	R-405

2.1.2 现场布置

在设备清单中,可以看出,本系统主要设备分布在 R601 和 R405 区域。位于安全壳穹顶的喷淋水箱,共有 2 170 m^3 喷淋水容量,按设计要求,其中 1 556 m^3 喷淋水用于安全壳喷淋,500 m^3 喷淋水为 ECC 中压安注保留,而有 114 m^3 喷淋水不可用。喷淋水箱通过塑料薄膜与安全壳内大气隔离,以防止喷淋水自然蒸发到反应堆厂房内并最终导致重水蒸气回收系统所回收的重水降级。

安全壳喷淋系统分为 6 个独立的喷淋系列(图 2-1-1)。布置在 R/B601,每个系列由下降管、2 个串联的喷淋阀(图 2-1-2)、膨胀节(图 2-1-3)、喷淋集管/支管(图 2-1-4)和 281 个喷嘴(图 2-1-5)组成。所有的喷嘴向上布置,是为了喷淋时可覆盖更大的范围,增加水下落的时间,更好的起到冷却、溶解气溶胶的作用,并减少水的浪费。每个系列能覆盖安全壳 1/6 的面积。其中 4 个系列可用就能满足设计要求。串联的喷淋阀之间连接有 1 个疏水阀,将上游喷淋阀试验动作后的疏水排往反应堆厂房放射性疏水系统(71730)。安全壳喷淋系统的核心设备是 12 个喷淋阀,都为气动蝶阀,配备有备用气罐(图 2-1-6)。但根据控制信号的不同,喷淋阀分为 A 组电-气阀(即电气阀,见图 2-1-7)和 B 组气-气阀(即气动阀,见图 2-1-8),A、B 两组各有 3 列共 6 个阀门。A 组阀门包括 3431-PV1、PV2、PV5、PV6、PV9、PV10,B 组阀门包括 3431-PV3、PV4、PV7、PV8、PV11、PV12,从设备的多样性上来保证系统功能上的安全。

2.1.3 系统接口

喷淋水箱通过塑料薄膜与安全壳内大气隔离(见图 2-1-9、图 2-1-10),以防止喷淋水自然蒸发到反应堆厂房内并最终导致重水蒸气回收系统(38310)所回收的重水降级。喷淋水通过热交换器 3431-HX1 由冷冻水(71910)冷却,高温报警设定值为 32 ℃。

有一化学药品添加管线连接到喷淋水箱,用来定期添加联氨等化学药品以控制喷淋水中的含氧量、pH 值等,防止与喷淋水箱相连的碳钢管道腐蚀。

现场设有为喷淋水箱提供除盐水(71650)的补水管线,用于补偿因定期的试验而引起喷淋水的损失。另有一根溢流管及疏水管线与反应堆放射性疏水系统(71730)连接,防止喷淋水箱的满溢。

2.1.4 就地盘台

无。

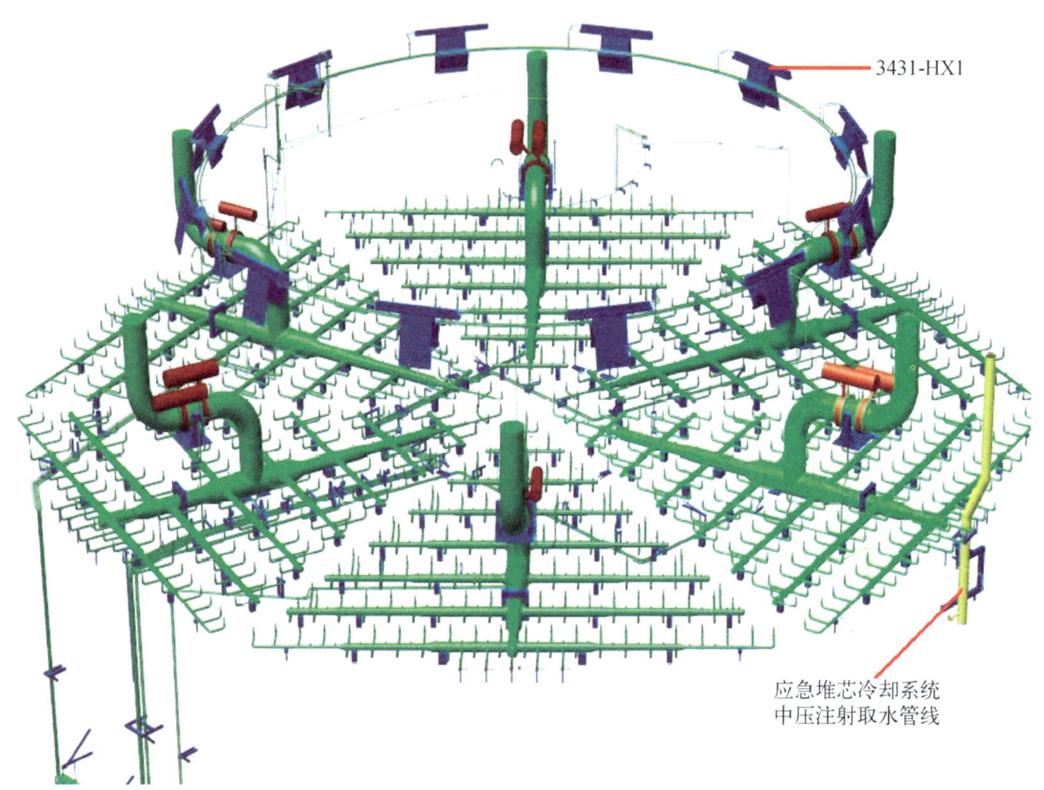

图 2-1-1 喷淋管线布置图

图 2-1-2 喷淋阀组

图 2-1-3　喷淋阀组出口膨胀节

图 2-1-4　喷淋支管

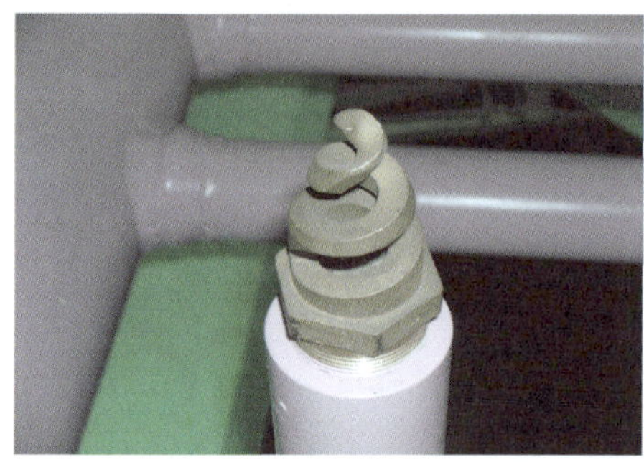

图 2-1-5 喷嘴(便于将水流雾化)

图 2-1-6 喷淋阀组备用气罐

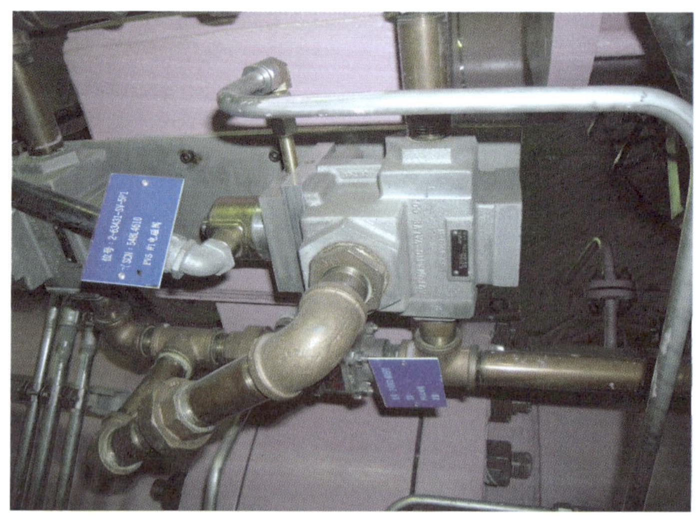

图 2-1-7 电-气喷淋阀动力回路控制阀

图 2-1-8　气-气喷淋阀动力回路控制阀

图 2-1-9　喷淋水箱封膜

图 2-1-10　喷淋水箱封膜上的人孔

2.2 系统参数

安全壳喷淋系统正常总是处于待用状态,在反应堆厂房压力异常上升的情况下,系统有如下三种喷淋触发方式:

(1) 自动喷淋为安全壳压力大于 14 kPa(g),压力低于 7 kPa(g)时喷淋自动终止;

(2) 当安全壳压力大于 7 kPa(g)时,可在主控室手动触发喷淋;

(3) 副控室手动喷淋可无条件手动触发。

位于 R/B405 区域有一流量表 3431-FI15(见图 2-2-1),巡检时正常值为 0 ml/s,报警值设置在 80 ml/s,若此数值大于 0 ml/s,则可能存在下列问题:

图 2-2-1 流量表 63431-FI15

(1) 喷淋阀 3431-PV1～12 中有一个或多个发生内漏,处理方法详见重要操作;

(2) 喷淋水箱液位高溢流,需要确认泄漏源后隔离,并疏水至正常液位;

(3) 执行安全相关系统试验 SRST430～436 引起的,属正常情况。

流量表故障,发工作申请处理。

2.3 风险警示和运行实践

往喷淋水箱添加联氨溶液或对喷淋水箱疏排水操作时,因联氨具有高腐蚀性及诱发癌症风险,应采取适当的防护措施防止溅洒伤人。

机组正常运行时,因 R-601 房间存在放射性风险,进入 R-601 房间进行相关操作或维修工作前需获得值长及辐射防护人员授权,并采取合适的防护措施后才可进入。

安全壳喷淋系统自动或手动触发时,若反应堆厂房内人员没有及时撤离,有被可能含高放射性的喷淋水淋湿风险。

2.4 设备特性

2.4.1 喷淋阀

喷淋阀是系统的主要阀门，两两一组串联在6个喷淋集管上，配备有备用气罐（见图2-1-6），确保在失气情况下不会丧失动力气源。备用气罐保证在失去正常仪用压空的情况下喷淋阀组至少能开关9次。喷淋阀分为A组电-气阀（即电气阀）和B组气-气阀（即气动阀）两组，两组阀门在执行机构上基本类似，只是A组采用电气阀（见图2-1-7），而B组采用气动阀（见图2-1-8）。

现以3431-PV1/PV2为例说明喷淋阀压力控制，当压力开关63431-PS1N1测到厂房压力大于14 kPa时，63431-SV1N1和63431-SV1N2得电打开，气源通入3431-PV1气动缸，PV1阀门打开；63431-PS2P测到厂房压力大于14 kPa时，63431-SV2P1和63431-SV2P2得电打开，气源通入3431-PV2气动缸，PV2阀门打开，喷淋水箱的水就通过该集管开始喷淋，当两个压力开关测到压力低于7 kPa时，两组SV阀关闭隔离仪用压空，阀门关闭，喷淋结束。B组气-气阀的供气逻辑均采用压力控制器，以3431-PV3为例。图2-4-1所示为喷淋阀压力控制图。

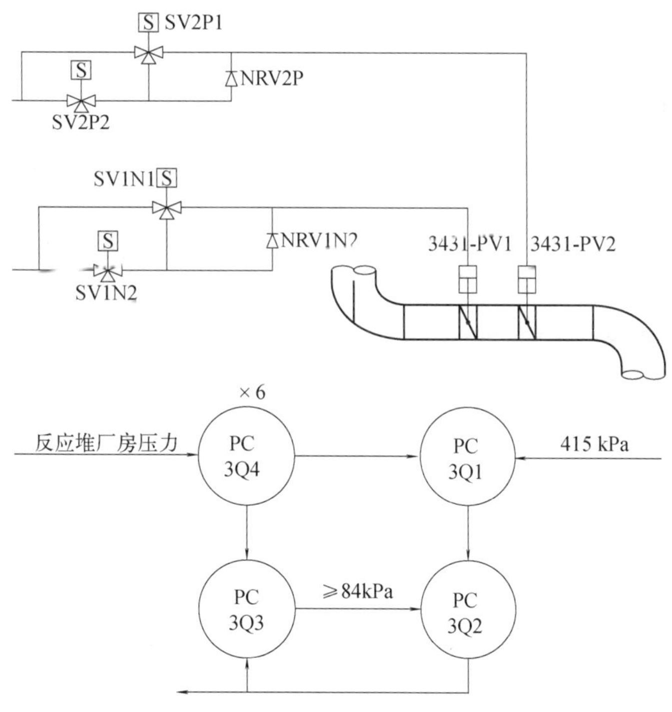

图2-4-1　喷淋阀压力控制图

PC3Q4：为一个6倍放大器，放大反应堆厂房压力信号。

PC3Q1：当反应堆压力大于7 kPa，即PC3Q4的输出信号大于42 kPa时使之开，让

415 kPa的压缩空气通过。

PC3Q2:当 PC3Q3 的输出大于 84 kPa(即厂房压力大于 14 kPa 时)时才打开,让 415 kPa的压缩空气通过,至 3431-PV3 打开阀门。

PC3Q3:为一高选器,选择从 PC3Q4 和 PC3Q2 输出的信号。

2.4.2 相关疏水阀

本系统的阀门间疏水以及集管疏水均分布在 R/B405,都是闸阀操作起来很吃力,而且比较集中,容易擦伤手指,建议戴上帆布手套,最好两人操作。

2.5 主要操作

2.5.1 将安全壳喷淋系统退出备用及恢复备用状态操作

在正常情况下,安全壳喷淋系统总是处于待用状态。但在机组停堆大修期间,由于喷淋系统检修或者为防止安全壳喷淋系统误喷,可将安全壳喷淋系统暂时退出待用状态。操作的主要内容是将 12 个喷淋阀动力压空泄压,由于操作区域在 R/B601,存在放射性危害,在联系辐射防护人员,确认安全后,穿戴合适的防护用具方可进入。现以 A 组的 3431-PV1/PV2 为例,执行表 2-5-1 所列出的操作。

表 2-5-1 安全壳喷淋系统暂时退出待用状态操作表

序号	操 作 内 容	备 注
1	通过主控确认阀门已退出运行,处于关闭状态	主控 PL-1 上 EMI 指示水平
2	关闭仪表压空供气阀 7512-AS581-V5	断掉动力气源
3	关闭 63431-TK1 上游供气隔离阀 63431-V1N9	断掉备用气罐的入口气源
4	打开 63431-TK1 放气阀 63431-V1N10	备用气罐放气,可能存在堵头,需要使用扳手,并保存好堵头
5	确认 63431-TK1 已卸压结束,63431-PI1N2 指示约为 0kPa(g)	确认放气结束(正常时约 30 min)

当系统退出备用后,投入备用操作即恢复喷淋阀的正常供气,操作比较简单,与上述操作基本相反,完整操作详见 OM 4.1.1 节:恢复安全壳喷淋阀正常供气。执行表 2-5-2 所列操作,向喷淋水箱补水。

表 2-5-2 向喷淋水箱补水操作表

序号	操 作 内 容	备 注
1	打开 3431-V25(补水来自除盐水系统 71650)	阀门位置 R-405
2	建立 AI2123～AI2125 趋势图,监视喷淋水箱液位上升趋势	可以用 PI 系统在计算机上建立趋势图
3	确认液位计 63431-LI-14N1/-14Q1 指示与 AI2123～AI2125 趋势一致	S-326/PL1

续表

序号	操　作　内　容	备　注
4	喷淋水箱液位达到约 3.75 m 时，关闭 3431-V25	R-405
5	本节操作结束，汇报主控室	

由于喷淋水箱体积较大，一般补水需要 2～3 d 甚至更多时间，故交接班时应记录清楚，并比较液位上升情况，及时发现其他异常情况，例如泄漏等。

2.5.2　配合主控执行喷淋阀试验

每月主控将执行 98-91140-OM-430 安全壳喷淋系统电气阀试验和 98-91140-OM-431 安全壳喷淋系统气动阀试验。现场需配合打开相应的集管疏水阀，及监视 63431-FI15 流量指示以判断上游喷淋阀是否有漏。执行试验前现场需进行如下操作：

确认放射性疏水系统(71730)可用(疏水系统安全壳隔离阀打开)。

对应集管的管间疏水阀打开。

打开对应集管的集管疏水阀(图 2-5-1)，因阀门特性及位置关系建议戴上帆布手套。

图 2-5-1　集管及管间疏水阀(位于 R-405)

在进行集管上游阀试验时，如图 2-5-2 所示的 3431-PV1，当 PV1 打开时，喷淋水箱的水将会通过 3431-V21 流经 63431-FI15，FI15 将会满量程，属正常现象。但当 3431-PV1 关闭约 1 min 后 FI15 指示应为 0，方可进行下一步试验，否则立即汇报主控，表明该喷淋阀有漏，或流量表 FI15 故障。具体操作详见 91140-OM-430 及 91140-OM-431。

2.5.3　喷淋阀内漏处理

当主控出现 63431-FI15 高流量报警或喷淋水箱液位持续缓慢下降时，需按照 98-

34310-OM-001 5.6 节找出内漏的喷淋阀，简要流程如图 2-5-3 所示。

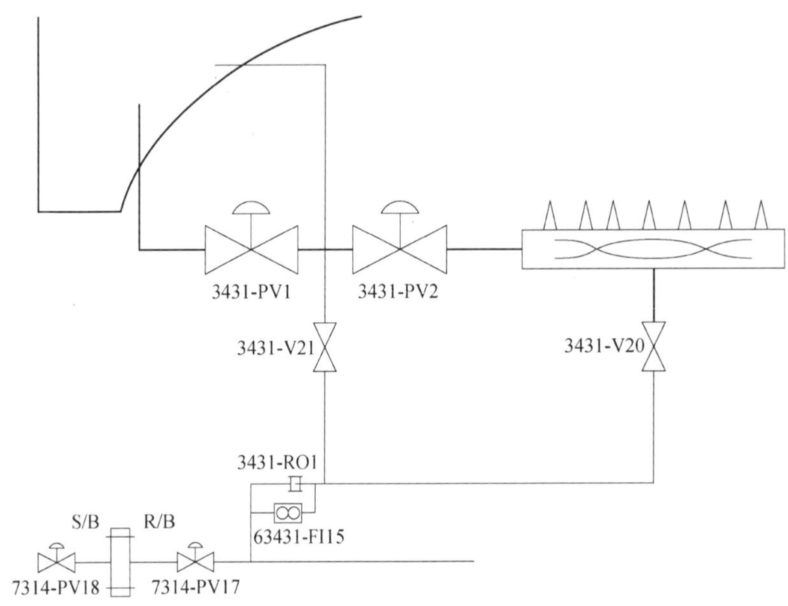

图 2-5-2 3431-PV1 试验回路

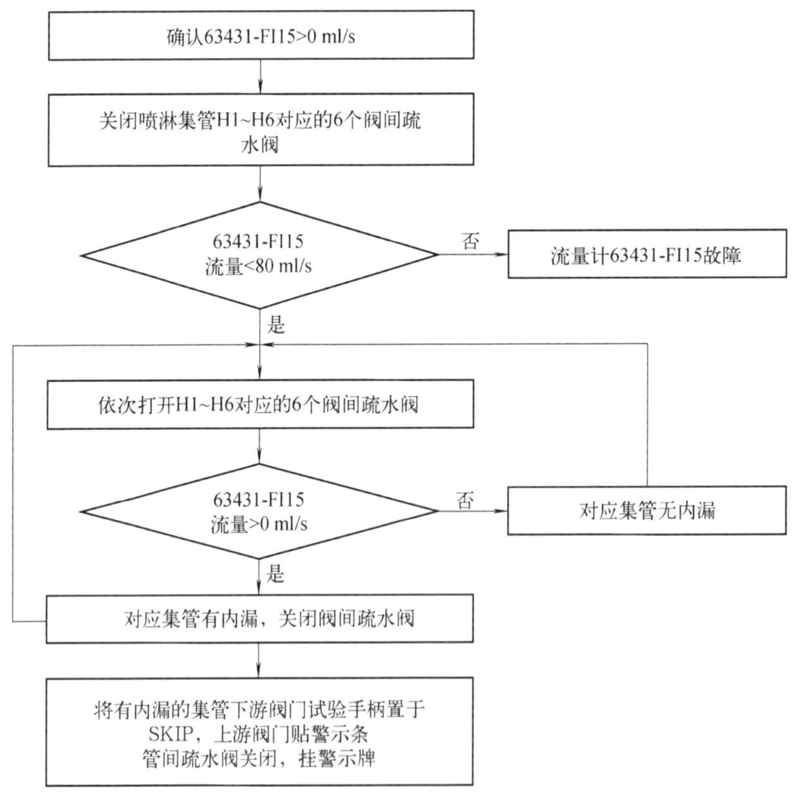

图 2-5-3 喷淋阀内漏处理流程图

喷淋阀、集管及疏水阀对应关系如表 2-5-3 所示。

表 2-5-3 喷淋阀、集管及疏水阀对应关系表

集管	上游喷淋阀门	下游喷淋阀门	阀间疏水阀	集管疏水阀
H1	PV5	PV6	V13	V14
H2	PV7	PV8	V15	V16
H3	PV9	PV10	V17	V18
H4	PV11	PV12	V19	V22
H5	PV1	PV2	V21	V20
H6	PV3	PV4	V23	V24

2.5.4 喷淋水箱换水

在机组运行时，如果喷淋水箱内的水质中杂质如钠离子、氯离子等浓度过高，就必须进行换水，以将喷淋水箱中钠离子、氯离子的浓度降到 1 ppm① 以下，满足水质化学控制要求(注:2 号机组曾因为 3461-PV41/PV141 内漏，在每月执行 EWS 泵启动试验时，EWS 水进入喷淋水箱，导致水质氯离子浓度超标，通过运行期间在线换水的方式水质得以改善)。此项工作可以在正常运行期间也可以在停堆大修期间进行，若在运行期间执行，进入 R/B601 需得到值长授权借用控制区钥匙方可进入。

如图 2-5-4 所示，系统将接一临时管线靠建立虹吸疏水至放射性疏水系统(71730)的地漏，71730 系统排水至辅助厂房疏水系统(71740)，后排至废液排放系统(79210)，经取样可以排放后排入大海。补水通过正常管线 3431-V25 补入除盐水，由于接了临时管线，故应注意以下几点：

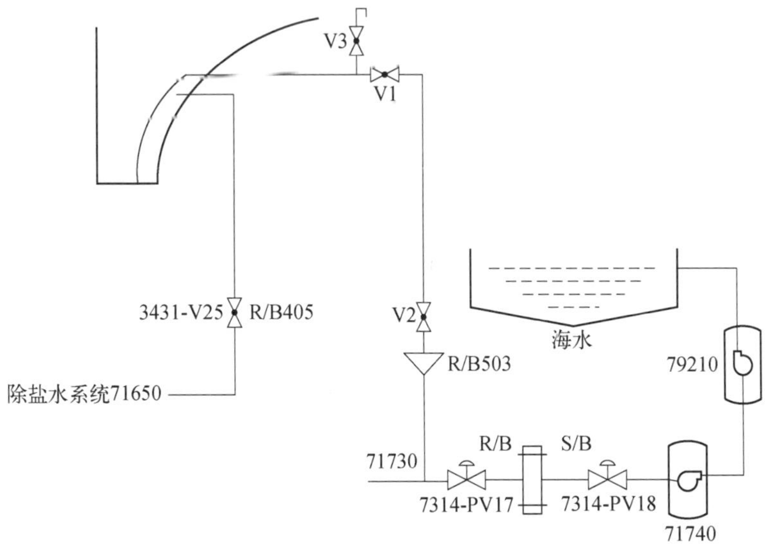

图 2-5-4 喷淋水箱换水

① 1 ppm=10^{-6}。

(1) 临时管路漏水:现场安装的临时管路漏水,将可能淋湿其下方的设备。现场巡检时应注意临时管线的接头处,换水开始前 4 h,每小时巡检一次,如无异常,可每班巡检一次。管路上安装隔离阀 V1/V2,一旦发现泄漏要及时隔离,并汇报主控。

(2) 地漏漫溢:疏水通到 R/B503 的地漏,漫溢将可能导致部分厂房被淹或淋湿设备。每班应确认 71730/71740/79210 系统可用,换水期间加强现场巡检,若发现问题及时关闭阀门停止换水。

(3) 隔离操作:在需要停止换水操作时,应先关闭上游隔离阀 V1(因位置在核岛穹顶,注意做好工业安全防护),若先隔离下游阀门 V2(R/B503),可能会因静压导致爆管现象,淋湿下方设备。后关闭补水阀 3431-V25(R/B405)。

(4) 喷淋水箱液位调整:机组正常运行期间喷淋水箱水位应维持在最低液位 3.488 m 以上,机组大修期间,允许喷淋水箱液位降低以提高换水效率,但最低液位不得低于 1.5 m 以保证应急对新冷却系统 ECC 用水。当液位高于溢流液位 3.92 m 时,应关闭 3431-V25,停止补水,并调整 V2 开度,待液位恢复正常时,打开 3431-V25 继续动态换水。

复习思考题

1. 简述喷淋系统功能及动作值。

参考答案:

安全壳喷淋系统作为安全壳系统的一个子系统,为专设安全系统,在发生主热传输系统失去冷却剂(LOCA)或安全壳内主蒸汽管线破裂(MSLB)事故时,通过限制反应堆厂房里压力的瞬变,缩短反应堆厂房里高压力存在的时间来帮助维持反应堆厂房的完整性,减少放射性对环境的释放。

自动喷淋为安全壳压力大于 14 kPa(g),压力低于 7 kPa(g)时喷淋自动终止。主控室手动喷淋为安全壳压力大于 7 kPa(g)。副控室手动喷淋可无条件手动触发。

2. 巡检发现 63431-FI15 指示不为 0,请判断可能原因是什么?

参考答案:

位于 R/B405 区域有一流量表 3431-FI15,巡检时正常值为 0 ml/s,报警值设置在 80 ml/s,若此数值大于 0 ml/s,则可能存在下列问题:

- 喷淋阀 3431-PV1~12 中有一个或多个发生内漏,处理方法见重要操作;
- 喷淋水箱液位高溢流,需要确认泄漏源后隔离,并疏水至正常液位;
- 执行安全相关系统试验 SRST430~436 引起的,属正常情况;
- 流量表故障,发工作申请处理。

3. 请给出喷淋水箱里水的具体分配。

参考答案:

喷淋水箱里的水共有 2 173 m^3,具体分配如下:

喷淋水:1 556 m^3;

应急堆芯冷却水:500 m^3;

不可用水:114 m^3。

4. 列出系统主要设备位置。

参考答案:

喷淋水箱	反应堆穹顶
3431-PV1～PV12:	R/B601
3431-V13～V18:	R/B405

5. 集管上的喷淋头向上布置的目的。

参考答案:

喷淋时可覆盖更大的范围;

增加水下落的时间,更好的起到冷却、溶解气溶胶的作用;

减少水的浪费;

防止水锤的发生。

第三章　应急堆芯冷却系统（34320）

内容介绍

课程名称：应急堆芯冷却系统
课程时间：4 学时

学员：现场操作员
学员条件：完成本系统的课堂部分培训

最终培训目标：

1. 了解系统设备的现场布置；
2. 掌握各参数测量点的现场位置和在系统流程中的位置；
3. 熟练完成现场巡检内容，正常参数、报警值、异常和故障识别技巧和技能；
4. 熟悉系统上操作和巡检时存在的一些安全提示和危害，风险警示、运行实践；
5. 正常、应急时的操作和异常的现场响应；
6. 对照运行流程图能进行本系统主要操作项目的模拟操作。

教学方式及教学用具：
培训方式：岗位培训
教员需要：
a. 流程图：9801-34320-1-1-OF-A1
　　　　　9802-34320-1-1-OF-A1
b. 白板等。

考核方法：现场考核（实际操作和模拟相结合）、口试

3.1　系统设备

3.1.1　设备清单和现场位置

3.1.1.1　高压安注水箱

高压安注水箱 3432-TK1 和 3432-TK3 是半球形封头的圆柱形筒体(见图 3-1-1),高为 10.9 m,直径为 3.75 m。每个高压安注水箱各有容积 107.5 m^3,并垂直安装在高压 ECC 厂房(E-101)中。它们是高压注入系统的一部分,而且它们通过高压气动隔离阀 3432-PV81 和 3432-PV82 与 ECC 高压气箱 3432-TK2 相连,并通过高压注入隔离阀 3432-MV79 和 3432-MV80 与注入系统相连。

图 3-1-1　ECC 高压安注水箱(其中之一)和 ECC 高压气箱

在高压安注水箱顶部对其加压,同时使水从高压安注水箱底部的公共管线排出。在正常运行时,两个高压安注水箱温度为 21 ℃左右,覆盖气压力为 207 kPa,液位则在 10.1 m 左右。

3.1.1.2　ECC 高压气箱

ECC 高压气箱 3432-TK2 为卧式半球形封头圆柱形箱体(见图 3-1-1),体积为 107.5 m^3,并且与高压安注水箱位于同一厂房内(E-101)。ECC 高压气箱位于隔离阀 3432-PV81 和 3432-PV82 的上游。

在正常运行期间,ECC 高压气箱维持其压力在 4.14～4.30 MPa,并在 ECC 触发时用于对高压安注水箱加压以启动高压注射。

3.1.1.3 应急堆芯冷却热交换器

应急堆芯冷却(ECC)热交换器 3432-HX1/HX2(见图 3-1-2)位于 S-144 房间内,它是一种板式热交换器,包括 220 块板,其有效传热面积为 440 m^2。工艺侧运行流量为 606 kg/s,冷却水侧运行流量为 759 kg/s。

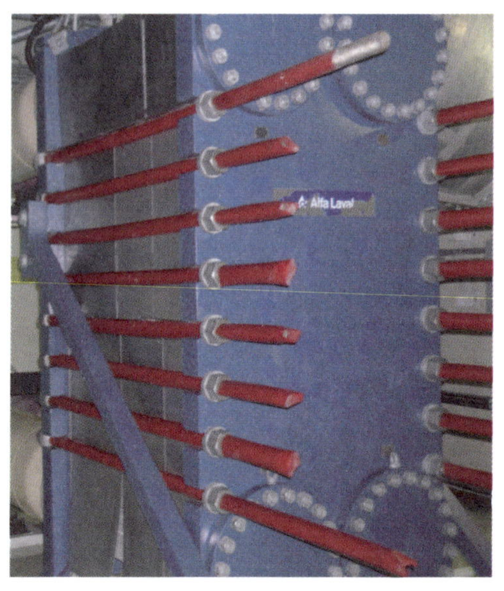

图 3-1-2 ECC 热交换器

因为在机组正常运行时(在定期试验时除外),在 ECC 热交换器中的水处于停滞状态,所以传热板由不锈钢制成,以避免腐蚀问题。传热板的厚度为 0.95 mm,相邻两块板之间的间隙为 5.85 mm,每块板之间均有一个密封件隔离。

ECC 热交换器进出口最高设计温度如下:

- 工艺水进口 66 ℃
- 工艺水出口 49 ℃
- 循环冷却水进口 35 ℃
- 循环冷却水出口 48.4 ℃

ECC 热交换器 3432-HX1、HX2 能使用 60%传热面就能带走长期冷却阶段 80%的额定热负载。所以 ECC 热交换器即使去除一些传热板,也不会导致额定冷却容量(约 42 MW)减小。

3.1.1.4 应急堆芯冷却泵

两台应急堆芯冷却泵(ECC)泵 3432-P1 和 3432-P2(见图 3-1-3)是双级立式离心泵,位于 S-S01 房间中。每台 ECC 泵都有 100%正常流量容量:在扬程为 61 m 时流量为606 kg/s。它们正常由 6.3 kV 母线开关 5323-BUE06 和 5323-BUF06 供电,但它们也能用应急电源系统(EPS)供电,以满足与长期冷却相关的可靠性准则。

图 3-1-3 ECC 泵(电机)

ECC 泵轴密封性由一个机械密封提供,该机械密封备有旋风分离器,旋风分离器的功能是在水注入密封前,先去除泵出口水中的杂质,以减小损坏密封的危险。

中压系统有一条 ECC 泵再循环管线,可以进行 ECC 泵 3432-P1 和 3432-P2 的定期试验。ECC 泵再循环阀 3432-PV23 和 3432-PV24 正常运行时保持开启状态，为 ECC 泵的运行提供再循环通路。系统还设有一个节流孔板 3432-RO3，用于限制循环流量为 189 kg/s。只有在进行 ECC 泵入口阀 3432-PV1 和 3432-PV2 等相关试验时，需通过关闭再循环阀 3432-PV23 和 3432-PV24，以防止 ECC 系统的水倒流入反应堆厂房底层。

3.1.1.5 压缩机

ECC 高压气箱 3432-TK2 的空气供给由空气压缩机 3432-CP1 提供，该压缩机位于高压 ECC 厂房(E-101)。压缩机由 15 kW 的 1 500 r/min 电机驱动，电机由 380 V IV 级电源供电。压缩机能产生 4.14 MPa 压力 43 m^3/h 的流量。

压缩机 3432-CP1 的启动条件：

机械相关条件：所有汽缸没有高温报警、润滑油液位不低于现场油位表的下油位指示(见图 3-1-4)、就地停止按钮没有按下。

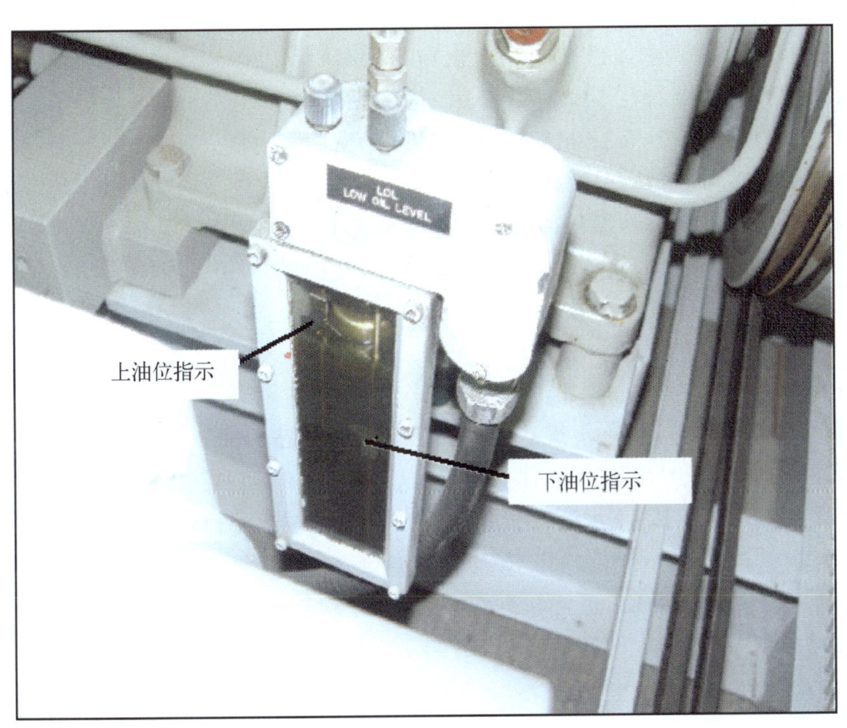

图 3-1-4　压缩机油位指示

控制及工艺系统相关条件：

- 3432-TK2 压力低于 4.3 MPa
- 没有 LOCA 信号(奇通道和偶通道逻辑)
- PL-3 上的手动开关 63432-HS111＃1 在“ON”位置，或当 3432-TK2 中压力低于 4.14 MPa 时手动开关 63432-HS111＃1 在“AUTO”位置并且就地操作手柄 63432-HS111＃2 在 REMOTE 位置

3.1.1.6 氮气回路

ECC 高压气箱 3432-TK2 的空气供给也可以由 4 个备用氮气瓶提供，备用氮气瓶位于

高压 ECC 厂房(E-101)中,4 个备用氮气瓶通过一根集管相连,该集管又通过一个压力调节阀(3432-PRV100)与压缩机出口相连。当压缩机失效时,可以通过备用氮气回路维持 ECC 高压气箱 3432-TK2 中的压力。

3.1.1.7 阀门类型

(1) 闸阀

与注射系统相连的隔离阀是电动闸阀:

- 3432-MV79 和 MV80,高压注入隔离阀;
- 3432-MV71 和 MV72,3432-MV79 和 MV80 的试验隔离阀;
- 3432-MV31 和 MV50,中压和低压注入隔离阀;
- 3432-MV39~MV46 和 3432-MV59~MV66 ,重水隔离阀。

(2) 蝶阀

蝶阀由气动执行机构操作,用在 ECC 系统的低压部分:

- 3432-V5 和 V6,在 3432-P1 和 P2 出口处的阀门;
- 3432-PV1 和 PV2,在 3432-P1 和 P2 进口处的阀门;
- 3432-PV8 和 PV9,3432-MV31 和 MV50 的试验隔离阀;
- 3432-PV10 和 PV11,喷淋水箱隔离阀;
- 3432-PV23 和 PV24,循环回路上的试验隔离阀;
- 3432-MV75,喷淋水箱和注射回路的连接阀。

(3) 止回阀

ECC 系统有 3 组止回阀:

- 3432-V76 和 V77,防止水流从高压回路到中压回路;
- 3432-V96 和 V97,防止水流从中压回路到高压回路;
- 3432-V33、V34、V47 和 V48,防止水流从 PHT 系统到 ECC 系统,并在 LOCA 时,重水隔离阀开启后,防止水流从未失效环路流向失效环路而引起排空。

(4) 球阀

ECC 高压气箱 3432-TK2 正常与高压安注水箱 3432-TK1 和 TK3 通过两个并联安装的气动阀(3432-PV81 和 PV82)隔离,这两个阀门由气动执行机构操作。这两个阀门是球阀并焊接在管道上。

3.1.1.8 疏水和排气

当 ECCS 触发启动时,为了防止水锤,系统必须保持满水状态。在所有的 ECC 系统高点都设有排气点(ECC 泵的泵体放气阀 3432-V16/V17、ECC 热交换器放气阀 3432-V125/V154、中压管线放气阀 3432-V127、高压管线倒 U 型管放气阀 3432-V810、爆破盘上游管线排气阀 3432-V159),用以去除回路中的空气,这样保证 ECC 系统管线能在系统首次充水或每次机组启动时进行排气。在充水结束时,必须用超声波检查管线,确认没有空气。或者正常运行期间进行定期的充水排气,以验证回路各个部分处于满水状态。

ECC 系统原设计没有轻水公用管线的满水监测装置,无法监测正常运行期间爆破盘 3432-RD2 上游的轻水公用管线是否处于满水状态。为保证有设计可靠的在线监督手段来确保 ECC 系统爆破盘上游轻水管线始终处于满水状态,保证运行人员能实时监测 ECC 轻水公用管线是否处于满水状态，因此在103大修中在轻水公用管线上增加在线的管道满水监测装置3432-Y29，满水验证将不再需要现场打开3432-V159，通过实时的水位指示(AI-0266/AI0267)监视公共集管是否有足够的装量(3432-Y29：0.1～0.6 m)，从而保证轻水公用管线始终处于满水状态。

3.1.1.9　压力释放阀

表3-1-1所示设备由压力释放阀提供超压保护。

表3-1-1　由压力释放阀提供超压保护设备

设　备	压力释放阀	整定值	位置
3432-TK2	RV86	6.2 MPa	E-101
3432-TK1/3	RV85	6.2 MPa	E-101
	RV102	241 kPa	E-101
3432-HX1	RV26	1.65 MPa	S-144
3432-HX2	RV152	1.65 MPa	S-144
3432-P1/P2	RV67/68	1.65 MPa	S-S01

3.1.1.10　化学添加

为了降低ECC系统碳钢设备的腐蚀，并维持安注水质的碱性和还原性，需对ECC系统进行化学药品添加。在ECC高压和中压回路用计量泵提供与化学添加的接口。化学品的注入由3432-TK1和TK3的循环回路执行。对中压回路，接口位置在应急堆芯冷却泵3432-P1和P2的出口和进口之间，通过3432-V30和3432-V27把加药罐连接到系统上，而高压回路接口位置在ECC水箱加热器3432-HTR3上游和下游之间，通过3432-V108和3432-V109把加药罐连接到系统上。如果需要进行化学添加时，化学部门将配制好的药品放入加药罐，再将加药罐连入系统，通过化学添加循环泵或ECC泵进行循环即可。

3.1.1.11　水循环回路

高压安注水箱3432-TK1和TK3有一条由ECC化学添加循环泵3432-P3和ECC水箱加热器3432-HTR3组成的循环回路，该回路用来保持ECC高压安注水箱的水温在21 ℃。循环管线与主注入管线就在反应堆厂房贯穿件之前相接，这确保了注入管线和高压安注水箱在同一温度。

对高压安注水箱3432-TK1和TK3的除盐水添加通过从ECC化学添加循环泵3432-P3上游的接口执行，该接口通过阀门3432-V104与循环回路相连。

3.1.2　系统接口

(1) ECC系统有16个重水隔离阀(3432-MV39～MV46和3432-MV59～MV66)与主热传输系统(33000)相连，在每个进出口集管上各接有2个重水隔离阀，其中3432-MV39/MV40连在2号进口集管上，3432-MV65/MV66连在4号进口集管上，3432-MV45/MV46连在6号进口集管上，3432-MV59/MV60连在8号进口集管上，3432-MV41/MV42连在1号出口集管上，3432-MV63/MV64连在3号出口集管上，3432-MV43/MV44连在5号出口集管上,3432-MV61/MV62 连在 7 号出口集管上,现场安装位置均在 R-405B、R-406B。

(2) 该系统通过 3432-V155 和 3432-V158 与热传输压力装量、重水储存输送与回收系统(33300)相连。当 3432-RD1 和 RD2 液位低时需要打开位于 R-406B 里面和 R-405B 里面房间内的 3432-V155 和 3432-V158 对 3432-RD1 和 RD2 进行补水。

(3) 该系统通过 3432-V119 和 3432-V121 与主热传输重水泄漏收集系统(33810)相连。目的当 1 号爆破盘重水泄漏收集母管 3432-Y27 或 2 号爆破盘重水泄漏收集母管 3432-Y28 出现高液位报警时(1.81 m)将其液位恢复到正常 1.2～1.4 m,此时需要打开位于 R-501 房间 A 侧的 3432-V119 或 C 侧的 3432-V121 对其疏水至重水泄漏收集系统(33810),在疏水过程中注意主控室和现场要保持联系并且疏水阀打开约 3 圈。还有 16 个重水隔离阀(3432-MV39～MV46 和 3432-MV59～MV66)的密封引漏也到 33810 系统。

(4) 该系统通过 3432-V104 及 7165-V820 与除盐水分配系统(71650)相连。当高压安注水箱 3432-TK1/TK3 出现低液位(9.95 m)时打开位于 E-101 房间的 3432-V104 对其进行补水至 10.1 m。当 ECC 公用管段满水监测装置 3432-Y29 出现低液位时(0.1 m),需缓慢打开位于 R/B-501 房间的 7165-V820 约 1/4 开度进行补水到 0.5 m。

(5) 系统的热交换器 3432-HX1/HX2 还与再循环冷却水系统(71340)和应急给水系统(34610)相连。正常情况下,ECC 热交换器 3432-HX1 通过 7134-V7565 和 7134-PV7567 由 RCW(71340)系统提供冷却,ECC 热交换器 3432-HX2 通过 7134-V7566 和 7134-PV7568 由 RCW(71340)系统提供冷却。当 RCW 系统不可用时,7134-PV7567/PV7568 关闭,3461-MV13/MV47/MV110/MV114 打开,由 EWS(34610)系统对 ECC 热交换器进行冷却。

3.1.3 就地盘台

当主控室出现 CI0533 3432 CP1/DR1 TROUBLE 报警时,需要到就地 E-101 房间现场检查压缩机 3432-CP1 和干燥器 3432-DR1 控制盘报警。产生报警的原因有:

(1) 压缩机 3432-CP1 故障报警,导致 3432-CP1 报警的原因如下(相应的报警指示灯亮):

· LOW OIL LEVEL

低油位,现场有油位表。如果低于油位表的指示则报警。

· HIGH OUTLET AIR PRESSURE

高出口压力,设定值为 4.8 MPa,在最后一级气缸出口。

· HIGH AIR TEMPERATURE 1ST STAGE-1ST CYL

一级第一个气缸出口温度高,设定 90 ℃。

· HIGH AIR TEMPERATURE 1ST STAGE-2ND CYL

一级第二个气缸出口温度高,设定 90 ℃。

· HIGH AIR TEMPERATURE 1ST STAGE-3RD CYL

一级第三个气缸出口温度高,设定 90 ℃。

· HIGH AIR TEMPERATURE 2ND STAGE

第二级温度高,设定值 100 ℃。

· HIGH AIR TEMPERATURE 3RD STAGE

第三级温度高,设定值 85 ℃。

· HIGH AIR TEMPERATURE 4TH STAGE

第四级温度高，设定值 90 ℃。

(2) 干燥器 3432-DR1 故障。导致 3432-DR1 报警的原因如下(相应的报警指示灯亮)：

· SWITCHING FAULT

切换失效，这个循环需要 12 min，如果整个循环在 20 min 内没有完成，报警产生。

· PURGE FAULT

吹扫故障，主要指预过滤器的失效。预过滤器每 9 min 排污一次。

处理措施：

a. 记录现场控制盘上的报警信息并汇报主控；

b. 停运压缩机和干燥器：

· 主控室将压缩机操作手柄 63432-HS111＃1 置于“OFF”位置，现场确认压缩机 3432-CP1 停运；

· 在现场控制盘上将 3432-DR1 操作手柄 63432-HS-SS1 置于“OFF”位置，停运干燥器 3432-DR1；

c. 联系维修人员处理；

d. 加强高压气箱 3432-TK2 压力监视，如果压力小于 4.1 MPa，根据压缩机或干燥器故障使用氮气瓶或者旁路干燥器给高压气箱 3432-TK2 补气。

3.2　系统参数

表 3-2-1 所示为 ECC 系统参数。

表 3-2-1　系统参数表

序号	参数名称	仪表号	设定值/自动动作	报　警　值
1	ECC 泵差压	63432-PT-222K	LOCA 时如果三取二逻辑小于 0.052 MPa 持续 10 s，则运行泵跳闸，备用泵启动	>0.965 MPa 或 <0.052 MPa
2		63432-PT-222L		
3		63432-PT-222M		
4	ECC 高压气箱 3432-TK2 压力	63432-PT-22K	低于 4.14 MPa 时，自动启动 3432-CP1；高于 4.3 MPa 时，自动停止 3432-CP1	>4.41 MPa <4.08 MPa (在高，中，低压安注时屏蔽低压力报警)
5	ECC 高压气箱 3432-TK2 压力	63432-PT-22M	高于 4.41 MPa 时，3432-CP1 跳闸	>4.41 MPa <4.08 MPa (在高、中、低压安注时屏蔽低压力报警)
6	高压安注水箱 3432-TK1/TK3 覆盖气体压力	63432-PT-26		>0.28 MPa <0.155 MPa(在高、中、低压安注时屏蔽报警)

3.3 风险警示和运行实践

3.3.1 风险警示

3.3.1.1 人员风险

(1) ECC 泵地坑内工作风险

3432-P1/P2 的疏水阀 3432-V18/V19、超压保护释放阀 3432-RV67/RV68、窥视窗 3432-SG1/SG2 和 ECC 泵入口疏水阀 3432-V20/V21 等设备位于 3432-P1/P2 下面的地坑内。当执行下列操作时需要进入该区域对 ECC 泵进行排气防止启泵时出现水锤现象:1) 98-91140-OM-001/002(EPS,ECC,EWS 和消防泵月度试验);2) 98-91140-OM-536/537 (ECC 泵入口阀 3432-PV1/2 及高压管线放气阀 3432-PV87/PV88 试验);3) 98-91140-OM-538/539(ECC1/2 号泵和喷淋水箱隔离阀 3432-PV11/PV10 试验);4) ECC 系统满水验证。当爬地坑的直梯进出地坑时一定要有人监护和带上手电筒以防止人员跌落等工业安全问题。

(2) 放射性风险

当 1 号爆破盘重水泄漏收集母管 3432-Y27 或 2 号爆破盘重水泄漏收集母管 3432-Y28 出现高液位报警没能及时处理而导致 3432-Y27 或 3432-Y28 出现溢流,重水将通过 3432-SG14 或 3432-SG15 进入反应堆厂房地坑 7173-SUMP5,在对地坑进行清理时,应当请辐射防护人员进行测量,根据辐射防护人员的建议采取适当的辐射防措施。

ECC 泵区域(SS01)、ECC 热交换器区域(S144)的放射性水平可以通过 LOCA 后放射性监测系统(67885)进行监测。

3.3.1.2 设备风险

(1) 水锤风险

ECC 系统在投入运行前一定要确保完成排气操作。当 ECC 系统触发时,如果管道中有气,将会产生水锤,可能造成管道的破裂。此外,空气进入主系统也会由于空泡引入正反应性,这是不可接受的。因此,ECC 系统设备维修后,操纵员在系统设备复役前应根据维修内容确定是否需要进行系统排气。

(2) 主系统重水降级风险

由于 ECC 系统内是轻水,误注射将会导致主系统重水降级。所以在做试验和日常运行时要特别注意,要严格遵守程序防止误操作,确保不发生误注射。在进行仪控逻辑工作时,确保只在单通道上进行工作。

主系统降压将会导致 ECC 触发,所以主系统卸压前要确保 ECC 系统已处于闭锁状态。

另外,在主系统压力低于 ECC 系统压力时,通过重水隔离阀的压力平衡管线,ECC 侧管道中的重水可能会流入主系统。这将导致爆破盘到止回阀之间的管道被排空。所以注意保持膨胀箱 3432-Y27/28 的液位在正常范围之内(0.8~1.81 m)。膨胀箱的补水可通过补水阀门 3432-V155/158 来实现或仪控人员通过仪表管反充实现。

(3) 堆芯流量旁路

在主系统相同环路中同时打开与入口集管和出口集管相连的重水隔离阀(如 3432-

MV40 和 MV41)将会导致堆芯流量旁路。所以在试验时每次只能试验一个重水隔离阀，且试验后要确认阀门已关闭。如果一个重水隔离阀试验时失效开，其他重水隔离阀的试验将不能进行。

3.3.2 运行实践

3.3.2.1 ECC 系统闭锁的前提条件

反应堆已停堆；

主系统温度低于 90 ℃。

3.3.2.2 避免爆破盘破裂

在执行高压和中压隔离阀 3432-MV79/MV80/MV31/MV50 试验时必须关闭其对应的试验隔离阀 3432-MV71/MV72/PV8/PV9，防止爆破盘破裂。

重水隔离阀试验时，如果上游止回阀 3432-V33/V34/V47/V48 内漏，也有爆破盘破裂的风险。

止回阀 3432-V33/V34/V47/V48 动作试验时，必须确保其下游压力低于 200 kPa。

进行 3432-PV73，PV74，PV78 ，PV87 和 PV88 这些阀门的关闭试验时，试验必须在尽量短的时间内完成，以减小爆破盘破裂的可能，同时需要加强试验期间 3432-Y27/28 水位监视，一旦发现异常马上终止试验。

3.3.2.3 防止循环回路堵塞

在 R/B 内的油布、覆盖物、塑料布等物品在 LOCA 后有可能被冲到地板上，从而会堵塞 ECC 泵入口的滤网，因此，必须保持反应堆厂房干净、无异物。

疏水阀 3432-V20 和 V21 是安全壳的边界隔离阀，因此需要保持 3432-V20/21 关闭，防止破坏安全壳的完整性。

3.3.2.4 ECC 泵运行时的注意事项

3432-P1 和 3432-P2 均为 100 % 容量的泵，不能同时运行，否则可能由于通路流量不够而造成泵的损坏。由于 ECC 热交换器为板式热交换器，因此泵启停时造成的冲击将影响 RCW 侧，在启停 ECC 泵时要注意监视 RCW 系统压力和补水流量。

3.3.3 系统操作上的经验反馈或出现过的事件

3.3.3.1 2 号机组 ECC 热交换器安全阀内漏导致 ECC 系统跑水

状态描述：2004 年 8 月 25 日，2 号机组处于启动阶段，在 80%FP 功率运行。

3 时 00 分，现场操作员在进行 S/B 厂房巡检时，听到 ECC 系统热交换器 3432-HX1 管道上安全阀 RV26 附近有水流声，检查后发现 3432-HX1 的安全阀 RV26 和 RV152 下流管线至 S/B145 房间放射性疏水系统(71740)的地漏处有满管的水流出，进一步确认为 RV26 内漏。报告主控后，主控下令关闭 3432-HX1 前后隔离阀 3423-MV135 和 MV151，再检查安全阀 RV26 和 RV152 下流至地漏的管线已不再有水流出。

备注：3432-HX1 处于隔离状态，技术规格书对隔离一个热交换器的限制为 4 周。

原因分析评价：8 月 25 日发现的 3432-RV26 内漏，由于无相关的压力 AI，无法查证

3432-HX1 是否出现过超压。9 月 8 日,2 号机组按计划执行 ECC 泵试验(98-91140-OM-538),为验证 ECC 泵试验时 HX1 是否出现超压,试验前安排了两项工作:1) 启泵时记录 ECC 泵出口压力 3432-P17(热交换器前)的最大值;2) 试验过程中确认热交换器的安全阀是否动作。泵在稳定运行时其出口压力为 1.4～1.5 MPa,而该压力表的最大量程为 1.5 MPa。在试验过程中,启泵时压力表 3432-P17 三次打到满量程,因此无法记录启泵时 ECC 泵出口压力(热交换器前)的最大值。安全阀 RV26 的动作设定值为 1.65 MPa,本次试验安全阀并没有动作。11 月 8 日,2 号机组再次执行 98-91140-OM-538 定期试验。试验前在 3432-P17 处接了一量程为 2 MPa 的临时压力表。14:38,启动 3432-P1,启动瞬间泵出口压力最高达 2 MPa(已达满量程),稳定后为 1.3 MPa。14:45,启动 3432-P2(同时 3432-P1 自动 TRIP),启动瞬间泵出口压力最高达 1.8 MPa,稳定后为 1.3～1.4 MPa。试验期间,现场操作员对 3432-HX1 的安全阀 RV26 和 RV152 下游管线进行检查时发现有水流出,这表明:在执行 98-91140-OM-538 定期试验时,启动 ECC 泵时系统压力超过 ECC 热交换器的安全阀动作值,安全阀动作。

经验反馈:进行 ECC 泵相关的定期试验,在 ECC 泵启动瞬间可能导致安全阀 RV26 和 RV152 动作。因此,在相关的试验程序里,都有在试验结束后,需确认安全阀 RV26 和 RV152 出口管线是否有水流,即是否有安全阀动作后没有回座到位的情况,如果有则需发工作申请由维修进行处理。

3.3.3.2 ECC 泵入口气动阀机械位没有锁死,安措不到位

状态描述:201 大修时,仪控人员根据 WR:62690-PM-00(年度检查 2-63432-SV73)的要求,在主控室取得工作票(票上有安措要求:机械锁关 2-34320-PV1)和相关安措票的复印件(票上注有"34320-PV1 现场机械锁关,挂牌")进行现场工作。

当仪控人员到达工作现场确认 34320-PV1 的机械锁关上挂有安措牌后,开始工作。当仪控人员断开 63432-SV73 的现场接线后不久,主控室发现 34320-PV1 的 EMI 指示倾斜。仪控人员得到主控室通知立即停止工作。现场操纵员对 34320-PV1 进行现场确认:34320-PV1 的位置开关偏离"关"的位置,34320-PV1 阀门真正动作。于是主控室通知仪控人员恢复 63432-SV73 的现场接线。34320-PV1 阀关到位。后来经技术人员和运行人员确认 34320-PV1 机械位没有锁死。

原因分析评价:ECC 系统(34320)的部分气动阀门为液压油式气动阀,对这些阀门可以用液压的方式进行锁开或锁关操作,但是具体的操作方法在 OM 上当时没有提及,运行人员也没有就此接受过专门的技能培训,现场 ECC 系统气动阀液压锁开锁关的操作是凭借运行人员的记忆以及调试时候的经验进行的,部分就地操作员并没有真正掌握相关的操作技能。

经验反馈:事件后组织了相关培训,而且现在的 OM 中已经加入此章节,具体的做法见本教材 4.1 节。

3.3.3.3 ECC 热交换器内有较多气体存在

状态描述:2006 年 5 月 21 日,执行 SRST-539 试验时,通过排气阀 3432-V125 和 V154 分别对 3432-HX1、HX2 进行排气操作,大约 8 min 后才有水流冒出,与以往的排气操作(约 1 min)相比,排气时间明显要长。在执行完 SRST-539 试验后,重新打开 3432-V125 和 V154 对 3432-HX1、HX2 进行排气,约 4 min 后出现稳定水流。

原因分析评价：经过实际检查，发现 1 根多余的短接线把控制试验隔离阀门 63432-SV222M2 和氮气隔离阀门 63432-SV222M3 的电源连接在一起（该试验的试验回路组成见附件），导致执行 91140-OM-511M(ECC 泵进出口差压 M 通道测量回路试验）时试验隔离阀门不能在需要关闭的时候关闭，而仅在氮气隔离阀门关闭时才能一起关闭，这种现象直接导致进行 ECC 泵压差试验期间氮气瓶内的气体直接进入 ECC 系统管道内，造成每次试验后在 ECC 热交换器入口管道内有大量气体积存。去除那根多余的短接线后，解决了一个调试期间遗留下来的问题，系统恢复至正常状态。

3.4 技 能

3.4.1 使用液压回路将气动阀锁开或锁关

目的：ECC 系统中，气动阀 3432-PV1/PV2/PV23/PV24/PV10/PV11/PV162/ PV163 设置了液压锁定装置。ECC 泵入口阀 3432-PV1/PV2 和 ECC 泵循环阀 3432-PV23/PV24 为失气开的阀门，在需要阀门锁关的情况下，可以依靠液压回路将阀门锁关；而中压注射阀 3432-PV10/PV11/PV162/PV163 为失气关的阀门，在需要阀门锁开的情况下，可以依靠液压回路将阀门锁开，图 3-4-1 所示为一液压锁定装置图。

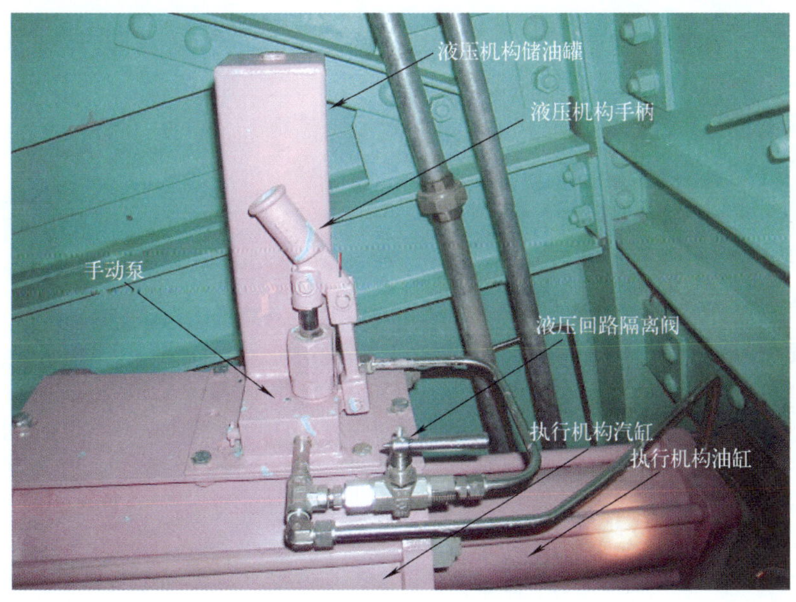

图 3-4-1 液压锁定装置图

详细操作步骤：

(1) 确认阀门 3432-PV ________当前位置为要锁定的位置（如需要锁关，则阀门的位置为关；如需要锁开，则阀门的位置为开）；

(2) 关闭液压回路隔离阀，检查阀门手柄与相连管道方向成 90°垂直方向；

(3) 装好液压机构手柄的延长杆，利用延长杆操作手动泵（俗称千斤顶）给油回路加压，直到单手操作不动为止；

(4) 5 min 后再次利用延长杆操作手动泵，检查油缸内压力没有降低；

(5) 汇报主控室，阀门 3432-PV ________ 已锁定(锁关或锁开)。

3.4.2 解除气动阀液压锁定

目的：解除气动阀 3432-PV1/PV2/PV23/PV24/PV10/PV11/PV162/PV163 的液压锁定。

详细操作步骤：

(1) 确定阀门 3432-PV ________ 可以解除液压锁定；

(2) 将液压回路隔离阀旋转 90°，使阀门手柄与相连管道方向平行，油回路压力释放，液压锁定解除；

(3) 汇报主控室，阀门 3432-PV ________ 已解除液压锁定。

3.5 主要操作

3.5.1 系统正常操作

3.5.1.1 ECC 系统排气操作

目的：为了排除 ECC 管道中由于泄漏或分解而聚集的空气，避免阀门动作时出现水锤，必须定期进行排气，此操作 3 个月执行一次。

此外，当系统进行疏水维修或其他可能造成系统排空的工作时，在将设备恢复到热备用前也需要进行针对性的排气。

具体程序请参见 98-34320-OM-001 第 4.2.1 节，ECC 系统排气操作简要流程如图 3-5-1 所示。

3.5.1.2 高压安注水箱补水

目的：正常情况下高压安注水箱 3432-TK1 和 TK3 中的水位为 10.1 m，在 9.95 m 时出现低水位报警，此时，应对高压水箱 3432-TK1 和 TK3 补水，使水位恢复正常。

具体程序请参见 98-34320-OM-001 第 4.2.2 节，图 3-5-2 所示为高压水箱补水简要操作流程。

3.5.1.3 3432-Y27(RD1)补水

目的：在 3432-Y 27(RD1)液位低报警时，将其液位恢复到正常。正常情况下，两个水箱 3432-Y27 和 Y28 的水位在 0.6～1.8 m，但当爆破盘破裂时，根据现场位置，爆破盘水位最高为－0.5 m，所以爆破盘破裂时，补水不能消除低水位报警。

如果反应堆功率低于 2%FP，运行人员执行补水操作，如果反应堆功率高于 2%FP，由于补水阀所处房间剂量较高，发工作申请由仪控人员通过仪表管反充。

具体程序请参见 98-34320-OM-001 第 4.2.3 节，3432-Y27(RD1)补水简要操作流程如图 3-5-3 所示。

图 3-5-1　ECC 系统排气操作流程图

图 3-5-2　高压安注水箱 3432-TK1 和 TK3 补水操作流程图

图 3-5-3　3432-Y27(RD1)补水流程图

3.5.1.4　3432-Y27(RD1)疏水

目的：在 3432-Y27(RD1)液位产生高报警时，将其液位恢复到正常。

由于重水隔离阀、上游逆止阀和相关的加压气动阀的内漏，3432-Y27 的液位可能产生高报警。在产生高报警(1.81 m)并且液位超过 2.1 m 时，应该检查 3432-SG14 是否有水流过，并检查 7173-SUMP5 内是否有水，如有，则需要对其进行取样并处理。

具体程序请参见 98-34320-OM-001 第 4.2.5 节，3432-Y27(RD1)疏水简要操作流程如图 3-5-4 所示。

3.5.1.5　3432-Y28(RD2)补水

目的：在 3432-Y28(RD2)液位产生低报警时，将其液位恢复到正常。正常情况下，两个水箱 3432-Y27 和 Y28 的水位在 0.6～1.8 m，但当爆破盘破裂时，根据现场位置，爆破盘水位最高为−0.5 m，所以爆破盘破裂时，补水不能消除低水位报警。

如果反应堆功率低于 2%FP，运行人员执行补水操作，如果反应堆功率高于 2%FP，由于补水阀所处房间剂量较高，发工作申请由仪控人员通过仪表管反充。

具体程序请参见 98-34320-OM-001 第 4.2.4 节，3432-Y28(RD2)补水简要操作流程如图 3-5-5 所示。

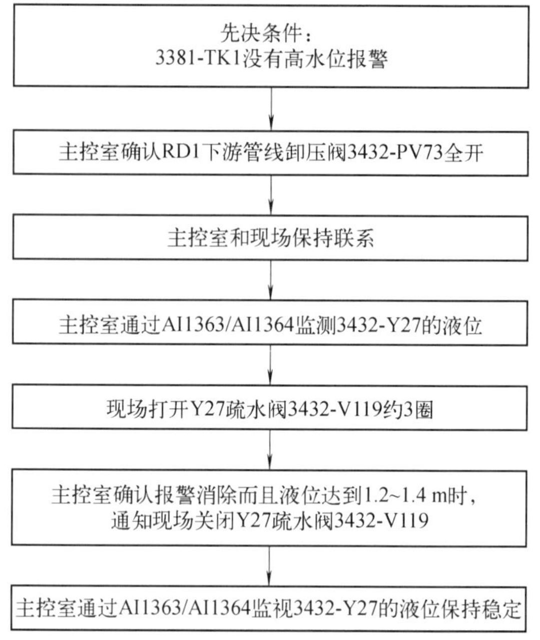

图 3-5-4 3432-Y27(RD1)疏水流程图

3.5.1.6 3432-Y28(RD2)疏水

目的：在 3432-Y28(RD2)液位产生高报警时，将其液位恢复到正常。

由于重水隔离阀、上游逆止阀和相关加压的气动阀的内漏，3432-Y28 的液位可能产生高报警。在产生高报警(1.81 m)并且液位超过 2.1 m 时，应该检查 3432-SG15 是否有水流过，并检查 7173-SUMP5 内是否有水，如有，则需要对其进行取样并处理。

具体程序请参见 98-34320-OM-001 第 4.2.6 节，3432-Y28(RD2)疏水简要流程如图 3-5-6 所示。

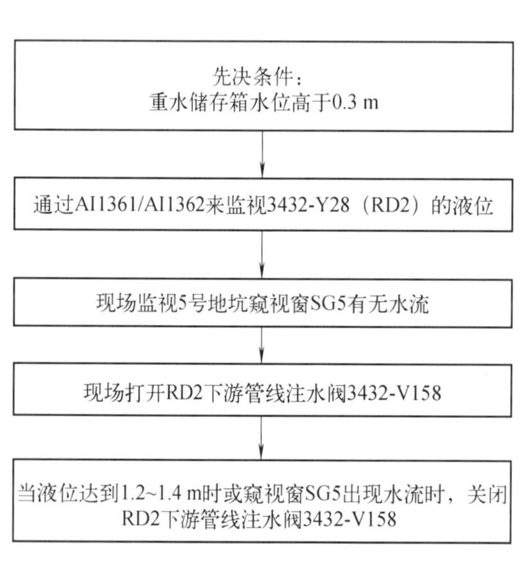

图 3-5-5 3432-Y28(RD2)补水流程图

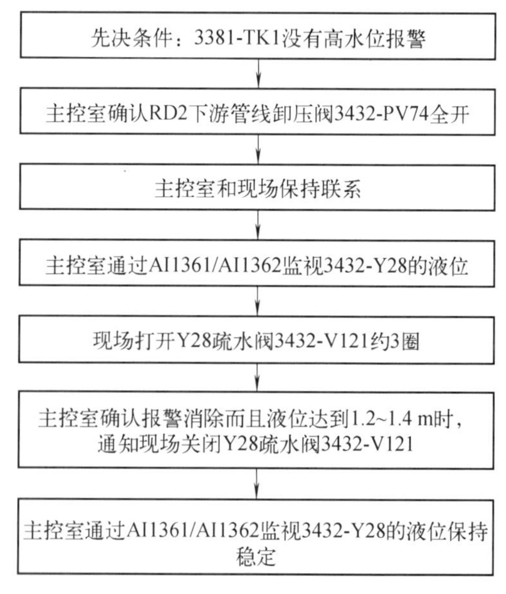

图 3-5-6 3432-Y28(RD2)疏水流程图

3.5.1.7　利用氮气瓶为高压安注箱覆盖气体补气

目的:由于高压安注管线位置比 ECC 高压水箱 3432-TK1/TK3 高,所以必须保证 3432-TK1/TK3 覆盖气体的压力大于 130 kPa,以保证正常运行时高压安注管线满水。3432-TK1/TK3 的额定压力为 207 kPa,正常运行允许压力范围为 190～225 kPa。

具体程序请参见 98-34320-OM-001 第 4.2.18 节,用氮气瓶为 3432-TK1/TK3 覆盖气体补气简要操作流程如图 3-5-7 所示。

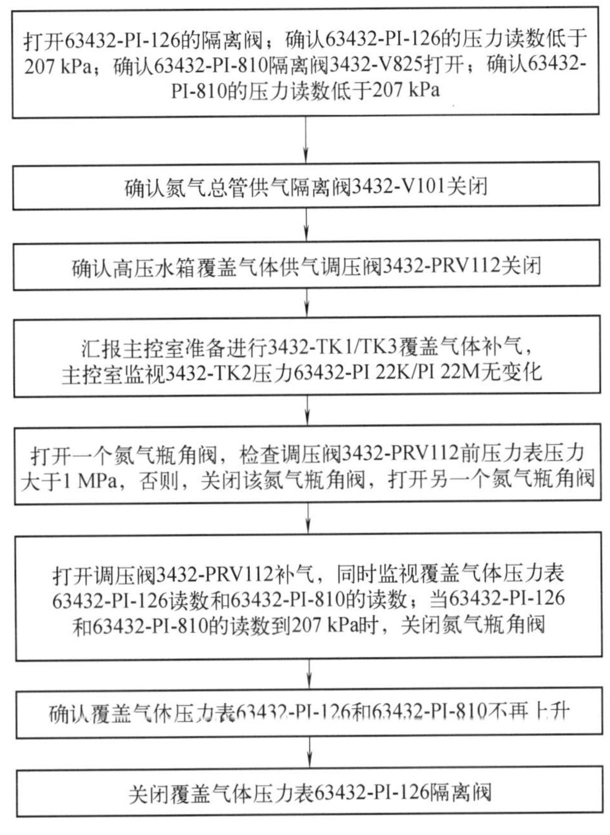

图 3-5-7　用氮气瓶为 3432-TK1/TK3 覆盖气体补气流程图

3.5.2　ECC 系统爆破盘破裂

爆破盘是重水和轻水之间的隔离膜,在机组正常运行时,防止轻重水之间的相互扩散;在 ECC 安注时,爆破盘破裂,ECC 水注入主系统。

爆破盘的正向破裂压差为 345 kPa,反向破裂压差为 172 kPa。如果在运行时爆破盘两侧压力发生波动,可能造成爆破盘的意外破裂。

当爆破盘破裂时,如果 ECC 管道满水,爆破盘处水箱 3432-Y27(RD1)或 3432-Y28(RD2)水位指示有效,且对重水侧充水后水位很快仍旧回到 0.5 m 以下。

重水和轻水连通后,爆破盘处水箱水位和轻水侧水罐 3432-Y29 液位同步变化,当 3432-Y29 液位高于(1±0.5) m 时,水将从 3432-SG5 处流入反应堆厂房 5 号地坑 7173-

SUMP5，在 5 号地坑处的 SG5 内可以观察到水流。爆破盘破裂期间，主控室需要定期检查对应爆破盘处水位，确保 ECC 管道满水，现场注意检查 5 号地坑处的 SG5 内是否有水流。

重水侧液位只要高于 0 m 即可确保重水侧满水，为防止重水从可能内漏的逆止阀(3432-V33、34、47、48)流出，当逆止阀发生内漏时将导致轻水侧和重水侧液位同时上升，最终流入 7173-SUMP5。需要对 7173-SUMP5 中的水取样确定是否是重水并及时清理。

3.5.3 空气压缩机或干燥器失效

目的：当空气压缩机(3432-CP1)或干燥器(3432-DR1)失效时保证 ECC 高压气箱的压力高于 4.13 MPa。

具体程序请参见 98-34320-OM-001 第 5.6 节，空气压缩机(3432-CP1)或干燥器(3432-DR1)失效时的简要操作流程如图 3-5-8 所示。

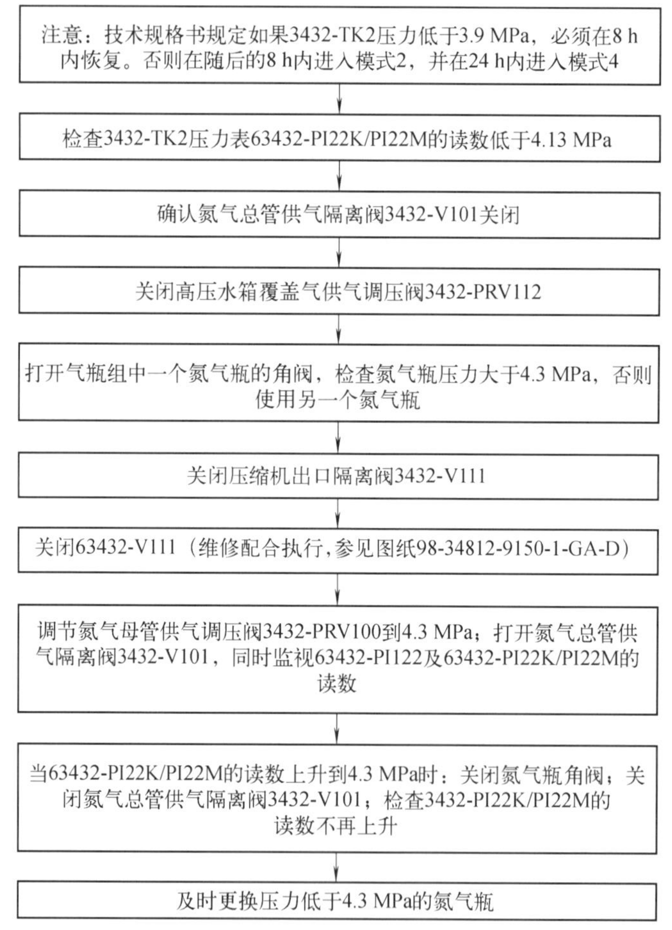

图 3-5-8 空气压缩机(3432-CP1)或干燥器(3432-DR1)失效时操作流程图

复习思考题

1．ECC 系统的注射管道正常运行时必须满水，为什么？

参考答案：

为防止 ECC 动作时，由于管内存在空气而产生水锤，造成破坏；防止气体进入堆芯，由于空泡效应引入正反应性，同时空泡不利于堆芯传热。

2．结合流程图说明注射管线上的两个爆破盘 3432-RD1 和 RD2 作用是什么？

参考答案：

正常运行时，使系统的轻水部分和重水部分分开，防止在试验重水逆止阀时引起重水降级。

3．ECCS 重水隔离阀试验时，为什么在试验入口集管隔离阀时必须保证出口集管隔离阀是关闭的？

参考答案：

为防止主系统流量旁路堆芯，引起堆芯冷却不足。

第四章 乏燃料池冷却和净化系统(34410)

内容介绍

课程名称:乏燃料池冷却和净化系统
课程时间:2 学时

学员:现场操作员
学员条件:完成本系统的课堂部分培训

最终培训目标:

1. 了解系统的原理和设备的作用及现场布置;
2. 熟悉现场巡检内容,正常参数、报警值、异常和故障识别技巧和技能;
3. 系统操作和巡检存在的一些安全提示和危害,风险警示、运行实践;
4. 正常、应急时的操作和异常的现场响应;
5. 能够对照流程图口述常见操作的大致步骤。

教学方式及教学用具:

培训方式:岗位培训
教员需要:
a. 流程图;
b. 白板;
c. 图片等。

考核方法:现场考核(实际操作和模拟相结合)、口试

4.1　系统设备

4.1.1　设备清单和现场位置

(1) 系统总体描述

乏燃料储存在乏燃料池中，池中充满除盐水为乏燃料提供水实体屏蔽，而乏燃料池冷却和净化系统通过控制乏燃料池温度以实现对乏燃料的冷却，同时通过净化系统控制乏燃料池水质。

正常工况下，乏燃料池的温度应维持在 41 ℃以下，并且温度变化速率每 24 h 不要超过 1.7 ℃，其目的是避免因温度变化过快而对水池的不锈钢钢衬和乏燃料棒束产生过大的热应力。控制乏燃料池水质是为了尽量减少乏燃料包壳和乏燃料池水下设备的腐蚀，并减少乏燃料池区域的放射性。

(2) 现场主要设备清单如表 4-1-1 所示。

表 4-1-1　设备清单表

设　　备	位　　置
卸料池	R-001
储存池	S-126
接收池	S-124
乏燃料池循环泵(3441-P7001/7002/7003)	S-003
乏燃料池清扫泵(3441-P7006)	S-126
热交换器(3441-HX7001/7002/7003)	S-003
过滤器(3441-FR7001/7002)	S-003
树脂床(3441-IX7001/7002)	S-003
1 号、2 号泵进口隔离阀(3441-V7010)	S-003
2 号、3 号泵进口隔离阀(3441-V7011)	S-003
1 号、2 号泵出口隔离阀(3441-V7023)	S-003
2 号、3 号泵出口隔离阀(3441-V7024)	S-003
储存池进口总阀(3441-V7035)	S-003
2 号、3 号热交换器出口隔离阀(3441-V7036)	S-003
1 号、2 号离子床进口隔离阀(3441-V7039)	S-003
IX1 废树脂至 34510 系统隔离阀(3441-V7059)	S-003
IX2 废树脂至 34510 系统隔离阀(3441-V7060)	S-003
2 号净化回路回水总阀(3441-V7062)	S-003
1 号 2 号离子床出口隔离阀(3441-V7063)	S-003
1 号净化回路回水总阀(3441-V7064)	S-003
接收池进口隔离阀(3441-V7066)	S-003

续表

设 备	位 置
储存池进口隔离阀(3441-V7071/7072/7073/7074)	S-126
3441-HX-7001 出口温度控制阀 63441-TCV7229	S-003
3441-HX-7003 出口温度控制阀 63441-TCV7234	S-003
接收池手动补水阀 7165-V7204	S-124
储存池手动补水阀 7165-V7205	S-126
63441-SV7202 隔离阀 7165-V7206	S-124
63441-SV7201 隔离阀 7165-V7207	S-126

4.1.2 现场设备

乏燃料储存池、接收池和卸料池分别位于 S-126、S-124 和 R-001 区域，而乏燃料池循环泵、热交换器、过滤器和树脂床则集中布置于 S-003 区域，这主要是由于乏燃料具有较高的放射性，必须严格控制人员出入乏燃料池区域，故为了方便日常的操作和维修工作，将乏燃料冷却泵、热交换器等独立于乏燃料池房间并且集中布置在 S-003 房间。

(1) 乏燃料池

本系统一共有 3 个乏燃料水池：卸料池、接收池、储存池，分别位于 R-001、S-124 和 S-126 区域。其中卸料池容积为 190 m^3，接收池容积为 670 m^3，储存池的容积为 1 800 m^3。这 3 个水池均是混凝土建造并有不锈钢衬里，这些水池通过水下门形成通道互相连通，提供乏燃料的输送通道。正常运行时这些水下门处于关闭状态，传输乏燃料时才打开。卸料池用于接收从换料机上卸下的乏燃料，然后输送到接收池的乏燃料储存托架，当卸下的乏燃料棒束装满一托架即 24 根棒束后，输送到储存池，另外，破损燃料也储存在卸料池。储存池则用于储存卸下的完好的乏燃料，储存池的设计容量为 85%负荷因子下机组运行 9 a 所产生的乏燃料与 1.5 倍堆芯装载量之和。

(2) 乏燃料池循环泵

乏燃料池冷却和净化系统设置了 3 台容量为 50%的循环泵，分别为 3441-P7001、P7002 和 P7003，该泵的设计流量为 76 L/s，扬程为 37.5 m，设计温度为 49 ℃。循环泵是单级离心泵，水平安装，电机与泵都采用油润滑，油位在 1/3～2/3 之间，油质应清亮透明。

正常运行期间 3 台循环泵有 2 台运行，1 台备用。其中 3441-P7001 为乏燃料储存池提供循环动力，根据不同的组合，3441-P7002 和 P7003 可以给储存池提供循环动力，也可以给接收池提供循环动力。每台循环泵有 2 个操作手柄控制，分别位于 S-003 的 60710-PL650 盘台和主控室的 PL14 盘台。其中位于 60710-PL650 盘台的操作手柄为 63441-HS7001、HS7002 和 HS7003，用于选择泵是服务于接收池还是储存池，而位于主控室 PL14 盘台的操作手柄分别为 63441-HS7101、HS7102 和 HS7103，用于控制泵的启停。

当乏燃料储存池液位低于 566 mm 时，服务于储存池的泵自动停运，当乏燃料接收池液位低于 515 mm 时，服务于接收池的泵自动停运，以防止由于液位太低导致泵汽蚀损坏。

(3) 热交换器

本系统共有 3 台热交换器,分别为 3441-HX7001、HX7002 和 HX7003。其中 3441-HX7001 和 HX7002 容量较大,设计负荷为 2 MW,为储存池服务,正常运行时 1 台运行,1 台备用。3 号热交换器容量较小,设计负荷为 0.3 MW,只为接收池服务。3 台热交换器均有 RCW 进行冷却,每台热交换器各有 1 个温控阀,分别为 63441-TCV-7229、TCV-7240 和 TCV-7234,以调节热交换器的再循环冷却水流量。温控阀设计为失效关,当失去控制电源或失气时将自动关闭,此时如果为了防止乏燃料池水温升高过快,可以在现场手动控制阀门开度,详见 4.1 节技能。

(4) 过滤器和树脂床

本系统设有 2 条净化回路,每个回路各有 1 台过滤器和树脂床,串联布置,分别为 3441-FR7001、3441-1X7001 和 3441-FR7002、3441-1X7002。

其中过滤器用来去除系统中的颗粒杂质,精度为 5 μm,效率为 96%,设计流量为 20 L/s。每台过滤器都安装有压差测量仪表,分别为 63441-PDI-7205、PDI-7206 和 PDI-7241,当差压达到 103 kPa 时主控出现报警,提示需要更换滤芯。树脂床用于去除系统中的离子性杂质。由于过滤器和树脂床吸附杂质后具有较高的放射性,故除了装有一层铅屏蔽,还在铅屏蔽外装有 0.9 m 厚的混凝土围墙。

(5) 安全阀

本系统的热交换器、过滤器和树脂床都装有安全阀作为超压保护,动作设定值都是 1.04 MPa。其中安全阀 63441-PSV7223、PSV7224 和 PSV7232 安装在 3 个热交换器的入口,为热交换器提供超压保护,安全阀 63441-PSV7225 和 PSV7226 安装在过滤器的出口,为过滤器提供超压保护。安全阀 63441-PSV7218 和 PSV7219 安装在树脂床的出口,为树脂床提供超压保护。

4.1.3 系统接口

本系统与其他系统的接口主要有:

- 与树脂输送系统(34510)的接口;
- 与废液处理系统(79210)的接口;
- 与除盐水系统(71650)的接口;
- 与消防水系统(71410)的接口;
- 与辅助厂房/反应堆厂房非放排水系统(71720)的接口。

(1) 与树脂输送系统(34510)的接口

净化系统的树脂床失效时通过树脂输送系统进行更换新树脂,其隔离阀是 3441-V7059/V7060/V7080/7081。

(2) 与废液处理系统(79210)的接口

乏燃料池冷却和净化系统与废液处理系统的隔离阀为 3441-V7087,如果出现水池高高温报警(49 ℃),可向乏燃料池注入除盐水或消防水中,同时打开疏水阀 3441-V7087 排水至废液处理系统,通过对乏燃料池的水进行置换来降低水温。

(3) 与除盐水系统(71650)的接口

乏燃料池冷却和净化系统与除盐水系统的接口隔离阀为 7165-V7024、3441-SV7202、

7165-V7205、3441-SV7201，用于乏燃料池补水，其中7165-V7204和V7205为旁路阀，正常运行时保持关闭，电磁阀3441-SV7202和SV7201受储存池和接收池的水位控制。设计上7165-SV7202和SV7201可分别对储存池和接收池自动控制水位，在低水位时开启，补水至正常水位后关闭。但是由于UPS 120 VAC失电时，电磁阀3441-SV7201和SV7201失效开启，将导致储存池和接收池液位持续升高并溢流，故关闭储存池和接收池液位控制电磁阀34410-SV7201和SV7202前的手动隔离阀7165-V7207/V7206，通过手动控制旁路阀7165-V7204和V7205的开关来调节乏燃料储存池或接收池的水位。

(4) 与消防水系统的接口

如果乏燃料池大量失水，正常的除盐水供水系统不能满足补水的要求，或者出现乏燃料池水温高高报警(49 ℃)，则可以拆下消防水系统至乏燃料储存池或接收池的管口盲板，打开消防水隔离阀7141-V233或7141-V232对乏燃料储存池或接收池进行补水。

(5) 与辅助厂房/反应堆厂房非放排水系统的接口

当乏燃料储存池或接收池出现泄漏，泄漏的水通过水池的不锈钢衬墙流到地坑7172-SUMP＃1，正常运行期间可通过分析地坑7172-SUMP＃1收集到的水判断水池是否有泄漏。

4.1.4 就地盘台

乏燃料池冷却和净化系统的就地盘台为60710-PL650，位于S-003，如图4-1-1所示。该盘台主要用于乏燃料池循环泵服务对象的选择，以及显示乏燃料池水位、水温和冷却流量。

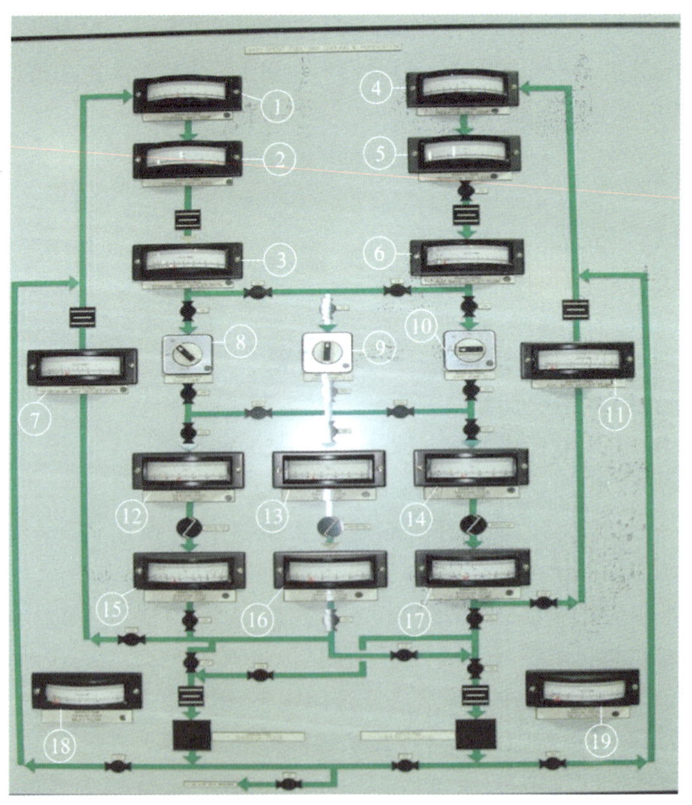

图4-1-1 60710-PL650

图 4-1-1 中数字标识的设备的功能如下：

① 63441-TI-7207：储存池的温度表；

② 63441-LI-7201：储存池的液位表；

③ 63441-FI-7203：储存池的冷却和净化流量表；

④ 63441-TI-7208：监测传输池的温度表；

⑤ 63441-LI-7202：监测传输池的液位表；

⑥ 63441-FI-7222：传输池的冷却和净化流量表；

⑦ 63441-FI-7204：未经净化返回储存池的冷却水流量表；

⑧ 63441-HS-7001：该操作手柄有 2 个位置，分别是“SB”和“OFF”，用于控制循环泵 3441-P7001，当操作手柄处于 SB 时，3441-P7001 服务于储存池，处于“OFF”位置时，3441-P7001 退出运行；

⑨ 63441-HS-7002：该操作手柄有 3 个位置，分别是“RB”、“SB”和“OFF”，用于循环泵 3441-P7002 服务对象的选择，当操作手柄处于“RB”时，3441-P7002 为接收池提供循环动力，当操作手柄处于“SB”时，3441-P7002 为储存池提供循环动力，当操作手柄处于“OFF”位置时，3441-P7002 退出运行；

⑩ 63441-HS-7003：该操作手柄有 3 个位置，分别是“RB”、“SB”和“OFF”，用于循环泵 3441-P7003 服务对象的选择，当操作手柄处于“RB”时，3441-P7003 为接收池提供循环动力，当操作手柄处于“SB”时，3441-P7003 为储存池提供循环动力，当操作手柄处于“OFF”位置时，3441-P7003 退出运行；

⑪ 63441-FI-7228：未经净化返回接收池的冷却水流量表；

⑫ 63441-TI-7212：3441-HX7001 的入口温度表；

⑬ 63441-TI-7214：3441-HX7002 的入口温度表；

⑭ 63441-TI-7236：3441-HX7003 的入口温度表；

⑮ 63441-TI-7229：3441-HX7001 的出口温度表；

⑯ 63441-TI-7240：3441-HX7002 的出口温度表；

⑰ 63441-TI-7234：3441-HX7003 的出口温度表；

⑱ 63441-FI-7216：3441-IX7001 的净化流量表；

⑲ 63441-FI-7217：3441-IX7002 的净化流量表。

4.1.5 取样点

正常运行期间需要对储存池、接收池、树脂床的出口进行手工取样，其中储存池和接收池直接用不锈钢容器从水池中取水，树脂床 3441-IX7001 出口的取样点是 3441-V7079，3441-IX7002 出口的取样点是 3441-V7069。

4.2 系统参数

由于乏燃料具有很强的放射性，同时放射性物质衰变也产生热量，故乏燃料池中的水一方面为乏燃料提供水实体屏蔽，同时也对乏燃料进行冷却，所以在正常运行期间维持乏燃料池的水温和水位在设计的范围内很重要，本节主要介绍乏燃料池内水温和水位的正常范围和报警值。

4.2.1 正常运行期间乏燃料池的水位和水温

(1) 乏燃料池正常运行时水温表,如表 4-2-1 所示。

表 4-2-1 乏燃料池水温

设备参数	仪表编号	正常值/℃
储存池	63441-TI7207	25～40
接收池	63441-TI7208	25～40
热交换器 3441-HX7001 进口	63441-TI7212	25～40
热交换器 3441-HX7002 进口	63441-TI7214	25～40
热交换器 3441-HX7003 进口	63441-TI7236	25～40
热交换器 3441-HX7001 出口	63441-TI7229	25～38
热交换器 3441-HX7002 出口	63441-TI7240	25～38
热交换器 3441-HX7003 出口	63441-TI7234	25～38

(2) 乏燃料池正常运行时水位表,如表 4-2-2 所示。

表 4-2-2 乏燃料池水位

设备参数	仪表编号	正常值/mm
储存池传输坑	63441-LI7201	1 750～1 988
接收池传输坑	63441-LI7202	1 750～1 988

4.2.2 正常运行期间乏燃料池的水位和水温的报警整定值

(1) 乏燃料池正常运行时水温报警整定值,如表 4-2-3 所示。

表 4-2-3 乏燃料池水温报警定值

参 数	仪表编号	报警整定值/℃
储存池高温报警	63441-TS7207#1	>41
储存池超高温报警	63441-TS7207#2	>49
接收池高温报警	63441-TS7208#1	>41
接收池超高温报警	63441-TS7208#2	>49
储存池高温报警	63441-TT7207	>41
储存池超高温报警	63441-TT7207	>49
接收池高温报警	63441-TT7208	>41
接收池超高温报警	63441-TT7208	>49
3441-HX7001 进口高温报警	63441-TT7212	>38

续表

参　数	仪表编号	报警整定值/℃
3441-HX7002 进口高温报警	63441-TT7214	>38
3441-HX7003 进口高温报警	63441-TT7236	>38
3441-HX7001 出口高温报警	63441-TT7229	>50
3441-HX7003 出口高温报警	63441-TT7234	>50
3441-HX7002 出口高温报警	63441-TT7240	>50

(2) 乏燃料池正常运行时水位报警整定值,如表 4-2-4 所示。

表 4-2-4　乏燃料池水位报警定值

参　数	仪表编号	报警整定值/mm
储存池高液位报警	63441-LS7201＃3	>1 988
储存池低液位控制补水	63441-LS7201＃2	>718
储存池超低液位报警	63441-LS7201＃1	<566
接收池高液位报警	63441-LS7202＃3	>1 988
接收池低液位控制补水	63441-LS7202＃2	>642
接收池超低液位报警	63441-LS7202＃1	<515
储存池高液位报警	63441-LT7201	>1 988
储存池低液位报警	63441-LT7201	<718
接收池高液位报警	63441-LT7202	>1 988
接收池低液位报警	63441-LT7202	<642

4.3　风险警示和运行实践

4.3.1　风险警示

(1) 辐射风险

该系统的放射性危害区域包括:

- 卸料期间的卸料池(R-001);
- 乏燃料储存池(S-126)和接收池(S-124);
- 过滤器和树脂床区域(S-003);
- 从池中移动或取出受污染或有放射性的设备或物品。

可能的危害类型包括:

- β 射线,在水池附近和乏燃料处理区域有 β 射线;
- γ 射线,主要在过滤器、树脂床区域以及破损燃料或从池中取出受污染的设备或物品;
- 惰性气体和放射性碘,主要来自破损燃料或更换过滤器滤芯期间产生的气态物质。

为了防止人员受辐射污染并防止污染的扩散,必须遵守以下规定:

- 进入储存池和接收池房间,必须遵照进入辐射控制区的管理程序进行适当的辐射防护。
- 在离开乏燃料池和净化设备区域时,人员必须进行辐射检测。
- 在进行系统设备检修前,必须采取辐射防护措施。有屏蔽保护的设备如包括树脂床和过滤器,可能存在放射性污染,在没有彻底检测该区域内的放射性之前,不要试图进入屏蔽墙内。如果检测到存在高的放射性,必须根据辐射防护人员的指导采取适当的防护措施。
- 在乏燃料卸到卸料池期间,不允许人员进入卸料池房间。
- 任何时候进入卸料池房间必须得到当班值长的批准。

(2) 常规风险

进入乏燃料池区域人员可能落入池中,造成人员污染或溺死。

(3) 乏燃料池的异物控制

进入乏燃料池后应防止异物落入池中,以防止设备损坏或乏燃料棒束损坏,故应遵守下列规定:

- 进入乏燃料池区域前应采取措施防止 EPD(电子剂量计)和热释光剂量计(TLD)坠落;
- S-124 入口的物品存放柜上有眼镜绳,戴眼镜的工作人员应在进入该房间后使用眼镜绳固定眼镜,防止眼镜在工作过程中滑入;
- 乏燃料池区域工作期间禁止戴安全帽,工作人员应将安全帽或其他可能坠入的小物品取下放在 S-124 入口的物品柜上;
- 乏燃料池区域作业禁止使用透明塑料袋,工作人员可在卫生出入口领取印有辐射防护标识的黄色塑料袋。

4.3.2 运行实践

(1) 乏燃料池的水温应维持在 41 ℃以下,并且水池的水温变化不要超过 1.7 ℃/24 h 的限值,其目的是避免因温度变化过快而对水池的不锈钢钢衬和乏燃料棒束产生过大的热应力,只有在应急情况下乏燃料池的水温才允许升到 49 ℃。

(2) 由于 UPS 120Vac 失电时,自动补水回路电磁阀 3441-SV7201 和 SV7201 失效开启,将导致储存池和接收池液位持续升高并溢流,故关闭储存池和接收池液位控制电磁阀 3441-SV7201 和 SV7202 前的手动隔离阀 7165-V7207 和 V7206,通过手动控制其旁路阀 7165-V7024 和 V7205 的开关来调节乏燃料储存池或接收池的水位。水池的水位应保持比撇沫器边缘高 5 mm。

(3) 乏燃料池冷却和净化系统进行化学控制的目的如下:

- 降低燃料包壳和燃料池水下设备等金属表面的腐蚀;
- 除去系统中的放射性物质含量,从而降低乏燃料池区域的辐射场;
- 维持乏燃料池水质澄清,便于水下操作和监视乏燃料的状态。

要实现上述功能需用过滤器除去悬浮物维持水质澄清,投运树脂床除去水中的离子性杂质。当以 20 L/s 投运净化回路时,净化接收池的半净化周期是 6 h,净化储存池的半净化周期是 20 h。

4.4 技 能

4.4.1 热交换器温度控制阀的自动/手动切换

本系统 3 台热交换器 3441-HX7001、HX7002 和 HX7001 的温控阀设计为失效关，如失去控制电源、失气时将自动关闭。当 RCW 冷却水正常，而温控阀失效关闭时，为了防止乏燃料冷却水池温升过快而导致水池的不锈钢钢衬或乏燃料棒束承受过大的热应力而损坏，可以将温控阀切换到手动控制，如图 4-4-1 所示。将图中销子 1 拉出，然后转动切换手柄 2，图中显示现在阀门处于自动位置，由左边顺时针方向转动到右边，阀门就处于手动位置，然后转动手轮 3 即可调节阀门的开度，顺时针方向为关，逆时针方向为开。

图 4-4-1 热交换器温度控制阀的自动/手动切换

4.4.2 乏燃料池补水

乏燃料储存池和接收池的液位保持在比撇沫器边缘高约 5 mm，以便有效滤去水池表面的悬浮物和弥补水池水蒸发等引起的液位下降。正常运行期间通过手动控制旁路阀 7165-V7204 和 V7205 的开关来调节乏燃料储存池或接收池的水位。无论是开阀门还是关阀门，操作阀门时一定要缓慢，否则将引起除盐水压力大幅波动，开启补水阀时产生除盐水低压力报警，关闭补水阀时产生高压力报警，由于除盐水热水箱安全阀 7165-PSV7505 的设定值为 1.15 MPa，而正常运行时除盐水的压力有 0.95 MPa，故关闭补水阀过快可能导致除盐水压力升高至 7165-PSV7505 的动作设定值。

4.5 主要操作

4.5.1 系统启动

正常运行时，乏燃料池冷却和净化系统 2 台循环泵运行，2 列热交换器投运，其中 1 台泵和1列热交换器为储存池服务,另外1台泵和热交换器则为接收池服务。启动规程详见34410-OM-4.1.2节,其主要步骤如图4-5-1所示。

确认储存池和接收池的水位在1 750~1 988 mm

↓

根据启动前状态确认系统阀门、操作手柄位置

↓

1号和3号乏燃料池冷却泵无检修工作，可用

↓

投运1号和3号乏燃料池冷却泵电源

↓

将1号乏燃料池冷却泵操作手柄置于START/RESET，并确认自动弹回"ON"

↓

检查1号泵的出口压力大于320 kPa，且运行平稳，无异音

↓

调整1号泵出口隔离阀3441-V7019和储存池进口阀3441-V7035的开度，使流量在4 600~5 000 L/s

↓

调整1号过滤器进口隔离阀3441-V7037开度，使净化流量为100~1 200 L/s

↓

将3号乏燃料池冷却泵操作手柄置于START/RESET，并确认自动弹回"ON"

↓

调整1号泵出口隔离阀3441-V7021和接收池进口阀3441-V7066的开度，使流量在1 500~3 000 L/s

↓

调整2号过滤器进口隔离阀3441-V7038开度，使净化流量为100~1 200 L/s

↓

调整3441-HX7001出口温度控制器63441-TC7229设定值在30~37 ℃，维持水池温度在36~38 ℃

↓

调整3441-HX7003出口温度控制器63441-TC7234设定值在30~37 ℃，维持水池温度在36~38 ℃

图4-5-1 系统启动流程图

4.5.2 设备切换

不同的泵、热交换器和过滤器/树脂床的组合，共有 7 种不同的运行方式，详见表 4-5-1。表中 SFB 指储存池，RB 指接收池。

表 4-5-1 泵、热交换器和过滤器/树脂床组合运行方式表

方式	水池	泵	热交换器	过滤器	树脂床	适用工况
1	SFB	P7001	HX-7001	FR7001	IX7001	高负荷时运行方式
	SFB	P7002	HX-7002			
	FB	P7003	HX-7003	FR7002	IX7002	
2	SFB	P7001	HX-7001	FR7001	IX7001	高负荷时运行方式
	SFB	P7002	HX-7002	FR7002	IX7002	
3	SFB	P7001	HX-7001	FR7001	IX7001	正常运行方式
	RB	P7002	HX-7003	FR7002	IX7002	
4	SFB	P7001	HX-7001	FR7001	IX7001	正常运行方式
	RB	P7003	HX-7003	FR7002	IX7002	
5	SFB	P7001	HX-7002	FR7001	IX7001	检修时的运行方式
	RB	P7003	HX-7003	FR7002	IX7002	
6	SFB	P7002	HX-7001	FR7001	IX7001	检修时的运行方式
	RB	P7003	HX-7003	FR7002	IX7002	
7	SFB	P7002	HX-7002	FR7001	IX7001	正常运行方式
	RB	P7003	HX-7003	FR7002	IX7002	

其中方式 3、4 和 7 是乏燃料池冷却和净化系统的正常运行方式，一台泵和一列热交换器为储存池服务，另一台泵和另一列热交换器为接收池服务。正常运行期间，上述三种方式需要进行定期切换，其顺序为：运行方式 4—切换至运行方式 7—切换至运行方式 4—切换至运行方式 3—切换至运行方式 4，完成一个周期。每种方式运行 6 个月。

方式 1、2 为仅用一台泵和一列热交换器无法控制储存池的水位在 41 ℃以下时采用的运行方式。如机组运行时间较长，储存池中乏燃料较多，热负荷比较大；或者当夏天 RCW 温度较高，用一台泵和热交换器不能将储存池的温度控制在 41 ℃以下，都需要按照上述两种方式中的一种运行，其区别主要是接收池有无负荷，当接收池有热负荷时按照方式 1 运行，当接收池无热负荷时，按照方式 2 运行，由于接收池中储存有破损燃料，故接收池始终有热负荷，一般不会采用模式 2 运行。

方式 5、6 则是安排检修工作的过渡运行方式，当 2 号循环泵和 1 号热交换器需要检修时，采用方式 5 运行，当 1 号循环泵和 2 号热交换器检修时采用方式 6 运行。

各种方式之间的切换规程详见 34410-OM-4.1.3～4.1.10 节。

4.5.3 清洁水池

在储存池和接收池的底部积累了一定量的杂物后，对水池底部进行清洁，由燃料操作处

运行人员用水下吸尘器进行清理。

4.5.4 通过补排水对储存池进行应急冷却

如果系统失去冷却能力,如失去乏燃料池循环泵或失去热交换器冷却水流,并且在一定的时间内不能恢复,水池温度达到了41 ℃,并触发高温报警,则需要执行储存池或接收池应急补排水,通过对水池内的水进行置换以达到降温的目的。详见规程 34410-OM-5.7/5.8 节。下面以用补排水方式对储存池进行应急冷却为例说明其主要步骤,如图 4-5-2 所示。

图 4-5-2 通过补排水对储存池进行应急冷却流程图

4.5.5 系统取样

为了降低乏燃料包壳和乏燃料池水下设备的腐蚀,对乏燃料池水质有严格的要求。正常运行期间化学人员需要对储存池、接收池、树脂床的出口进行手工取样,以确认乏燃料池的水质满足化学控制的要求。其中储存池和接收池直接用不锈钢容器从水池中取水,取样频率是每周一次,主要分析 pH 值、电导率、固体悬浮物、I-131 等;树脂床 3441-IX7001 出口的取样点是 3441-V7079,3441-IX7002 出口的取样点是 3441-V7069,取样频率也是每周一次,主要是分析确认过滤器和树脂床是否有效,分析的参数主要是 pH 值、电导率、氟、氯等参数。当树脂床出口的 pH 值不在 5.5～8.5,或树脂床出口电导率比乏燃料池的高,或氟、氯浓度比乏燃料池的高时,则说明树脂床失效,需要更换树脂。

复习思考题

1. 填空题:乏燃料冷却和净化系统共有 3 个水池,它们是:__卸料池__、__接收池__、__储存池__,分别位于 R-001、S-124 和 S-126 区域,正常工况下,水池内水温应控制在__41 ℃__以下。

2. 乏燃料池冷却和净化系统进行化学控制的目的是什么?

参考答案:

乏燃料池冷却和净化系统进行化学控制的目的是:

- 降低燃料包壳和燃料池水下设备等金属表面的腐蚀;
- 除去系统中的放射性物质,从而降低乏燃料池区域的辐射场;
- 维持乏燃料池水质澄清,便于水下操作和监视乏燃料的状态。

3. 进入乏燃料池区域工作,在异物控制方面有哪些要求?

参考答案:

进入乏燃料池区域工作,对异物控制的要求是:

- 进入乏燃料池区域前应采取措施防止 EPD(电子剂量计)和 TLD(热释光剂量计)坠落;
- S-124 入口的物品存放柜上有眼镜绳,戴眼镜的工作人员应在进入该房间后使用眼镜绳固定眼镜,防止眼镜在工作过程中滑入乏燃料池;
- 乏燃料池区域工作期间禁止戴安全帽,工作人员应将安全帽或其他可能坠入的小物品取下放在 S-124 入口的物品柜上;
- 乏燃料池区域作业禁止使用透明塑料袋,工作人员可在卫生出入口领取印有辐射防护标识的黄色塑料袋。

4. 对乏燃料池进行手动补水操作时,如果操作阀门过快有什么危害?

参考答案:

通过手动控制阀门 7165-V7204 或 V7205 的开关来调节乏燃料储存池或接收池的水位时,如果操作阀门过快将引起除盐水压力大幅波动,开启补水阀时产生除盐水低压力报警,关闭补水阀时产生高压力报警,并可能导致除盐水热水箱安全阀 7165-PSV7505 动作。故无论是开启阀门还是关闭阀门,操作阀门时一定要缓慢。

第五章　树脂输送系统（34510）

内容介绍

课程名称：树脂输送系统
课程时间：2 学时

学员：现场操作员
学员条件：完成本系统的课堂部分培训

最终培训目标：
1. 系统设备的现场布置；
2. 掌握各参数测量点的现场位置和在系统流程中的位置；
3. 熟练完成现场巡检内容，正常参数、报警值、异常和故障识别技巧和技能；
4. 系统上操作和巡检存在的一些安全提示和危害，风险警示、运行实践；
5. 正常、应急时的操作和异常的现场响应。

教学方式及教学用具：
培训方式：岗位培训
教员需要：
a. 流程图；
b. 白板等。

考核方法：现场考核（实际操作和模拟相结合）、口试

5.1　系统设备

5.1.1　设备清单和现场位置

（1）树脂输送系统主要是把相关种类和一定数量的树脂传输给：

4 个轻水系统树脂床：34110 端屏蔽冷却系统、34410 乏燃料池冷却系统、34810 液体区域控制系统和 79210 废液处理系统；

2个重水系统树脂床:32220慢化剂氘化去氘系统和33360主热传输氘化去除氘系统。

(2) 系统的主要设备有:

1) 输送箱3451-TK1,见图5-1-1,该箱容积为850 L,运行压力为0~700 kPa,最大600 L树脂可装于箱体中用于准备输送。

图5-1-1　输送箱3451-TK1

2) 输送漏斗3451-Y1,见图5-1-2,该漏斗位于输送箱3451-TK1的上方,主要用于树脂的装箱。并与3451-TK1有一根7.6 cm直径的管线相连,所以能快速地装载120 L树脂至箱体内。

3) 窥视镜3451-SG1,见图5-1-3,该窥视镜安装于输送箱3451-TK1的出口,输送箱3451-V12的下游装有一个直径4 cm的窥视镜。用于进行输送的观测。

图5-1-2　输送漏斗3451-Y1

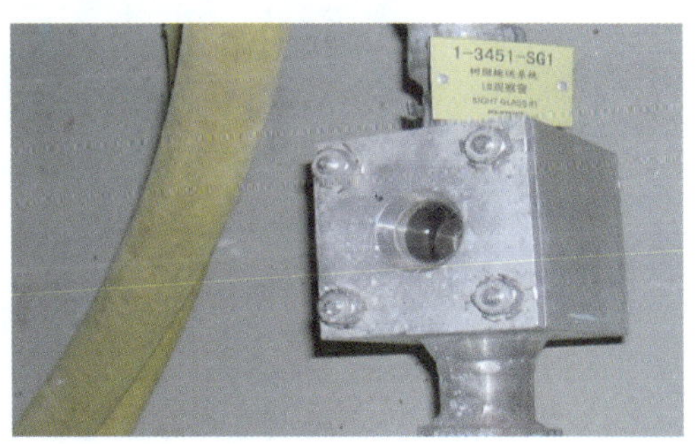

图5-1-3　窥视镜3451-SG1

4) 管道过滤器3451-STR1,见图5-1-4,安装在3451-V12前的除盐水软管后,用于输送箱和软管3451-Y2的降压和疏水。

5) 软管3451-Y2,见图5-1-5,其功能是输送输送箱的树脂至列于(1)中的六个系统之一。这些系统的内部连接由快速接头完成。

6) 软管3451-Y3,见图5-1-5,用于输送带除盐水的树脂进漏斗3451-Y1,并通过漏斗将其送至输送箱。

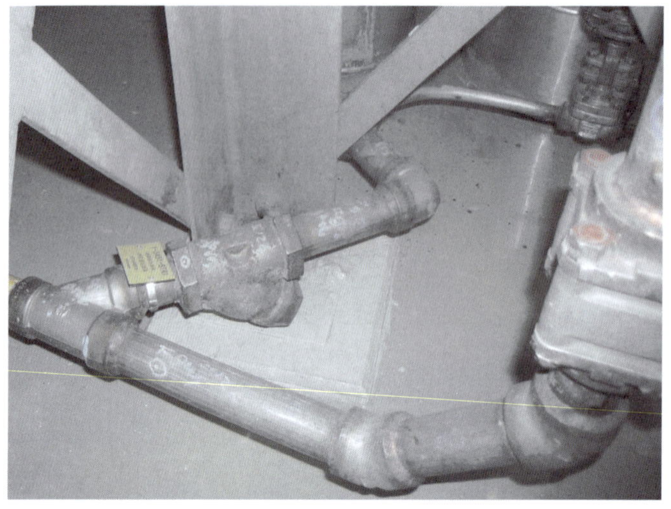

图 5-1-4　管道过滤器 3451-STR1

图 5-1-5　软管

5.1.2　现场布置

树脂输送系统的主要设备均位于 S/B222 房间，分上下两层布置；其输送漏斗 3451-Y1 位于第二层，便于将新树脂输送至输送箱 3451-TK1。系统流程如图 5-1-6 所示。

5.1.3　系统接口

本系统与其他系统的接口，主要有：

- 慢化剂氘化和去氘系统(32220)，为 3222-TK2 提供新树脂。
- 热传输系统氘化和去氘(33360)，为 3336-TK2 提供新树脂。
- 屏蔽冷却系统(34110)，为 3411-IX1 提供新树脂，对系统进行净化。
- 乏燃料池净化(34410)，为 3441-IX7001 和 3441-IX7002 提供新树脂。
- 液体区域控制系统(34810)，为 3481-IX1 和 3481-IX2 提供树脂。
- 废液处理系统(79210)，为 7921-IX1 提供新树脂。

· 除盐水供给系统(71650),为树脂传输供水。

5.2 系统参数

本系统较简单,主要是传输新树脂至各个用户。在传输过程中,输送箱 3451-TK1 的树脂输送经过带有快速接头的软管 3452-Y2 接至要求的系统;V-12 和 V-5 打开,然后通过开启 V-11 接通除盐水,使 63451-FI-1 上的流量达到 1.9 L/s。水循环至少 5 min,以使管线充分灌水,以便树脂可以顺利传输。

63451-FI-1 的量程为 0～3.5 L/s,正常应维持在 1.9 L/s,并要求保证最低 1.5 L/s。

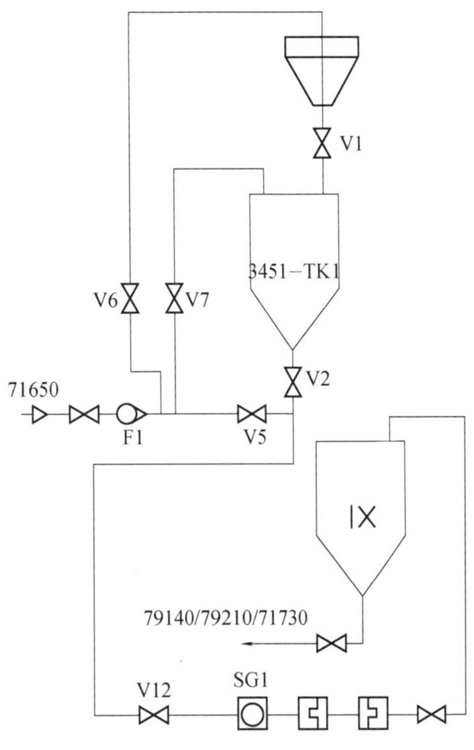

图 5-1-6 树脂输送系统流程简图

5.3 风险警示和运行实践

5.3.1 风险警示

5.3.1.1 人员风险

在 S222 以及上面的小阁楼上行走时要特别小心,因为部分树脂可能洒落在地面上,很滑,以防止摔倒。同时,在进入辐射区域操作时要遵守相关辐射防护和区域出入控制要求以避免不必要的放射性照射。

5.3.1.2 设备风险

树脂传输开始后,如果树脂传输过程被意外中断,则可能导致树脂堵塞管线的风险。

树脂装填入输送箱时,如有异物进入,将可能导致树脂传输管线快接头损坏,及滤网堵塞,甚至异物直接进入系统的树脂床内。

5.3.2 运行实践

(1) 为了避免树脂堵管这一风险,传输时树脂和水的混合比例一定要适中,在传输开始时一定要保证最低 1.9 L/s 的除盐水流量。同时在树脂传输过程中,保证最低 1.5 L/s 的除盐水流量。

(2) 树脂种类的选择,各个系统所使用的树脂种类有严格的区分,如果把错误的树脂传输到树脂床可能导致非计划的功率变化、水质化学指标不合格以及不必要的重水降级等后果。

5.4 技 能

在通过本系统向各个用户的离子床传输新树脂前,必须确认树脂型号和数量符合系统工况要求。

各个系统单个树脂床所需要的树脂数量如表 5-4-1 所示。

表 5-4-1 树脂床所需要的树脂数量表

系统 BSI	系统名称	一个树脂床所需树脂体积
33360	热传输氘化除氘(为热传输净化系统)	除锂床:550 L 正常净化床:1 080 L
32220	慢化剂氘化除氘(为慢化剂净化系统和换料机重水系统)	慢化剂净化系统除硼床和换料机重水系统树脂床树脂是 200 L 一次传输,慢化剂净化系统除钆床和净化床树脂是分 170 L 和 30 L 两次进行传输的,待第一批 170 L 树脂氘化结束并传输至除钆床或净化床后,再传输 30 L 的树脂
34110	端屏蔽冷却系统	200 L
34410	乏燃料池净化系统	1 080 L
34810	液体区域控制系统	200 L
79210	液体废物管理系统	400 L

由于树脂输送箱 34510 系统一次最多只能传输 600 L 树脂,故 PHT 正常净化床和乏燃料池净化床所需的 1 080 L 树脂必须传输两次才能完成。

5.5 主要操作

本系统是个离线操作系统,除非进行如 98-34510-OM-001 中的 4.2 节的相关操作,否则系统通常处于停运状态。

5.5.1 冲洗漏斗和树脂输送箱

冲洗漏斗 3451-Y1 和树脂输送箱 3451-TK1,见图 5-5-1。

5.5.2 向树脂输送箱添加新树脂

向树脂输送箱 3451-TK1 添加新树脂,见图 5-5-2。

5.5.3 向系统用户传输树脂

本系统可以向以下用户传输树脂,相关操作均可以参考流程简图如图 5-5-3 所示。

- 向端屏蔽系统离子交换床 3411-IX1 传输树脂;
- 向液体区域控制系统离子交换床 3481-IX1/3481-IX2 传输树脂;

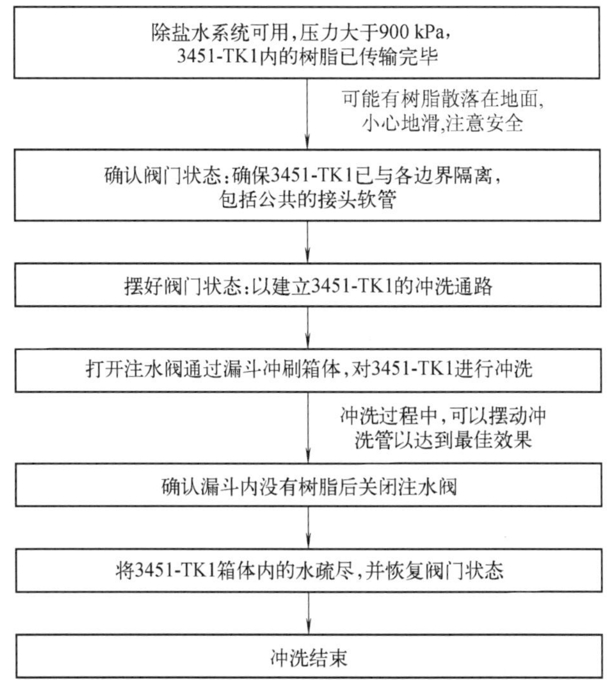

图 5-5-1 冲洗漏斗 3451-Y1 和树脂输送箱 3451-TK1

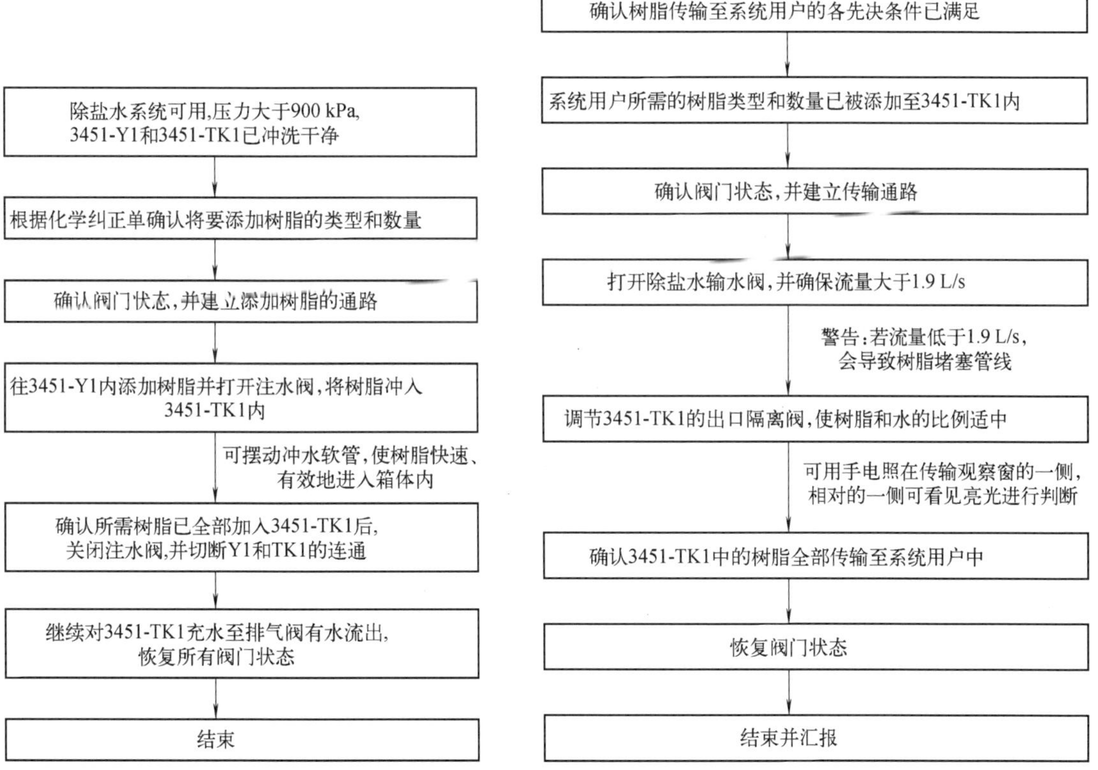

图 5-5-2 向树脂输送箱 3451-TK1 添加新树脂

图 5-5-3 向系统用户传输树脂

- 向慢化剂氘化除氘系统氘化箱 3222-TK2 传输树脂；
- 向 PHT 氘化除氘系统氘化箱 3336-TK2 传输树脂；
- 向乏燃料池冷却及净化系统离子交换床 3441-IX7001/3441-IX7002 传输树脂；
- 向废液处理系统离子交换床 7921-IX1 传输树脂。

注意：在树脂传输过程中如果失去除盐水，要以最快的速度关闭 3451-V2 以避免树脂堵管。

5.5.4 其他

在进行模拟反应堆厂房高压或高放射性试验而引起的反应堆安全阀动作后，不能进行 3336-TK2 或 3481-IX1、3481-IX2 的新旧树脂传输。

复习思考题

1. 3451 系统向哪些用户提供新树脂？

参考答案：

本系统向以下系统传输新树脂：

慢化剂氘化和去氘系统(32220)；

热传输系统氘化和去氘(33360)；

屏蔽冷却系统(34110)；

乏燃料池净化(34410)；

液体区域控制系统(34810)；

废液处理系统(79210)。

2. 3451 系统在向其他系统传输树脂时应注意什么？

参考答案：

(1) 在通过本系统向各个用户的离子床传输新树脂前，必须确认树脂型号和数量符合系统工况要求。

(2) 传输时树脂和水的混合比例一定要适中，在传输开始时一定要保证最低 1.9 L/s 的除盐水流量。

(3) 在树脂传输过程中如果失去除盐水，要以最快的速度关闭 3451-V2 以避免树脂堵管。

第六章　应急水供应系统（34610）

内容介绍

课程名称：应急水供应系统
课程时间：1 学时

学员：现场操作员
学员条件：完成本系统的课堂部分培训

最终培训目标：
1. 系统设备的现场布置；
2. 掌握各参数测量点的现场位置和在系统流程中的位置；
3. 熟练完成现场巡检内容，正常参数、报警值、异常和故障识别技巧和技能；
4. 系统上操作和巡检存在的一些安全提示和危害，风险警示、运行实践；
5. 正常、应急时的操作和异常的现场响应。

教学方式及教学用具：
培训方式：岗位培训
教员需要：
a. 流程图；
b. 白板等。

考核方法：现场考核（实际操作和模拟相结合）、口试

6.1　系统设备

应急水供应系统是两台机组共用的，为组二安全系统，在下列设计基准事件时，作为应急热阱投入运行。

- 设计基准地震（DBE）；
- LOCA＋现场设计地震（SDE）；
- 设计基准龙卷风（DBT）。

应急水供应系统基于设计基准条件,向下列用户提供冷却水以带走堆芯热量,确保燃料冷却。

- 蒸汽发生器二次侧;
- 应急堆芯冷却系统热交换器二次侧;
- 主热传输系统(PHTS)。

6.1.1 现场设备和系统布置

系统主要设备有,EWS 水池、EWS 泵、过滤器、阀门、管道等相关设备。应急水供应母管从应急供水泵房开始分两路分别向 1、2 号机组的蒸汽发生器二次侧、主热传输系统、ECC 热交换器二次侧供水。ECC 热交换器二次侧回水经一根回水总管回到 EWS 水池。

(1) EWS 泵 3461-P1/P2/P3(见图 6-1-1)

位于应急供水泵房内。系统配置了 3 台 100%容量的立式离心泵,泵出口压力 400~900 kPa,流量 40~110 L/s。每台泵电机功率为 147 kW,由应急电源系统(EPS)400 V 母线供电。泵连续运行最小流量限值 37.9 L/s。电机内部设有电机加热器,以防止电机因受潮绝缘下降。

图 6-1-1 EWS 泵

(2) EWS 水池

EWS 水池位于除盐水厂房和模拟体厂房之间,露天布置,为应急水供应系统和消防水系统的共用水源,总容量约 14 000 m^3,用于消防水的储量约 2 300 m^3(当 EWS 水池水位低于 3.36 m 时,消防水泵自动停运),其余为本系统用水。EWS 水池剖面示意图如图 6-1-2 所示。

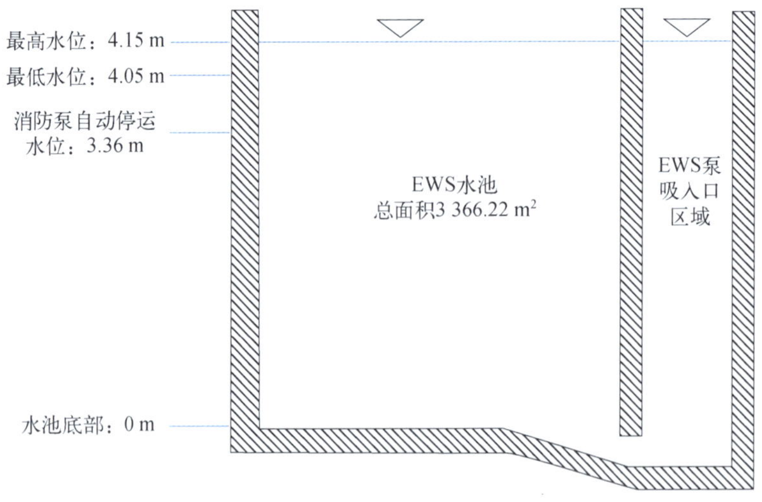

图 6-1-2 EWS 水池剖面示意图

EWS 水池水位维持在 4.05～4.15 m 之间(EWS 水池池壁上有水位标尺)。水厂预处理系统 1、2 号生活水箱(7161-TK4001/4002)为 EWS 水池提供正常补水，在水厂预处理系统 1、2 号生活水箱不可用时的补水由秦山一期或秦山二期至秦山三期水厂供水的管线提供。EWS 水池水位超过 4.15 m 时(由于雨水或其他原因)，EWS 水池开始溢流到雨排系统。

EWS 水池内如有异物(悬浮物、藻类、水草等)会导致应急供水泵入口滤网堵塞，影响系统的正常运行及可用性。通过定期向 EWS 水池添加杀生剂和漂白精来防止藻类和水草的生长，并在 EWS 水池周围装设防护墙以防止杂物进入池内。

(3) ECC 热交换器二次侧电动隔离阀 3461-MV13/110/47/114(见图 6-1-3)

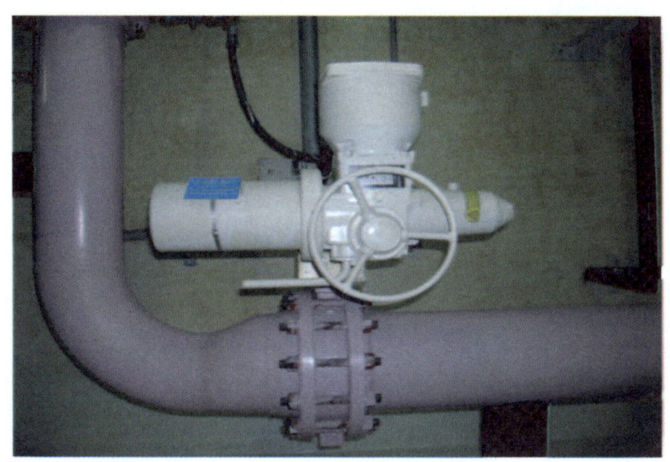

图 6-1-3　ECC 热交换器二次侧电动隔离阀

位于辅助厂房 S-009 房间，靠近重水蒸气回收系统干燥器 3831-DR5 附近，阀门为 10 in (1 in＝2.54 cm)蝶阀，由应急电源系统(EPS)400 V 电源供电，阀门装有手动操作装置，需要时可以在就地将阀门切换到手动状态进行操作。

机组正常运行时，电动隔离阀保持在关闭状态，应急堆芯冷却系统(ECC)热交换器二次侧与应急水供应系统(EWS)隔离。在应急堆芯冷却系统(ECC)热交换器丧失再循环冷却水(RCW)时，启动 EWS 泵，打开电动隔离阀，由 EWS 系统向应急堆芯冷却(ECC)热交换器二次侧提供冷却水。

(4) EWS 系统气动隔离阀 3461-PV7/107 和 3461-PV41/141(见图 6-1-4)

位于辅助厂房 S-030 房间。为 6 in 快开气动闸阀，开阀时间小于 20 s，失气开，机组正常运行时阀门处于关闭状态。阀门装有手动操作装置，需要时可以在就地将阀门切换到手动状态进行操作。

(5) 备用储气罐 3461-TK7/107 和 3461-TK41/141

位于辅助厂房 S-030 房间。为气动隔离阀 3461-PV7/107 和 PV41/141 提供备用气源，在失去仪用压空时能保证 2 h 内气动隔离阀不会失气打开。防止气动隔离阀 3461-PV7/107 和 PV41/141 因失气打开导致喷淋水箱内水误注入蒸汽发生器二次侧。

(6) 安全阀

- 3461-RV32(EWS 泵出口母管安全阀)

(a) (b)

图 6-1-4 EWS 系统气动隔离阀

(a)阀门手动操作机构;(b)阀门本体及气动头

位于应急供水泵房,安装 EWS 泵出口母管上。为 EWS 泵出口母管提供超压保护,起跳压力 1.04 MPa。

• 3461-RV36(PV7/107 上游管线安全阀)

位于辅助厂房 S-030 房间,安装在 3461-V44(PV7/107&PV41/141 上游管线止回阀)和气动阀隔离阀 3461-PV7/107 与 PV41/141 之间的管线上,为该段管线提供超压保护,起跳压力 1.0 MPa。

(7) 手动阀

• 3461-V45(EWS 泵再循环阀)

位于应急供水泵房内,安装在 EWS 泵小流量循环管线上。EWS 泵运转时通过调节阀门开度来控制泵出口压力和满足泵最小流量限制要求。

• 3461-V46(PV7/107&PV41/141 上游管线隔离阀)

位于辅助厂房 S-030 房间,安装在气动阀 PV7/107 和 PV41/141 上游。在执行 EWS 泵月度试验,启动 EWS 泵之前需将 3461-V46 关闭(已减少 EWS 泵启动后 EWS 水误注入喷淋水箱的风险),泵停运之后将此阀门打开,否则将导致系统不可用。

• 3461-V119(外部供水阀)

位于辅助厂房 S-030 房间,EWS 泵不可用时(如:飓风后),可通过外部补水水源(如:消防车)向蒸汽发生器二次侧供水。

6.1.2 系统接口

(1) 蒸汽发生器二次侧

当堆外主蒸汽母管下游非抗震部分或主给水管线安全壳以外的部分在发生破口时,蒸汽发生器压力随即快速下降,此时如未发生 LOCA 和安全壳内的主蒸汽管线破口,蒸汽发生器二次侧自动降压注水逻辑(ADW)将会触发,气动隔离阀 3461-PV7/107 和 PV41/141

会自动打开，喷淋水箱向蒸汽发生器二次侧供水。此时应该尽快启动 EWS 泵，打开气动隔离阀 3461-PV7/107，利用 EWS 水向蒸汽发生器供应冷却水。

(2) 应急堆芯冷却(ECC)系统

发生失去冷却剂 LOCA 事故，同时应急堆芯冷却(ECC)系统不可用的严重事故工况下，启动 EWS 泵，通过 ECC 系统中压注射管线向主热传输系统提供冷却水。

(3) 再循环冷却水(RCW)系统

应急堆芯冷却系统(ECC)触发进入低压注射阶段后，应急堆芯冷却(ECC)热交换器如失去再循环冷却水，启动 EWS 泵，打开电动隔离阀 3461-MV13/110/47/114，由 EWS 系统向应急堆芯冷却(ECC)热交换器提供冷却水。

6.1.3　就地盘台

(1) 二控区内 EWS 系统盘台

气动隔离阀 3461-PV41/141/7/107 和电动隔离阀 3461-MV13/47/110/114 的控制手柄 63461HS41/141/7/107 和 63461HS13/47/110/114 位于二控区 S-014 房间内 66611-PL54。

(2) EWS 泵就地控制盘台 63461-PL1187/PL1391/PL2513

在应急供水泵房内每台 EWS 泵旁边分别布置有 EWS 泵就地控制盘台 63461-PL1187/PL1391/PL2513，盘台上设有 EWS 泵就地控制手柄 63461HS11＃2/12＃2/13＃2。

使用 EWS 泵就地控制手柄可以在就地启停 EWS 泵，但前提是 EWS 泵远程控制手柄 63461HS11＃1/12＃1/13＃1(位于二控区 66611-PL54)置于“LOCAL”位，否则 EWS 泵就地控制手柄无法进行 EWS 泵启停操作。

6.1.4　取样点

N/A。

6.2　系统参数

EWS 系统两台机组公用部分正常运行参数如表 6-2-1 所示。

表 6-2-1　EWS 系统两台机组公用部分正常运行参数表

参　数	仪　表	正　常　值		仪表位置
EWS 泵出口压力	63461-PI-8/10/100	EWS 泵停运	0 kPa	应急供水泵房
		EWS 泵运行	400～900 kPa	
EWS 泵再循环流量	63461-FI-16	EWS 泵停运	0 L/s	应急供水泵房
		EWS 泵运行	40～110 L/s	
EWS 水池水位	EWS 水池位标尺	4.05～4.15 m		EWS 水池池壁
EWS 至蒸汽发生器管线压力	63461-PI-5	0～4.6 MPa		S-030

续表

参　数	仪　表	正　常　值	仪表位置
蒸汽发生器压力	63461-PI1J1/PI2J1/PI3G1/PI4G1	约 4.6 MPa	S-014 66611-PL54
蒸汽发生器压力	63461-PI1J2/PI2J2/PI3G2/PI4G2	约 4.6 MPa	S-326 66611-PL1
SG 压力测量回路脱扣指示灯	63461-RF25H/RF26H/RF27H/RF28H	灯不亮	S-326 66611-PL1

6.3 风险警示和运行实践

6.3.1 人员风险

(1) 高温高压

机组运行其间,如果蒸汽发生器入口止回阀 3461-V49/V50/V51/V52 内漏,3461-PV7/107 下游管线压力将上升到蒸汽发生器二次侧压力,3461-PV7/107 若因故障或定期实验打开,将导致安全阀 3461-RV36 起跳,高温高压的水/蒸汽从安全阀 3461-RV36 和安全壳隔离阀 7314-PV75(正常运行时此阀保持在常开状态)喷出,会对在阀门附近的人员造成伤害。

(2) 辐射风险

在丧失主冷却剂事故(LOCA)发生后,在 ECC 热交换器 3432-HX1/HX2 区域将存在高放射性风险(由于主热传输系统的高放重水)。

6.3.2 设备风险

(1) 喷淋水箱中的水误注入蒸汽发生器

停堆期间,蒸汽发生器二次侧 EWS 自动注水逻辑(ADW)如未闭锁,蒸汽发生器二次侧压力低于 345 kPa 后,蒸汽发生器二次侧 EWS 自动注水逻辑(ADW)触发, 3461-PV7/107 和 3461-PV41/141 自动打开,安全壳喷淋水箱中的水注入蒸汽发生器二次侧,导致蒸汽发生器二次侧水质污染、恶化。

(2) 再循环冷却水(RCW)泄漏至 EWS 系统

进行应急水供应系统月度试验,执行电动阀 3461-MV47/114 动作试验时,在电动阀打开之前若未将 3461-V111/112 关闭,再循环冷却水(RCW)将通过应急水供应系统回水管线泄漏至 EWS 水池,导致严重的 RCW 系统压力瞬态,进而导致停机、停堆。

(3) EWS 泵的最小流量限制

EWS 泵 3461-P1/P2/P3 的最低运行流量限值为 37.9 L/s。EWS 泵连续运行流量低于 37.9 L/s,将导致 EWS 泵损坏。

6.3.3 经验反馈

2004 年 7 月 3 日,2 号机组满功率运行。执行 EPS、ECC、EWS 和消防泵偶系列月度试验,主控室操作员跳步操作,没有和现场操作员确认 3461-V112(3432-HX2 出口隔离阀)关闭,就打开 3461-MV114(3432-HX2 出口电动隔离阀),再循环冷却水(RCW)通过应急水供应系统回水管线泄漏至 EWS 水池,RCW 系统装量损失远远超出系统补水能力,运行的 RCW 泵发生气蚀,RCW 系统压力大幅下降,压力最低下降至 274 kPa(正常运行时约为 650 kPa),系统低于正常运行压力长达 37 min。期间 RCW 泵和系统管道振动升高,1 号 RCW 泵盘根甩水严重。该事件有导致 RCW 系统崩溃,机组丧失热阱的风险。

6.4 技 能

6.4.1 气动阀气动/手动模式切换

气动阀 3461-PV7/107/41/141 气动切手动模式(见图 6-4-1):握住驱动杆"2"(防止因驱动杆随转导致驱动杆"2"不下降),顺时针方向旋转手轮"1"使驱动杆"2"下降,直到驱动杆"2"的销孔与阀杆"3"的销孔重合,停止旋转手轮"1",插入销子"4"连接驱动杆和阀杆,阀门切换到手动模式。

图 6-4-1 气动阀手动操作机构

手动切气动模式:拔出销子"4"分离驱动杆和阀杆,握住驱动杆"2",逆时针方向旋转手轮"1"使驱动杆上升到顶,阀门切换到气动模式。

6.4.2 电动阀电动/手动模式切换

电动阀 3461-MV13/47/110/114 电动切手动(见图 6-4-2):将切换手柄"1"推至手动位置并保持,使电动头内齿轮啮合,阀门即切换到手动模式,使用操作手轮"2"便可进行阀门开关操作。操作完毕后松开切换手柄,切换手柄自动弹回至电动位置,阀门恢复到电动模式。

图 6-4-2　电动阀手动操作机构

6.4.3　EWS 泵出口压力调节

EWS 泵向用户供水时，泵出口压力和流量必须维持在正常范围内。

EWS 泵出口压力偏高，开大 EWS 泵再循环阀 3461-V45；压力偏低，关小 EWS 泵再循环阀。关小再循环阀时必须保证泵的流量大于最小运行流量限值。如 EWS 泵再循环阀全开后，泵出口压力仍大于 900 kPa，需停运 1 台 EWS 泵以降低泵的出口压力；如 EWS 泵再循环阀 3461-V45 全关后，泵出口压力仍小于 400 kPa，需再启动 1 台 EWS 泵以提高泵的出口压力。

6.4.4　ECC 热交换器二次侧流量控制

本系统向应急堆芯冷却系统(ECC)热交换器供水时，通过调节手动隔离阀 3461-V5 开度来控制热交换器二次侧流量。此阀门正常运行时由行政隔离锁将其锁开，如要操作此阀门需到工作控制(WCA)借用行政隔离锁钥匙。

6.4.5　定期实验注意事项

执行 EWS 气动阀 3461-PV7/107/41/141 行程实验(98-91140-OM-601)，打开气动阀 3461-PV7/107 前，需要检查至蒸汽发生器气动隔离阀 3461-PV7/107 上游压力表 63461-PI-5 压力指示。如果压力高于 500 kPa，需打开压力表 63461-PI-5 疏水阀，进行卸压，将压力降低到 200 kPa 后，方可继续试验。

6.4.6　蒸汽发生器二次侧 EWS 自动注水逻辑(ADW)

在主蒸汽母管下游非抗震部分或主给水管线安全壳以外的部分在发生破口时，蒸汽发生器二次侧压力迅速下降，如未发生 LOCA 和安全壳内主蒸汽管线破口，蒸汽发生器二次侧 EWS 自动注水逻辑(ADW)在蒸汽发生器二次侧压力低于 345 kPa 时触发，EWS 系统气动隔离阀 3461-PV7/107/41/141 自动打开，喷淋水箱向蒸汽发生器注水。

6.5 主要操作

6.5.1 系统停复役

正常情况下，作为应急热阱相关系统，应急水供应系统必须始终处于备用状态。停堆期间，在热传输系统的温度低于 150 ℃，蒸汽发生器二次侧压力低于 500 kPa 后，应将蒸汽发生器二次侧 EWS 自动注水逻辑(ADW)闭锁。

6.5.2 EWS 泵月度试验

执行 EPS 月度试验(98-91140-OM-001/002)时启动 EWS 泵，以确认 EWS 系统可用。EWS 泵试验大致过程如图 6-5-1 所示。

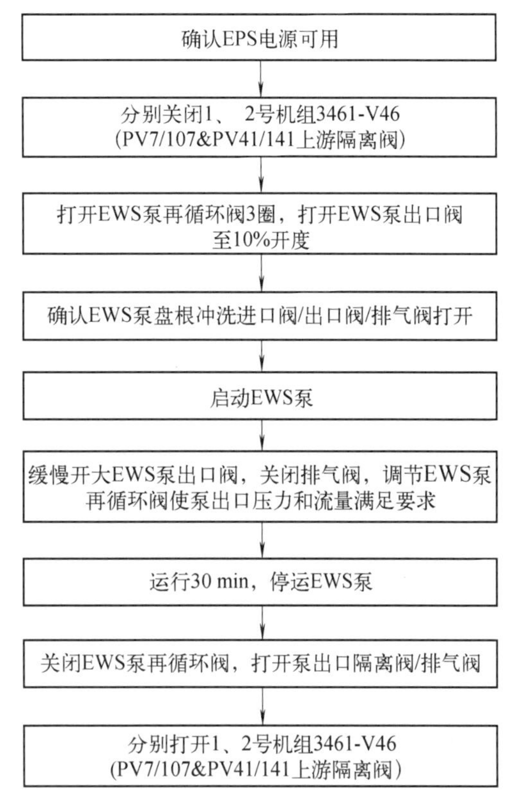

图 6-5-1　EWS 泵试验流程图

6.5.3 应急运行规程(EOP)相关操作

事故工况下，根据应急运行规程(EOP)，需要执行 EWS 系统相关操作卡，具体操作卡如表 6-5-1 所示。

(1) EWS 系统应急启动

应急水供应系统需要向蒸汽发生器二次侧(失去主给水)、应急堆芯冷却热交换器供水(失去再循环冷却水)或主热传输系统注水(LOCA+ECC 失效)时，需要及时启动 EWS 泵向用户供水。

表 6-5-1　应急运行规程(EOP)相关操作卡

EOP 名称	操作卡名称
EOP-003《LOCA 和 ECC 自动动作》	操作卡 J:向 ECC 热交换器提供 EWS 冷却水
EOP-005《失去蒸汽发生器给水》	操作卡 J:向蒸汽发生器二次侧提供 EWS 水
EOP-006《主蒸汽管道破裂》	操作卡 G:向蒸汽发生器二次侧提供 EWS 水
EOP-007《失去Ⅳ级和Ⅲ级电源》	操作卡 Q:启动 EPS 和 EWS
EOP-016《地震/共模事件》	操作卡 C:启动 EWS 泵 操作卡 I:手动操作 3461-PV41/141 和 3461-PV7/PV107
EOP-203《冷态卸压下手动触发 ECC》	操作卡 B:向 ECC 热交换器提供 EWS 冷却水

EWS 系统应急启动过程与试验启动过程大致相同，仅有两处不同。1) EWS 泵启动前

不关闭 3461-V46(PV7/107&PV41/141 上游管线隔离阀);2) EWS 泵向用户供水后,泵出口压力会下降,需要就地调节泵出口压力。

(2) 手动操作 3461-PV41/141 和 3461-PV7/PV107

仪用压空丧失情况下,需要通过手动操作 3461-PV7/PV107 来控制蒸汽发生器的水位。为防止 3461-PV41 和 PV141 失气开导致 EWS 注入喷淋水箱影响 EWS 向其他用户供水,需要手动关闭 3461-PV41 和 PV141。

复习思考题

1. EWS 系统向哪些用户提供备用应急水,分别在什么情况下?

参考答案:

- 向蒸汽发生器二次侧供水,在地震或Ⅲ级电源丧失后,蒸汽发生器供水失效的情况下。
- 向应急堆芯冷却系统热交换器供水,在丧失主冷却剂事故(LOCA),同时,再循环冷却水(RCW)系统不可用的情况下。
- 通过 ECC 系统的部分管线注入主热传输系统,发生丧失主冷却剂事故(LOCA),并且 ECC 失效的情况下。

2. EWS 泵有哪几种启动方式?

参考答案:

- 在 1 号机组的二控区内远控启动

使用 EWS 泵远程控制手柄 63461HS11#12#1/13#1 远控启停 EWS 泵。

- 在应急供水泵房内就地启动

使用 EWS 泵就地控制手柄 63461HS11#2/12#2/13#2 就地启停 EWS 泵。条件是将 EWS 泵远程控制手柄已经置于“LOCAL”,否则 EWS 泵就地控制手柄将无法进行 EWS 泵启停操作。

3. EWS 水池补水可以从哪些水源补给?

参考答案:

- 生活水箱 7161-TK4001/TK4002;
- 秦山一期来的原水(7161-V8005)。

第七章 液体毒物注射系统（34710）

内容介绍

课程名称：液体毒物注射系统
课程时间：2 学时

学员：现场操作员
学员条件：完成本系统的课堂部分培训

最终培训目标：
1. 了解系统设备的现场布置；
2. 掌握各参数测量点的现场位置和在系统流程中的位置；
3. 熟练完成现场巡检内容，正常参数、报警值、异常和故障识别技巧和技能；
4. 系统上操作和巡检存在的一些安全提示和危害，风险警示、运行实践；
5. 正常、应急时的操作和异常的现场响应；
6. 对流程图进行本系统主要操作项目的模拟操作。

教学方式及教学用具：
培训方式：岗位培训
教员需要：
a. 流程图；
b. 白板等。

考核方法：现场考核（实际操作和模拟相结合）、口试

7.1 系统设备

液体毒物注入系统（Liquid Injection Shutdown System，LISS）功能是在 SDS＃2 的 3 取 2 逻辑触发的情况下，通过高压氦气将 6 个毒物罐中浓度高于 7 800 ppm 的硝酸钆溶液注入慢化剂引入足够负反应性实现安全停堆；同时提供对 6 个毒物罐的疏水、反充、毒物界面

的反冲洗即注射管线的扫液、毒物罐的定期取样和毒物罐中硝酸钆溶液的重新配置和充装等功能。

7.1.1 设备清单

LISS 系统主要由以下设备组成：

(1) 6个毒物罐(3471-TK1～6)：每个容积为 80 L，用于容纳液体毒物，具体结构如图 7-1-1 所示。

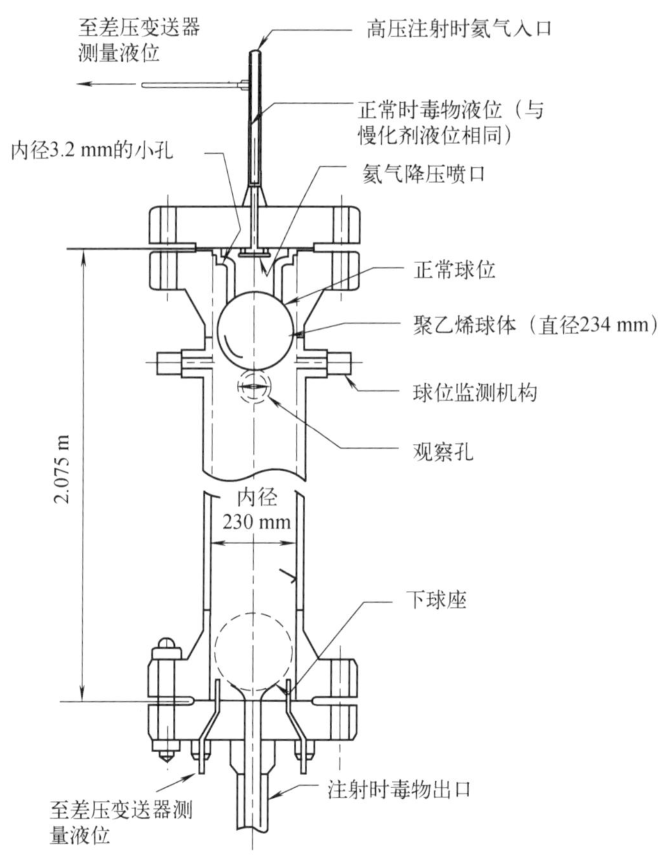

图 7-1-1 毒物罐结构

(2) 1个高压氦气供给箱(3471-TK10)：提供毒物注射时的高压氦气。

(3) 1个毒物混合箱(3471-TK11)：容积为 0.85 m^3，其中有 1 台搅拌器(3471-AGM1)，用于配置毒物罐反充用的硝酸钆溶液。

(4) 1个毒物疏水箱(3471-TK13)：容积为 0.14 m^3，用于接收单个毒物界面高电导扫液时的疏水及毒物混合箱 3471-TK11 的取样时的疏水。

(5) 6个快开阀(63471-PV1 G/H/J，PV2 G/H/J)及 3 个排气阀(63471-PV3 G/H/J)：这 9 个阀门形成 3 取 2 逻辑(现场布置如图 7-1-2 所示)。当 2 号停堆系统动作逻辑触发后，快开阀打开利用高压氦气将硝酸钆溶液注入慢化剂中实现停堆。排气阀在正常时处于打开状态，用来防止因快开阀内漏导致的部分注入，当停堆信号触发后，排气阀自动关闭。

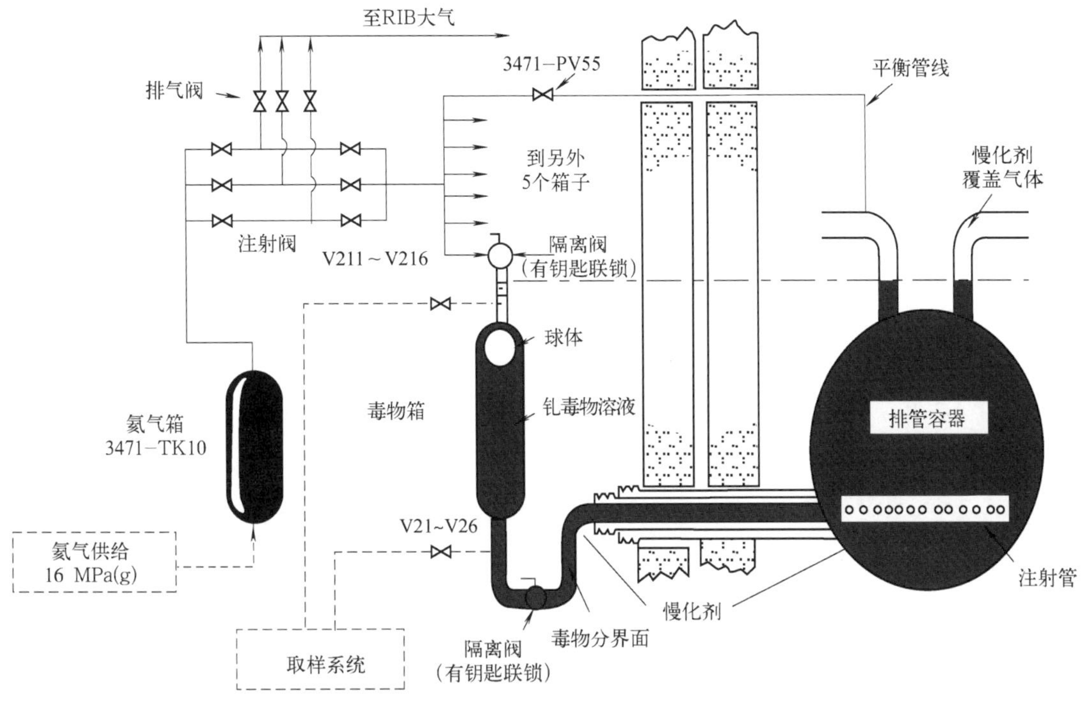

图 7-1-2　毒物注射回路

(6) 1 个取样泵(PM1)：用于定期对毒物罐的取样；

(7) 4 组正常补气用氦气瓶组共 20 个：正常给高压氦气供给箱提供补气以维持压力；

(8) 取样罐(Y202)：用于毒物罐取样的取样点和少量毒物添加时硝酸钆溶液的添加点。

(9) 2 个反充用氦气瓶：在进行毒物罐反充时提供动力。

7.1.2　现场布置

本系统所有设备均在可进入区域。

从设备闸门进入反应堆厂房，在正前方可以看到 6 个毒物罐 3471-TK1～TK6。请注意它们布置的顺序，面对毒物罐从左往右的顺序依次为 1-4-2-5-6-3(与 OF 图纸一致)，毒物罐及其相连的管道的现场布置如图 7-1-3 所示。

高压氦气箱 3471-TK10 位于 R-402 房间。

6 个快开阀 63471-PV1 G/H/J，PV2 G/H/J 位于高压氦气箱靠堆芯侧附近，而排气阀 63471-PV3/G/H/J 则在慢化剂毒物系统钆添加箱 3271-TK3 的操作平台下方。快开阀的备用气罐在 R-402 靠墙角处，此处还有 63471-PV55(用于平衡氦气集管与慢化剂覆盖气压力波动)/PV30(用于控制排气集管压力)2 个阀门。

毒物罐的疏水箱 3471-TK13 和毒物混合箱 3471-TK11 及相关阀门都位于 R-018 房间，取样泵 3471-P1 及取样柜就在与其一墙之隔的 R-004 房间。

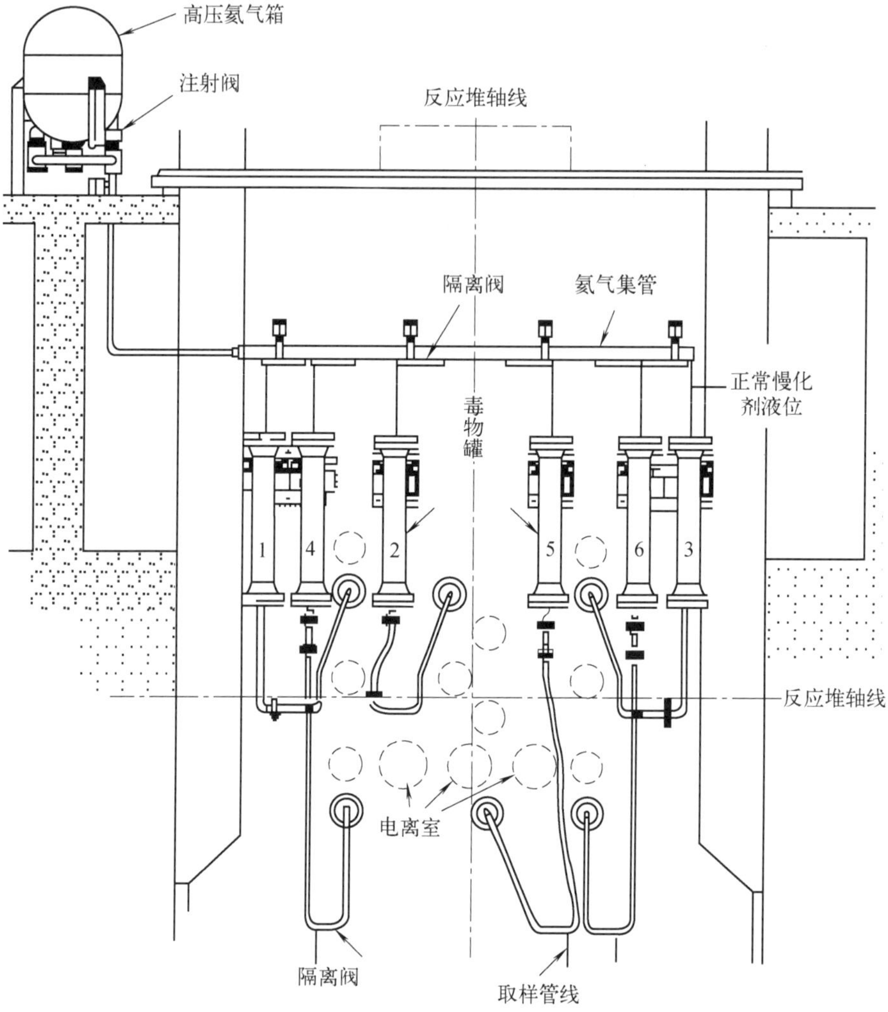

图 7-1-3　毒物罐现场布置

补气隔离阀 63471-PV4 位于 S-121 房间;为在失去仪用压空的事故下保障 34710 高压氦气箱的供给,通过设计变更为 63471-PV4 控制回路设置了备用气罐,也位于 S-121 房间。补气气瓶组和反充用气瓶都位于 S-121 房间。

7.1.3　系统接口

本系统与主慢化剂系统 32110 相连,当系统动作后所有毒物注入慢化剂。

本系统通过 63471-PV55 与慢化剂覆盖气系统 32310 的气空间相通,目的是在正常运行时保持毒物罐上部注射集管气空间压力与慢化剂覆盖气相同,防止因慢化剂覆盖气体压力的波动导致毒物分界面的迁移。

系统的各排气口与反应堆厂房通风系统 73120 相连,防止含氚重水蒸气直接排入厂房内造成污染。

7.1.4 就地盘台

(1) 毒物罐电导和毒物界面电导指示盘台 63470-PL1351。

R-402 的电导盘台 63470-PL1351 上的电导表分为 2 部分:上面 6 块表(CT31～36)用于监测毒物界面电导,下面 6 块表(CT51～56)用于监测毒物罐电导,如图 7-1-4 所示。

图 7-1-4　电导盘台 63470-PL1351

巡检要求毒物界面的电导小于 7 mS/m[毫西(门子)/米],正常运行期间在 0 左右。如果毒物界面向慢化剂侧发生迁移,则导致所监测的毒物界面电导上升。当执行毒物罐取样时,如果该电导超过 7 mS/m,为防止部分毒物注入慢化剂导致降功率甚至停堆停机,取样泵自动停运逻辑会使处于运行状态取样泵自动停运。

而对于毒物罐的电导正常运行要求大于 975 mS/m,请注意该表直接读出数值后应该乘以 10(表面上有说明),如果该数值有较大变化则说明毒物罐内的毒物浓度有波动。

(2) 毒物罐液位指示装置。

毒物罐现场配置有两类液位指示装置用于监测毒物罐的液位。

1) 毒物罐液位指示盘台 63470-PL1052,见图 7-1-5。

位于 R-018 房间,用于精确显示毒物罐内的液位。现场通过按下相应毒物罐的按键显示所选择毒物罐的当前液位。同一时间内只能查看一个毒物罐的液位(主控室及二控区也有一个同样的液位指示装置)。

2) 毒物罐液位监测盘台 63470-PL1154～1159,见图 7-1-6。

共 6 个监视盘台(分别对应 TK1～TK6),均为灯光指示装置。现场位于 R-201 房间。

当盘台上两个绿灯亮时,毒物罐液位范围在 0～0.25 m;当盘台上一红一绿两个灯亮时,液位为 0.25～1.95 m;当盘台上两个红灯都亮时,液位为 1.95～3 m。

图 7-1-5 液位计盘台 63470-PL1052

图 7-1-6 3471-TK4 的监测盘台 63470-PL1157

(3) 钥匙箱 63470-X-48,见图 7-1-7。

钥匙箱位于 R-302。钥匙箱上有 7 个钥匙孔即主钥匙 R(位于主控,由值长控制)的钥匙孔和 G1～G6(毒物罐入口隔离阀钥匙)的钥匙孔,G1～G6 正常应在钥匙箱上。钥匙箱的顶部选择杆有 6 个位置分别对应 6 把钥匙。在没有主钥匙 R 的情况下需要取下某把钥匙时,需要将钥匙箱顶部的选择杆选定该钥匙,然后拔下该钥匙即可。

钥匙箱从设计上保证了在不使用主钥匙 R 的情况下,每次可以且只可以取出 1 个 G 钥匙,进而确保最多只允许有 1 个毒物罐不可用(被隔离)。如果使用主钥匙 R,钥匙箱上所有的钥匙均可以取下。隔离毒物罐的方法见 7.4 节的(2)。

(4) 取样泵 3471-P1 的控制盘台 63470-PL2165。

该盘台位于 R-004 房间,用于对取样泵的启停控制。

(5) 毒物混合箱搅拌器 3471-AGM1 的控制盘台 63470-PL1085。

该盘台位于 R-018 房间,用于对搅拌器的启停控制。

7.1.5 取样点

(1) 本系统需要对 6 个毒物箱中的硝酸钆溶液的浓度进行定期取样确认,取样通过取样罐 Y202 实现;

(2) 在毒物罐的反充过程中需要依靠反充氦气压力建立取样流并通过位于 R-018 房间的针孔取样器 SS1 取样。

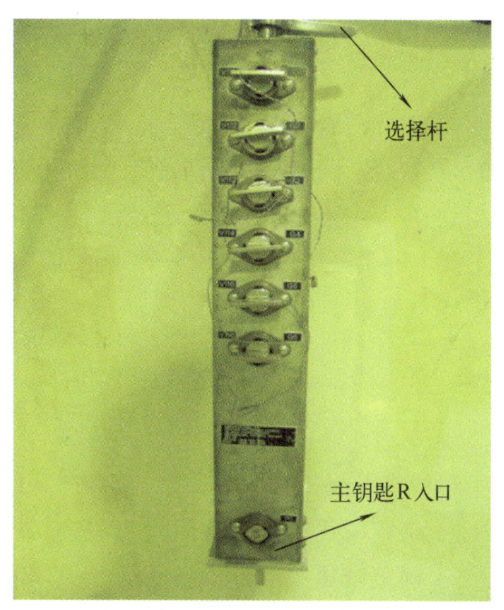

图 7-1-7 钥匙箱 63470-X-48

7.2 系统参数

系统参数如表 7-2-1 所示。

表 7-2-1 系统参数表

LISS 设备参数	表号	位置	正常值	限制值
氦气供给箱压力	PI 21	R-402	8.27 MPa	7.88 MPa<p<8.7 MPa
氦气集管压力	PI 50	R-402	24 kPa	10 kPa<p<30 kPa
毒物罐液位	L1~6	R-018	2.85 m	≥1.95 m
毒物罐电导率[1]	CT51~56	R-402	1 075 mS/m	≥975 mS/m
毒物界面电导率	CT31~36	R-402	<7 mS/m	N/A
补气气瓶组压力	PI 23	S-121	≥10 MPa	N/A

注:1) 毒物罐电导率在主控室有 AI 显示。

7.3 风险警示和运行实践

(1) 在执行毒物罐取样操作(程序 91140-OM-328)时,如果误操作毒物罐的疏水阀或再循环阀则有可能导致降功率甚至停堆停机事件。在此程序的执行上,曾经出现过很严重的人因事件(详见本章附录);

(2) 由于注射管附近剂量偏高,R402 房间靠 R406 侧墙角(3231-FI17)处是热点,为减少外照射,现场工作时应提前熟悉规程和规程中所涉及的设备,以尽量减少在附近区域不必要的停留时间。

(3) 如果涉及重水开口作业应根据辐射防护人员的建议采用气衣或通风头罩来进行氚防护。

(4) 在确认阀门状态时有登高作业风险,上下直梯也应注意工业安全。

(5) 在执行快开阀试验或者 LISS 触发,快开阀开启时,附近区域将有较大的噪声,应在阀门动作时尽可能远离该区域或者使用耳塞以保护听力。

(6) 由于高浓度的硝酸钆溶液可能引起对皮肤和眼睛的刺激,因此在配制硝酸钆溶液时须佩戴橡胶手套和防护面罩。

7.4 技 能

(1) 减压阀 3471-PRV7/31/70 设定值的调节。

1) 确定减压阀处于关闭状态(逆时针方向到底);

2) 确定减压阀下游隔离阀处于关闭状态;

3) 调节开始前确认减压阀下游的压力小于要求的设定值,否则对其下游进行卸压;

4) 减压阀的调节方向为“顺时针开、逆时针关”;

5) 调节时必须保证调节动作总是向压力增加的方向进行以确保设定值正确。

(2)毒物罐的隔离操作。

1) 将钥匙箱 X-48 上相应的毒物罐钥匙取下,插入毒物罐入口阀的钥匙孔①,并转动钥匙,使插销退出阀体上的锁孔,关闭此阀门;

2) 关闭该阀门后其阀体上的锁孔会对准下方的插销,转动另一把钥匙②使插销插入锁孔,并取下该钥匙;

3) 将该钥匙②插入出口阀上的钥匙孔③,转动钥匙③使插销退出阀体上的锁孔,关闭该阀以隔离该毒物罐。

图 7-4-1 所示为一毒物罐的隔离联锁现场示意图。

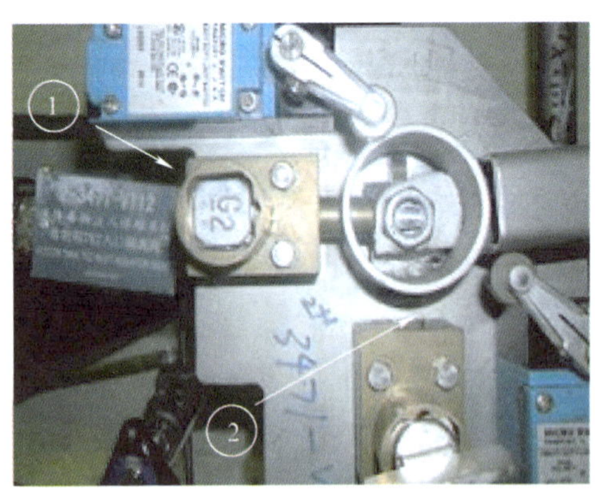

图 7-4-1 毒物罐的隔离联锁

为保证 2 号停堆系统的有效性,必须保证 6 个毒物罐中的至少 5 个处于可用状态。出于安全考虑,当钥匙箱上没有 MCR 的主钥匙的时候,只能取下 1 把入口阀的钥匙来隔离一个毒物罐;当主钥匙插入后,6 把钥匙均可以取下用于对 6 个毒物罐进行隔离。

7.5 主要操作

7.5.1 启动规程

SDS♯2 是一个专设安全系统,正常时就处于准备可用状态。

如果反应堆处于 GSS 状态,在 SDS♯1 就列状态下,SDS♯2 在电站经理的批准下可以进入退出状态。

具体程序请参见 68300-OM-001 第 4.1 节。

7.5.2 LISS 就备状态的恢复

当 SDS♯2 脱扣信号复位后,每一通道的快开阀自动关闭而排气阀自动打开。毒物罐内氦气(通常为 5.2 MPa 左右)大部分通过 3471-PV30 排放至通风系统,当压力降至 172 kPa时,3471-PV55 会自动打开使之与覆盖气体压力平衡。与此同时,慢化剂重水会自动反冲回毒物罐,当两侧压力相等时,毒物罐液位也最终升至与慢化剂液位相平的水平。

本操作的目的是隔离 6 个毒物罐并将 6 个毒物罐内的重水疏至毒物混合箱,在混合箱配制毒物并取样验证浓度合格后充装 6 个毒物罐。充装完成后,解除毒物罐隔离重新恢复氦气箱压力至 8.27 MPa。

简要的流程如图 7-5-1 所示。

具体程序请参见 68300-OM-001 第 4.3.4 节。

注意事项:

- 6 个毒物罐的疏水将导致混合箱液位上升约 50 cm;
- 在反充时应防止反充气瓶的出口压力设定值过高而使反充速度过快,人员响应不及;
- 在反充时注意毒物罐的疏水阀不应过大,否则有可能将硝酸钆溶液注入毒物罐的排气管线,并注意监视毒物罐液位;
- 在调试期间执行毒物罐反充时由于压力设定不稳经常导致毒物混合箱 TK 的 RD(爆破盘)破裂,后来实行了设计变更用 RV(安全阀)代替该 RD。

7.5.3 注射管线的扫液

慢化剂覆盖气体压力和 LISS 的氦气集管压力不平衡,以及慢化剂液位的轻微波动会导致 LISS 注射管线的毒物界面的波动。此外,由于毒物界面两侧的浓度差造成的渗透压也会导致毒物向堆芯方向的扩散。当毒物界面电导超出正常范围或出现报警时,则其分界面可能出现了迁移。而一旦毒物界面移动到堆芯内时,将会造成中子不必要的消耗,甚至导致功率降低,此时需通过扫液操作将毒物分界面恢复到正常位置。

简要流程如图 7-5-2 所示。

具体程序请参见 68300-OM-001 第 4.3.6 节。

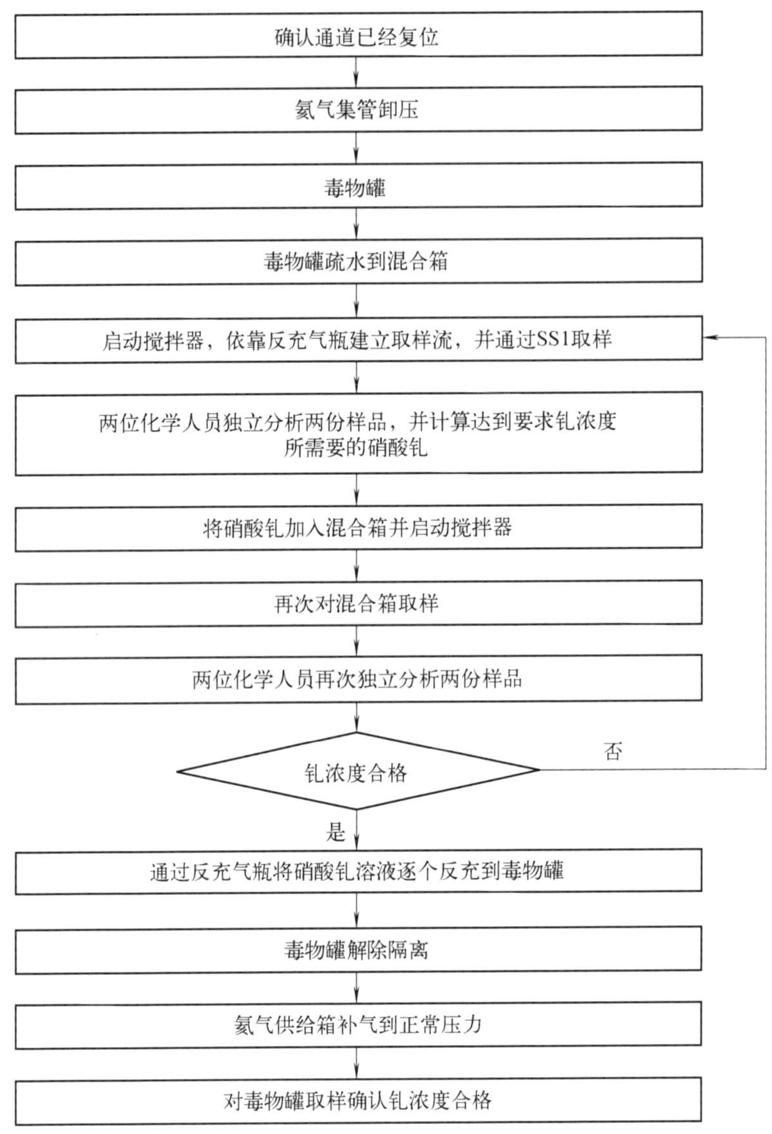

图 7-5-1　LISS 就备状态的恢复流程图

7.5.4　毒物罐钆浓度检查程序

该程序目的是定期分别检查 6 个毒物罐内的硝酸钆溶液的钆浓度满足验收准则(7 100 mg/kg <硝酸钆浓度<11 000 mg/kg)，以确保 2 号停堆系统的有效性。另外，硝酸钆溶液的 pH 值不宜过高，否则容易引起硝酸钆结晶。

该程序为每周执行 1 个毒物罐，6 周为 1 个循环周期。

简要流程如图 7-5-3 所示。

具体程序参见 98-91140-OM-328，该程序有 6 本，分别对应的是 TK1～6。

如果两个样品中的任一个分析结果低于 7 500 mg/kg，需要重新执行本试验并查清两个样品钆浓度不一致的原因。如果两个样品的钆浓度都低于 7 500 mg/kg，应立即通知当

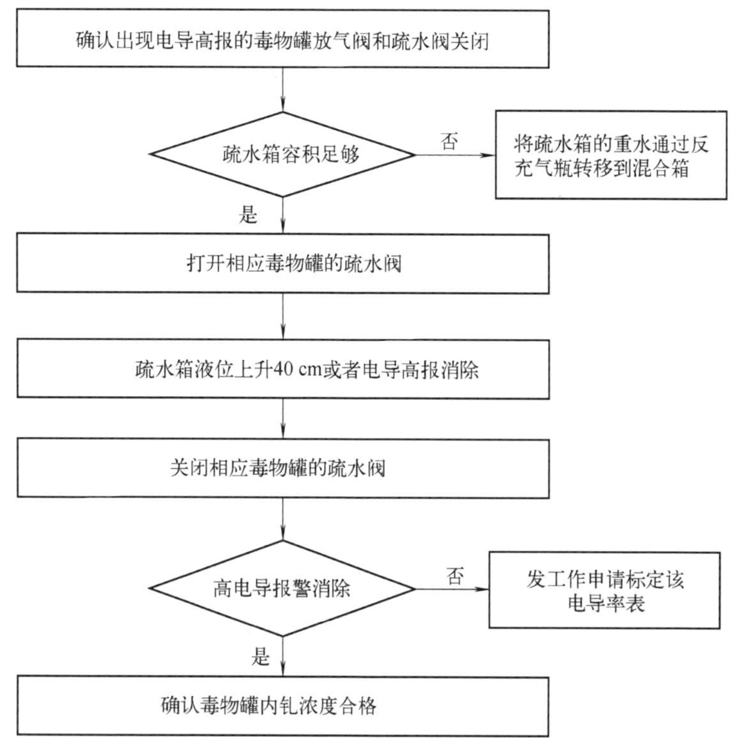

图 7-5-2　注射管线的扫液流程图

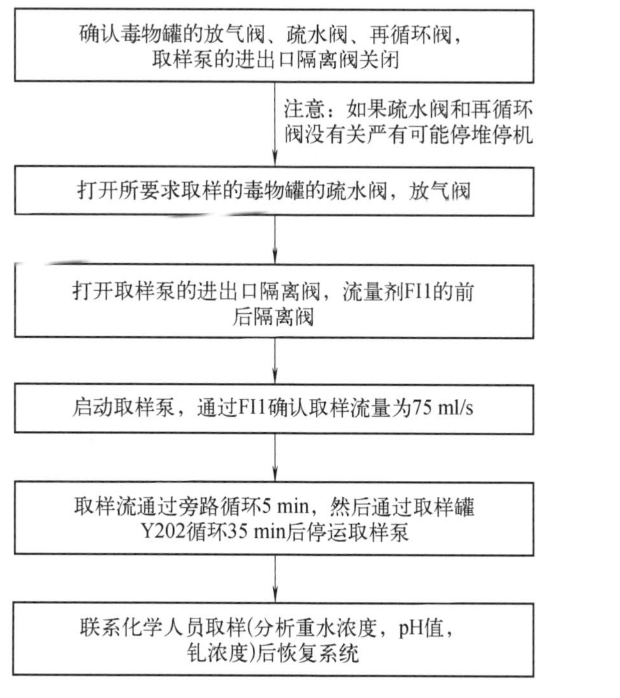

图 7-5-3　毒物罐钆浓度检查程序图

班值长,准备执行毒物箱钆浓度升级。

在此程序的执行上曾经出现过很严重的人因事件(详见本章附录)。

2004 年 2 月 18 日,在执行 91140-OM-328-TK2 的取样程序时,由于操作人员未严格按照程序实行操作监护及有效的自检,误开 TK4 的循环阀使部分毒物注入堆芯最后导致停机停堆。从此,2 月 18 日成为 TQNPC 的安全生产日。

该事件发生后,对该程序进行了优化:现在程序的关键步骤有风险警示;而且在取样泵回路增加了高电导停运取样泵的设计变更;现场的疏水阀和再循环阀上均加了专用锁(1 个毒物罐只对应 1 把锁),防止再次出现走错通道,误开其他阀门的情况;并加强了人因事件的学习和防范。

7.5.5 少量毒物添加程序

当取样发现毒物罐的毒物浓度有降级时(毒物罐两个样品的钆浓度都低于 7 500 mg/kg),可以通过取样罐 Y202 添加毒物,对毒物罐的浓度进行升级。其操作流程与取样程序大致相同,唯一区别是在启动取样泵前需要将经过计算需要添加的毒物数量加入 Y202 并通过循环使毒物进入毒物罐。循环 35 min 后再次取样确认浓度。

具体程序请参见 98-91140-OM-328。

7.5.6 气瓶切换

正常运行期间,当出现供气压力低导致 3471-TK10 无法补气到正常范围时需要到 S-121 房间切换气瓶组。切换气瓶时需要扳手来操作气瓶角阀。切换完成后应注意更换气瓶状态标签。

7.5.7 停运规程

SDS#2 一般处于可用状态。如果要求将 SDS#2 退出运行,必须使用专用工作方案并在 GSS(保证停堆状态)状态下得到电站经理授权。

具体程序请参见 68300-OM-001 第 4.4 节。

7.5.8 单个毒物罐隔离

正常运行时只能隔离 1 个毒物罐以进行检修工作,隔离方法与停运规程中隔离毒物罐方法一致。

复习思考题

1. 简述“2·18 事件”发生的过程,以及为防止出现类似情况我们做了哪些改进?

参考答案:

“2·18 事件”发生(过程略)后,在毒物罐的疏水阀和再循环阀上分别加装链条锁;在取样泵的控制程序中添加毒物界面高电导停取样泵的逻辑;在程序的关键步骤明确指示风险,并将取样时间由大夜班调整到早班执行等。

2. 3471-PV55 什么时候动作?现场位置在哪里?PV30 什么时候动作?现场位置在哪里?

参考答案:

PV55 在入口集管压力(63470-PS50)大于 345 kPa 时关闭,在压力小于 172 kPa 时开启;PV30 在排气集管压力(63470-PS27)大于 28 kPa 开启,小于 24 kPa 时关闭。现场位置均在 R-402 房间。

3. 在毒物罐反充时其动力是什么?该设备位置在哪里?

参考答案:

反充时动力为位于 S121 房间的氦气瓶。

4. 快开阀 3471-PV1 G/H/J,PV2 G/H/J 设计为失效开,排气阀 PV3 G/H/J 设计为失效关,3471-PV55 设计为失效关。为什么如此设计?

参考答案:

快开阀和排气阀分别设计成失效开和失效关是为保证在失去仪用压空的情况下能使 2 号停堆系统依然有效动作;而 3471-PV55 设计为失效关是防止高压氦气被旁通影响 2 号停堆的有效性。

附录　2·18事件

2004 年 2 月 18 日,秦山第三核电厂 2 号机组满功率运行。2 时 26 分,2 名现场操作员携带 1 份试验程序(98-91140-OM-328-TANK2)去现场执行操作。首先根据 OM 中第 3.2、3.3 步骤确认相关阀门的状态。之后 1 名现操带着程序去 R/B-006 区域确认取样泵的启动条件。另 1 名现操将要操作的阀门编号和操作内容记录在 1 张纸上(事件调查过程中没有发现这张纸),然后去 R/B-201 区域执行 OM 中的第 3.4 步骤"打开再循环阀 3471-V212"和 OM 第 3.5 步骤"打开 3471-TK2 疏水阀 3471-V22"。

由于阀门 3471-V212 与 3471-TK4 箱的再循环阀 3471-V214 邻近,其准备操作 TK2 的再循环阀 3471-V212,却误开了 TK4 的再循环阀 3471-V214。操作完后,电话通知在 R/B-006 区域工作的操作员可以启动取样泵 3471-P1。取样泵启动后,启泵的操作员确认就地的流量计 63471-FI1 稳定在要求值(76 ml/s)。

错开再循环阀这一误操作导致取样泵启动后将 3471-TK2 部分毒物溶液输送至 3471-TK4,3471-TK4 内的毒物溶液在重力的作用下进入慢化剂系统导致停堆停机。

"2·18 事件"简易流程与正常简易流程如附图所示。

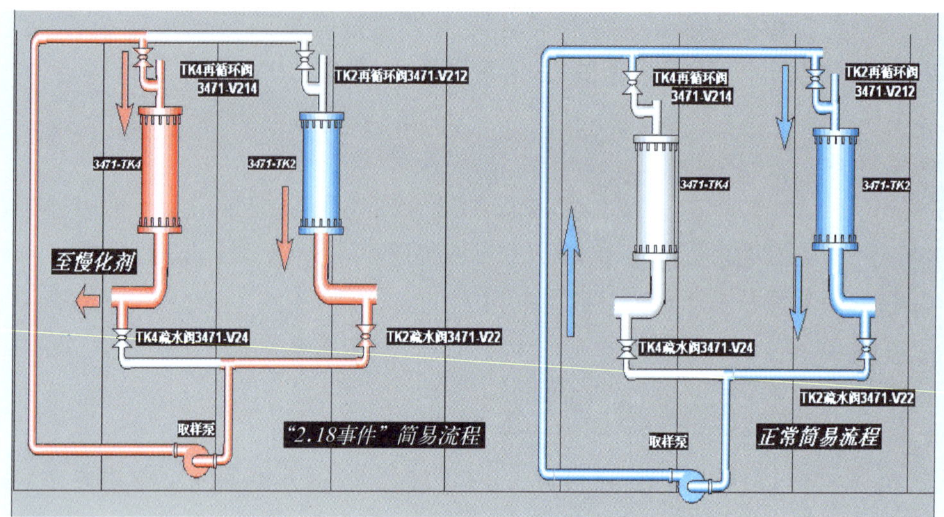

附图 "2·18事件"简易流程与正常简易流程图

事件调查过程中发现：由于当事人认为在2号停堆系统区域的剂量水平较高(事实上该区域当时的实际剂量水平为80 μSv/h，如果阀门操作需要3 min，接受的剂量仅为4 μSv)，在此区域从事操作时都尽量缩短滞留时间，因而会出现匆匆忙忙完成操作任务的情况，导致走错间隔。而且在执行该程序时未能按照程序要求："程序在手"；未能按照管理规定实行有效的操作监护制，"Stop-Think -Act-Review(停—思—行—审)"自检等有效的防止人因事件的方法最终导致停堆停机事件。

第八章 液体区域控制系统(34810)

内容介绍

课程名称:液体区域控制系统
课程时间:4 学时

学员:现场操作员
学员条件:完成本系统的课堂部分培训

最终培训目标:
1. 了解系统设备的现场布置;
2. 掌握各参数测量点的现场位置和在系统流程中的位置;
3. 熟练完成现场巡检内容,正常参数、报警值、异常和故障识别技巧和技能;
4. 系统上操作和巡检存在的一些安全提示和危害,风险警示、运行实践;
5. 正常、应急时的操作和异常的现场响应。

教学方式及教学用具:
培训方式:岗位培训
教员需要:
a. 流程图;
b. 白板等。

考核方法:现场考核(实际操作和模拟相结合)、口试

8.1 系统设备

液体区域控制系统(Liquid Zone Control System,LZC 系统)是反应性控制机构之一,其目的是通过改变 14 个区域控制隔舱内的轻水液位来改变反应性(或中子吸收),从而改变反应堆的总功率和区域功率。这些隔舱叫做“液体区域控制单元”(LZCU)。所有 14 个液体区域控制单元从排空到 95%水位,液体区域控制系统能向堆芯提供约 7 mk 的负反应性。系统最大允许反应性变化率为±0.14 mk/s。图 8-1-1 和图 8-1-2 所示为反应堆内 6 个区域

控制装置及 14 个液体区域控制单元的分布示意图。

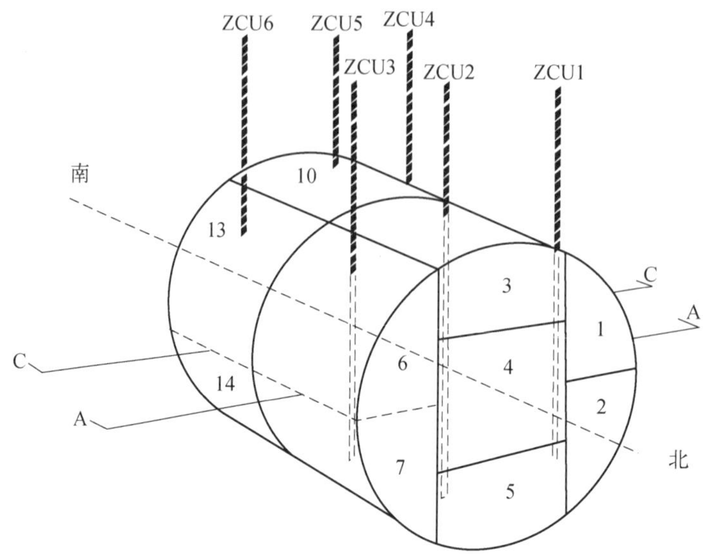

图 8-1-1　分布在 14 个反应堆区域中的 6 个区域控制单元机构(ZCU's)

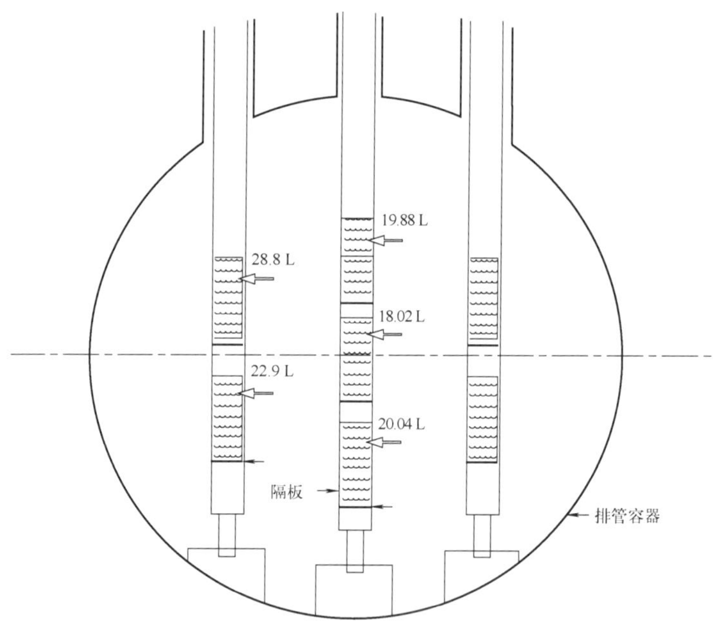

图 8-1-2　液体区域控制单元

8.1.1　设备清单和现场位置

LZC 系统主要由气回路和水回路组成，系统示意图如图 8-1-3 所示。

各回路主要设备如下：

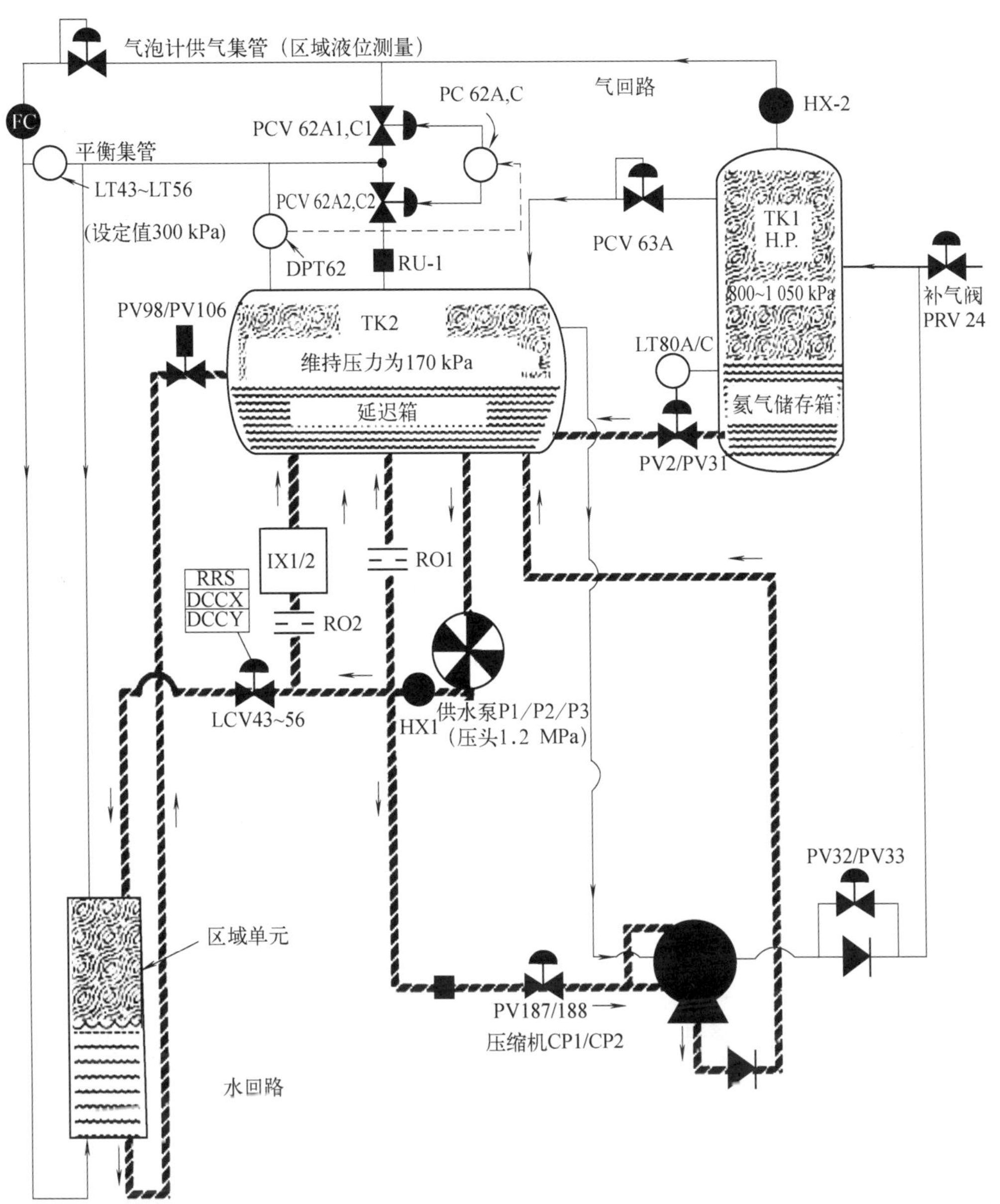

图 8-1-3　LZC 系统示意图

(1) 14 个液体区域控制单元(3481-LZCU1～14)：即 14 个隔舱室。用于容纳一定量的轻水，通过控制轻水的液位而改变反应性。示意图如图 8-1-4 所示。

LZC 系统的工作原理通过图 8-1-4 进行说明：LZC 系统通过保持各个区域的轻水流出量恒定(0.45 L/s)，然后由电厂计算机控制程序改变 14 个进水阀门的开度，调整轻水流入量就可以改变各个区域的轻水液位。那么如何保持恒定的流出量呢？其实，只要保持控制单元上方覆盖气体与回水集管的压力差(即平衡集管和延迟箱的压差)恒定就可以实现流出量的稳定。根据设计，为了得到 0.45 L/s 的流出量，压差应在 300 kPa 左右。经过调试期间整定，1 号机组压差设为 280 kPa，2 号机组为 300 kPa；

(2) 3 台泵(3481-P1～3):提供控制单元内轻水、压缩机密封水、各液位计的湿腿用水和系统一定的净化流量。

(3) 2 台压缩机(3481-CP1～2):用于维持系统内氦气的循环。

(4) 1 个氦气储存箱(3481-TK1):用于提供系统的气体装量。

(5) 1 个延迟箱(3481-TK2):为从液体区域控制单元返回的水提供约 5 min 的延迟,从而让^{19}O($T_{1/2}=27$ s)和^{16}N($T_{1/2}=7$ s)衰变;另外为泵提供吸入压头。

(6) 延迟箱压力控制阀(3481-PCV63A):用于控制延迟箱的压力并使其稳定在170 kPa。

(7) 14 个液位控制阀(3481-LCV43～56):用于控制各个液体控制单元的轻水流入量以控制各个控制单元的液位。

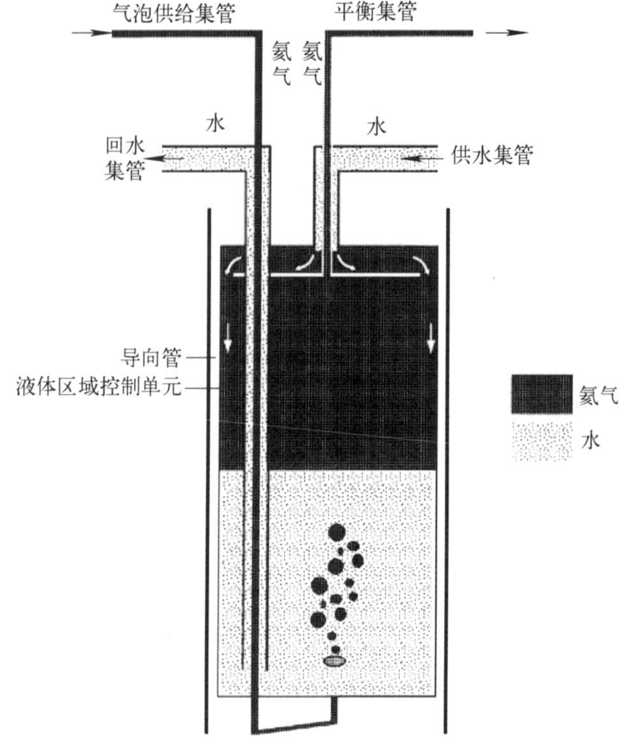

图 8-1-4　LZC 控制单元示意图

(8) 气泡集管:将高压氦气箱中的高压氦气经减压阀减压后提供给液体区域控制单元作为覆盖气以及液位测量回路的用气。

(9) 平衡集管:将液体区域控制单元中的覆盖气排入延迟箱,并通过压差控制阀组控制所有液体区域控制单元的覆盖气和延迟箱 3481-TK1 之间的压差稳定在要求值。

(10) 压差控制阀组(3481-PCV62 A1/A2 和 3481-PCV62 C1/C2):用于维持平衡集管和延迟箱的压差在设定值。

(11) 供水集管:用于将泵出口的高压轻水分配给各个液体控制单元。

(12) 回水集管:用于将各个液体控制单元的回水引入延迟箱。

(13) 2 个热交换器(3481-HX1/ HX2):3481-HX1 的管侧为循环冷却水,壳侧为系统内的除盐水,用于带走系统进入堆芯后产生的热量,3481-HX2 管侧为冷冻水,用于去除氦气中的湿汽。

(14) 2 个离子床(3481-IX1/2):用于除去水回路中的杂质及腐蚀产物,控制水质。

(15) 1 个复合器(3481-RU1):用于将从控制单元返回的 H_2 和 O_2(轻水经过堆芯辐照分解产生)复合。

(16) 1 个预热器(3481-HR1)及 2 个阻火器(3481-FA1/ FA2):预热器用于提高氦气回路中气体的温度,提高复合器的效率;经过复合器之后的气体温度较高,阻火器则用于防止火焰在回路中蔓延。

(17) 4 个爆破盘(3481-RD1/2/3/4)和 4 个安全阀(3481-RV25/194/94/95):分别用来给高压氦气储存箱和延迟箱提供超压保护。

8.1.2 现场布置

系统中的 14 个液体区域控制单元在堆芯中。

系统中的 3 台泵(3481-P1～3),2 台压缩机(3481-CP1～2)及 3481-HX1 均位于 R-401 房间及走廊区域。压缩机位于走廊区域,压缩机相关阀门位于压缩机附近。泵位于 R-401 房间,热交换器 3481-HX1 位于泵旁边的屏蔽层内,14 个液位控制阀(3481-LCV43～56)则在热交换器屏蔽的上方,巡检要求记录的供水集管压力表 3481-PI-61 也在 3481-HX1 屏蔽墙上方靠设备闸门侧方向。该区域正常运行期间属于可进入区域。热交换器 3481-HX1 的 RCW 侧隔离阀位于 R-307 破损燃料监测房间上方。

氦气储存箱 3481-TK1 和延迟箱 3481-TK2,热交换器 3481-HX2 都位于 R-501 房间吊装孔靠设备闸门侧的水泥屏蔽墙内,只能在大修期间进入。

离子床 3481-IX1/2 则位于 R-503 房间的屏蔽墙内。压差控制阀组 3481-PCV62 A1/A2 和 3481-PCV62 C1/C2,3481-TK1 的液位控制阀,延迟箱的压力控制阀 3481-PCV63A,14 个测液位用的流量计(3481-FI1～14)等其他设备均位于 R-503 房间。正常运行期间该房间为可进入区域。

系统扫气隔离阀 3481-V4/V248 位于 R-503 房间。在原先的设计中 3481-V4 是 LZC 系统与 73120 反应堆厂房通风系统之间唯一的隔离阀,如果 3481-V4 出现内漏将会有停堆风险;另外由于该阀处于 R-503 的右上方,非常不利于运行人员的操作,一旦出现操作失误,也将直接导致停堆。为更加有利于反应堆的稳定运行,在 3481-V4 下游(至 73120 反应堆厂房通风系统)的管线上增加 1 个手动阀 3481-V248 并将此阀安装在 R-503 房间合适的位置,便于操作。

8.1.3 系统接口

(1) 本系统与 32310 慢化剂覆盖气系统相连,用于通过该系统位于 S-121 房间的高压氦气瓶补充本系统的气体装量;

(2) 本系统与 71650 除盐水分配系统相连,用于提供延迟箱所需的除盐水及离子床进行树脂相关操作时用的除盐水;

(3) 本系统与 33360-TK3 相连,作为异常情况下扫气时的扫气延迟箱;

(4) 本系统与 63495 色谱分析系统相连,用于在线监测氦气中的各种气体成分;

(5) 本系统通过 3481-HX1 与 71340 再循环冷却水系统相连,用于带走轻水经过堆芯后产生的热量;

(6) 本系统通过 3481-HX2 与 71910 冷冻水系统相连,用于分离氦气中的水分从而保证液体区域控制单元液位测量的准确性;

(7) 本系统与 73120 反应堆厂房通风系统相连,用于排出 RV/RD 动作后的放射性气体;

(8) 本系统与 34510 树脂输送系统相连,用于对 IX 中的树脂进行相关操作。

8.1.4 就地盘台

不适用。

8.1.5 取样点

(1)本系统通过 63495 色谱分析系统在线监测系统中氢气、氧气、氮气的气体浓度，如果 63495 系统失效则需要化学人员通过设置在 R-402 房间的 63495-Y123/Y124 快接头进行手动取样分析；

(2)本系统通过位于 R-401 房间的离子床进出口手动取样阀 3481-V245/V246 进行水回路取样，以监测离子床的效率及系统水质情况。原先取样点设置在 R-501 房间，由于该房间内存在热点，为减少不必要的剂量和便于操作，将取样管线延长至 R-401 房间，并在下游加装取样隔离二次阀 3481-V245/V246。

8.2 系统参数

8.2.1 就地主要表计

系统设备参数及就地表计如表 8-2-1 所示。

表 8-2-1 LZC 设备参数及就地表计图表

LISS 设备参数	表号	位置	正常值	限制值
供水集管压力	PI 67	R-401	1.32 MPa	1.30 MPa$<p<$1.35 MPa
压缩机密封水流量	FI 71	R-401	0.3 L/s	0.28 L/s$<F<$0.33 L/s
延迟箱压力	PI 68	R-503	(170±5) kPa	70 kPa$<p<$270 kPa
氦气气泡集管压力	PI 64	R-503	(820±20) kPa	750 kPa$<p<$860 kPa
氦气平衡集管压力	PI 61	R-503	1 号机组:450 kPa 2 号机组:470 kPa	N/A
液区氦气气泡流量	FI1～FI14	R-503	60%～70%	N/A
电导仪入口流量	FI 73	R-503	3 ml/s	N/A
延迟箱液位 测量湿腿流量	FI 74	R-503	1 ml/s	N/A
氦气储存箱液位 测量湿腿流量	FI 75	R-503	1 ml/s	N/A

8.2.2 主控室主要参数

系统设备参数及主控表计如表 8-2-2 所示。

表 8-2-2 LZC 设备参数及主控表计图表

LZC 设备参数	正常值	仪表号	DCC 地址
LZCU(1～14)液位	5%～95%	LT43～56	AI3000～3007,I3010～3015
氦气储存箱压力	(950±50) kPa	PT59	AI1064
延迟箱压力	(170±5) kPa	PT63A	AI1063
气泡集管压力	(820±20) kPa	PT60	AI1065
供水集管压力	1.32 MPa	PT69A/B/C	AI1201/2402/3017
氦气储存箱液位	0.1～0.2 m	LT80C	AI1052
延迟箱液位	0.76～0.9 m	LT83	AI1053

8.3 风险警示和运行实践

(1) 由于液体区域控制单元内的轻水在受到辐照分解后会产生氢气,如果系统内氢气含量过高(氢气的爆炸范围为4%~75%),可能会引起爆炸。

(2) 由于R-503房间存在热点,在该房间执行相关操作时(如系统扫气,系统补水),应提前熟悉规程和设备,以尽量减少在附近区域不必要的停留时间。

(3) 在执行压缩机切换时,应严格按照程序进行压缩机的充水排水,否则可能造成压缩机的效率下降或损坏。

(4) 在上下R-503房间攀爬直梯时应注意工业安全。

(5) 在执行3481-TK2扫气操作时,如果误操作排气阀3481-V4/V248或排气阀开度过大,可能引起反应堆功率波动甚至停堆停机。

(6) 在2号机组正常运行期间,曾出现过14区的水位控制阀63480-LCV56由于不明原因导致阀门定位器与反馈杆间连接件突然断裂,致使14区水位排空,区域功率上升。LCV实际全关,而就地阀门开度指示由于存在卡涩显示则为50%开度(参见运行经验速递"OP-JIT-030液体区域控制系统单个液区排空")。因此判断该类型气动阀门的开度不应该仅仅只依靠阀门的开度指示,还需要多方面进行验证:可将阀门定位器上的三块压力表的压力与其他正常阀门比较进行验证等。图8-3-1所示为正常运行情况。

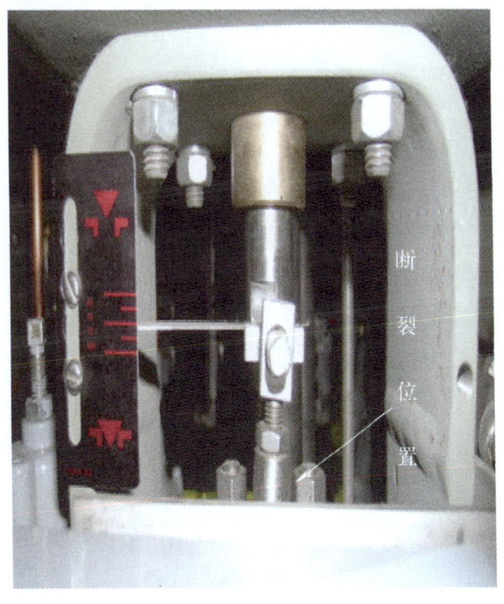

图8-3-1 63480-LCV56阀门定位器与反馈杆间连接件断裂图片

(7) 在运行期间执行泵的充水放气操作时,如果放气不尽,可能引起启动后泵空转,轴承温度上升,甚至损坏泵。因此执行放气时需要通过松开泵的出口法兰充水放气后才能启动。

8.4 技　能

(1) 在系统正常运行阶段,如果执行对泵体进行充水放气操作,由于没有设置专门的放气阀,需要松开泵出口法兰来对泵体进行排气,以保证泵腔满水。

(2) 密封水入口阀 3481-PV187/188 手动操作方法及阀门开关的判断。如图 8-4-1 所示。

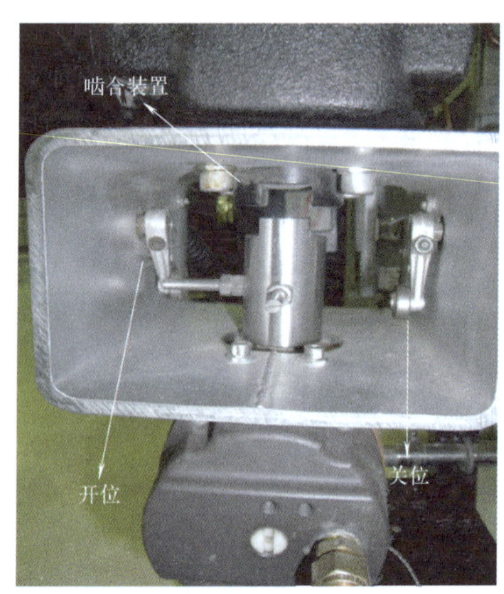

图 8-4-1　密封水入口阀 3481-PV187/188 阀门位置

该阀门在需要手动操作时应该首先按下手柄①,使啮合装置啮合;然后操作手轮即可。但是要注意的是:该阀门的手动操作方向以及 ZS(位置开关)确认方法与一般阀门相反。操作一般阀门是:面对手柄"顺时针关,逆时针开";而该阀门则是:"顺时针开,逆时针关"。ZS 确认时同样如此。图 8-4-1 所示阀门处于开启状态。

(3) 高压氦气箱的爆破盘(3481-RD1/2)可由相应的阀门 3481-V26 和 3481-V207 分别隔离。这 2 个阀门用 1 把钥匙联锁,以免它们同时关闭:只有在 1 个阀门打开的情况下,该阀门上的钥匙才能被取下用于关闭另外 1 个阀门。延迟箱的爆破盘(3481-RD3/4)的隔离阀 3481-V96/V97 也有相同的联锁。

(4) 由于压缩机的齿轮箱曾出现过缺少润滑油导致损坏,因此巡检过程中尤其应该关注压缩机齿轮箱的温度和运行情况。对于测温点也有要求,如图 8-4-2 所示。

图 8-4-2　LZC 压缩机测温点

(5) 由于本系统的供水泵是定期切换，切换周期较长。对于长期运行的供水泵，可能会出现密封泄漏的情况。巡检时应该给予关注。

8.5　主要操作

8.5.1　启动规程

该操作的目的是在反应堆临界前将 LZC 系统投入自动运行。简要流程如图 8-5-1 所示。

具体程序请参见 34810-OM-001 第 4.1.1 节。

8.5.2　正常操作规程

8.5.2.1　补气操作

由于系统不断地消耗，为保持高压氦气箱 3481-TK1 的压力，在系统压力偏低时需要执行补气操作。该操作只需要打开补气隔离阀 3481-V217/V241 将 32310 慢化剂覆盖气系统中氦气瓶的氦气补入系统维持气体装量即可。但是应该注意开阀的速度不可过快，因为如果 3481-PRV24 失效，可能由于压力瞬时过高使安全阀和爆破盘动作导致气体装量丧失，最终影响反应堆反应性控制。

具体程序请参见 34810-OM-001 第 4.2.2.1 节。

8.5.2.2　扫气操作

(1) 正常扫气

在电站运行的初期阶段，只有正常扫气回路，该扫气回路将气体直接排入 73120 反应堆厂房通风系统。

系统正常运行时，可能由于空气进入、水质恶化或者复合器效率下降等导致覆盖气内的氢气、氧气或氮气的含量超过化学控制指标标，需要对系统进行扫气。

如果 H_2 或 O_2 浓度大于 2%或者 N_2 浓度大于 0.5%且覆盖气体的放射性剂量水平较低(气回路管道最大接触剂量率小于 5 mSv/h 或系统气回路附近空间区域的最大剂量率水平小于 1 mSv/h)时，则执行正常扫气。

正常扫气的操作：只需缓慢开启扫气隔离阀 3481-V4/V248，将氦气排入 73120 反应堆通风系统。但是该操作风险性却很大，因为如果开阀过大将造成延迟箱压力波动，液区液位异常，影响反应性控制。因此在执行该操作时，需要主控室和就地保持良好的通讯，就地操作员在开启扫气隔离阀时应该严格按照操作程序缓慢操作，主控室要严密监视延迟箱和氦气储存箱的压力变化情况。

具体程序请参见 34810-OM-001 第 4.2.1.1 节。

(2) 通过 3336-TK3 途径扫气

事件背景：1 号机组曾经发生过氩气误充入液体区域控制系统，造成氩气活化，整个液体区域控制系统气体管路出现高放射性，人员无法接近。若采用直接扫气的办法降低系统中 的活化氩气，扫到反应堆厂房内的氩-41将导致R/B厂房整体被污染。在此困难下通过

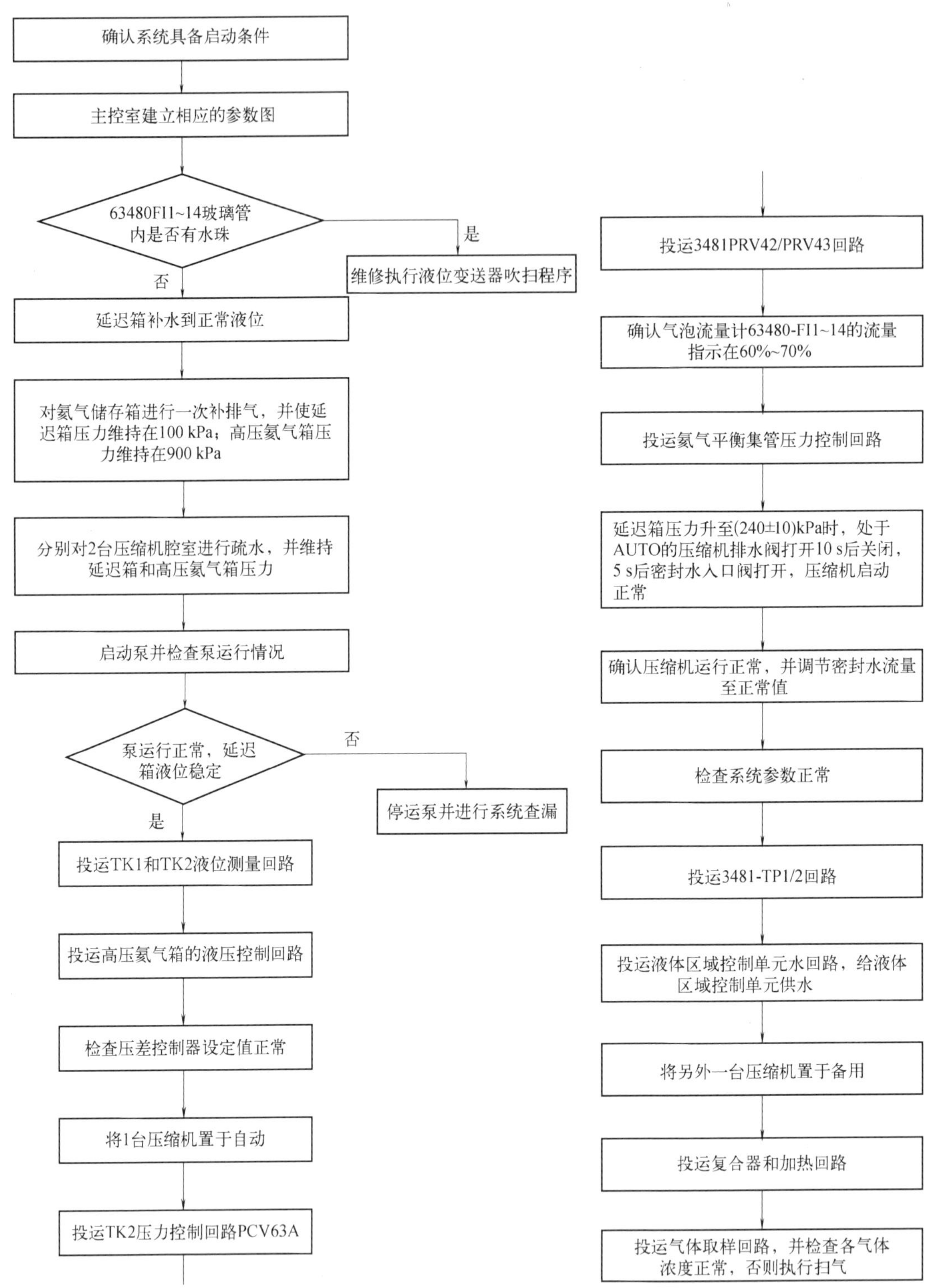

图 8-5-1 LZC 系统启动规程图

注意：1. 不要将 CP 直接放在“ON”的位置，否则将会跳过压缩机启动前重要的排水逻辑造成设备损坏。

2. 如果 CP 热跳，在排水前不要重新尝试启动压缩机。

将 3336-TK3 改造成临时衰变箱，从 3481-TK1 接出一排气口，将含氩-41 的氦气扫到 3336-TK3，等到氩-41衰变到足够低后再排放到反应堆厂房内。为应对类似问题再次发生，对系统进行了变更改造：将 3336-TK3 作为反应堆厂房内的放射性衰变箱，以后一旦再出现类似问题，可以用 3336-TK3 作为衰变箱，对气体进行衰变处理。

当系统运行期间需要扫气且覆盖气体的放射性剂量水平高(气回路管道最大接触剂量率大于 5 mSv/h 或系统气回路附近空间区域的最大剂量率水平大于 1 mSv/h)或其他特殊要求需要从 3336-TK3 扫气时，执行本节程序向 3336-TK3 扫气以降低系统覆盖气体中的杂质气体浓度或放射性水平。

其扫气的流程与正常扫气方法基本相同，只不过是先将高放射性气体通过 3481-V249，3336-V810/812 回路排放到 3336-TK3，等到其剂量率下降到可以接受的范围后再通过 3336-TK3 的液位测量回路的仪表根阀将气体排入反应堆厂房；而正常扫气则是直接通过 3481-V248 直接排放到反应堆通风系统。

具体程序请参见 34810-OM-001 第 4.2.1.2 节。

图 8-5-2 所示为 R/B 内增加衰变箱的变更示意图。

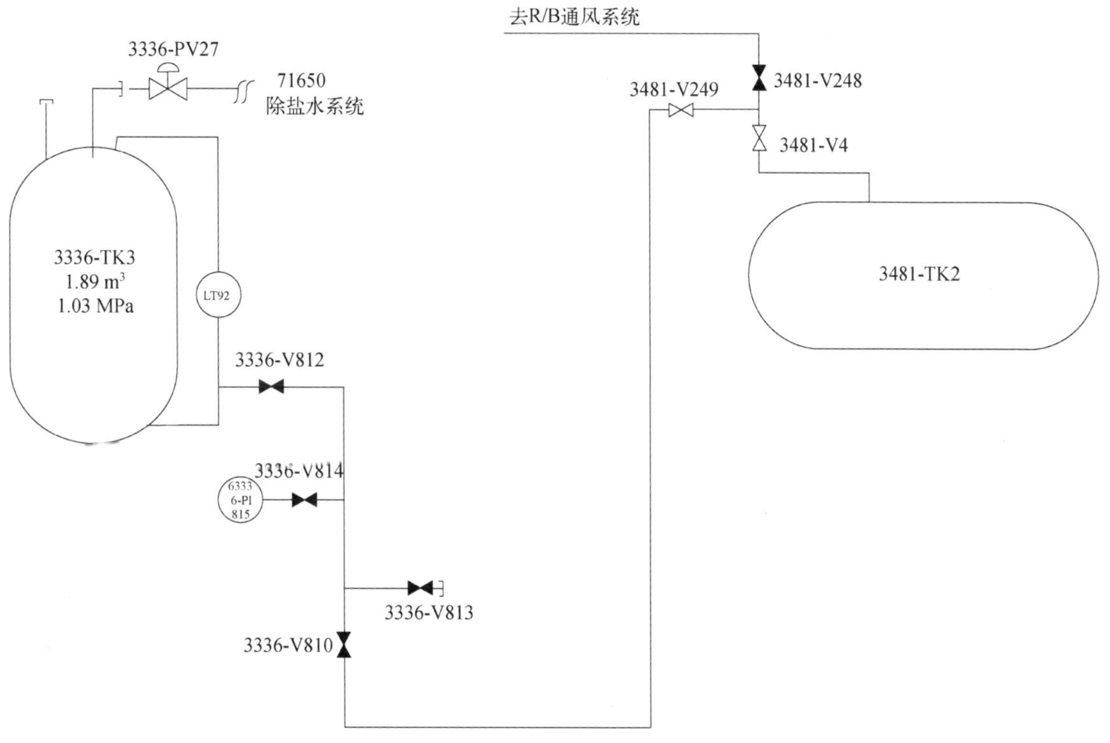

图 8-5-2　R/B 内增加衰变箱的变更示意图

8.5.2.3　延迟箱补排水

当延迟箱出现水位低时需要缓慢打开延迟箱补水隔离阀 3481-V41 约 20%开度进行补水操作直到水位到正常值。如果水位下降异常明显应该进行系统查漏。

当延迟箱需要排水时只需要打开疏水阀 3481-V1 疏水到 71730 反应堆厂房放射性疏水

系统,控制系统水位在正常值即可。

具体程序请参见 34810-OM-001 第 4.2.5.1 和 4.2.5.2 节。

8.5.2.4 离子交换床更换树脂

当化学人员通过对系统水质进行定期取样分析认为离子床失效后,需要通过 34510 树脂传输系统来更换 IX 的树脂,并将废树脂传送到 79140 废树脂处理系统。

简要流程如图 8-5-3 所示。

具体程序请参见 34810-OM-001 第 4.2.4.1 和 4.2.4.2 节。

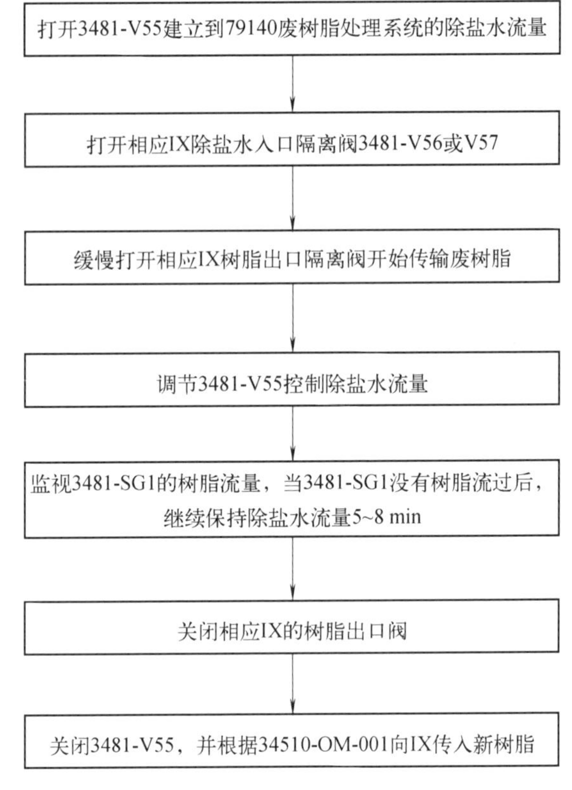

图 8-5-3 离子交换床更换树脂流程图

8.5.3 切换规程

8.5.3.1 LZC 泵的切换

正常运行期间,3 台泵中 1 台处于运行(ON),1 台处于备用(STB),另外 1 台处于停运(OFF)。

LZC 泵的控制逻辑如下:当 LZC 泵出口压力 63480-PS69A/B/C(2/3 逻辑)出现低于 900 kPa 的信号时,备用 LZC 泵将会启动,如果压力在 3 s 内没有恢复到 900 kPa 以上,则运行的 LZC 压缩机将会跳机;如果出现低于 820 kPa 的信号,则液体区域控制单元回流阀 3481-PV98 和 PV106 将自动关闭,随后液区液位控制阀 63480-LCV43～56 也将延时 4 s 自动关闭。

当 LZC 泵出口压力 63480-PT69A/B/C(中间值)低于 827 kPa 超过 2 s 时,将会触发 STEPBACK(阶跃降功率)。只有反应堆功率到达终止功率(1%FP)或者泵出口压力恢复到 900 kPa 以上时,STEPBACK 才会结束。

提示:

(1) 如果该泵进行过疏水检修工作,由于现场没有专门的放气阀,因此正常运行情况下在对泵进行充水放气操作时需要松开其出口法兰放气;在系统初次启动的过程中可以直接通过出口母管的堵头放气。

(2) P1、P3 是由奇母线供电,P2 是由偶母线供电。在系统正常运行的情况下,P2 通常是在"ON"或者"STANDBY"位置,只有在 P2 出现故障时,才能处于"OFF"状态,P1 和 P3 可以互相切换到"ON"或"STANDBY"。

简要流程如图 8-5-4 所示。

在切换过程中,供水母管水压尤其需要关注,防止由于水压低而导致反应堆功率波动。为防止因为各个泵的出力有差异而导致切泵时水压波动,所以需要反复执行"关闭泵的出口阀到 50%,确认水压正常",然后才全开出口阀。

具体程序请参见 34810-OM-001 第 4.3.1 节。

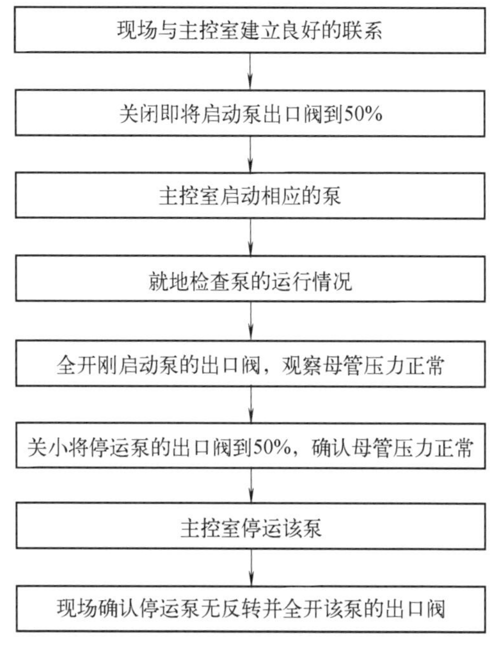

图 8-5-4 LZC 泵的切换流程图

8.5.3.2 LZC 压缩机切换

正常运行期间,1 台压缩机处于自动(AUTO)位置,另外 1 台处于 STB(备用)位置。

压缩机的自动启动逻辑:(P63A 控制 CP1,P63C 控制 CP2):当延迟箱的压力达到240 kPa时,“AUTO”位置的压缩机的疏水阀开启对压缩机进行疏水,10 s 后关闭;延迟 5 s 后,位于“AUTO”位置的压缩机启动,同时该压缩机密封水入口 PV 得到压缩机启动信号后打开。若延迟箱压力大于 240 kPa 超过 120 s,则“STANDBY”位置的压缩机的疏水阀开启,10 s 后关闭;延迟 5 s 后位于“STANDBY”位置的压缩机启动,同时它的密封水供给阀打开。

当延迟箱的压力达到 100 kPa 时,所有的压缩机都停止运行。同时,其相应的密封水供给阀关。如果 10 s 后,还没有全关,则在主控室出现相关提示报警。

压缩机脱扣条件如下:

- 400 V 交流电源丧失;
- 3 取 2 逻辑供水压力 P69<900 kPa(g);
- 密封水流量丧失超过 5 s(PV187/PV188 在压缩机启动后 5 s 内没有开启);
- 压缩机疏水丧失(PV32/PV33 在压缩机启动后 5 s 内没有开启)。

当后两种情况发生时,跳机条件消除后,重新启动压缩机前,阀门必须复位。即将它们对应的 HS 从“AUTO”位置复位到“CLOSE”位置然后回到“AUTO”位置,并将压缩机返回到“AUTO”模式。

本程序的目的是:对液体区域控制系统 2 台压缩机进行切换,验证平时备用压缩机可以正常启动,满足系统正常运行要求(切换周期为 6 个月);或者当运行的压缩机出现故障,需要进行切换。

简要流程如图 8-5-5 所示。

具体程序请参见 34810-OM-001 第 4.3.2 节。

早期的设计采取压缩机断续运行模式,当压力达到 240 kPa 时,压缩机启动,当压力降到 100 kPa 时,压缩机停止运行。这样,压缩机将频繁启停而影响压缩机的寿命。故在氦气储存箱和延迟箱之间加一个 PCV63A 来控制延迟箱的压力稳定在 170 kPa。从而当压缩机启动后,将维持稳定运行的状态,而不必频繁启动。设计将在液体区域液位控制程序中加一个补丁程序,来控制 PCV63A 的开度,维持延迟箱的压力稳定在 170 kPa。

由于 LZC 压缩机为水环式,压缩机轴的水过多或过少,都会损坏压缩机。如果水过少,

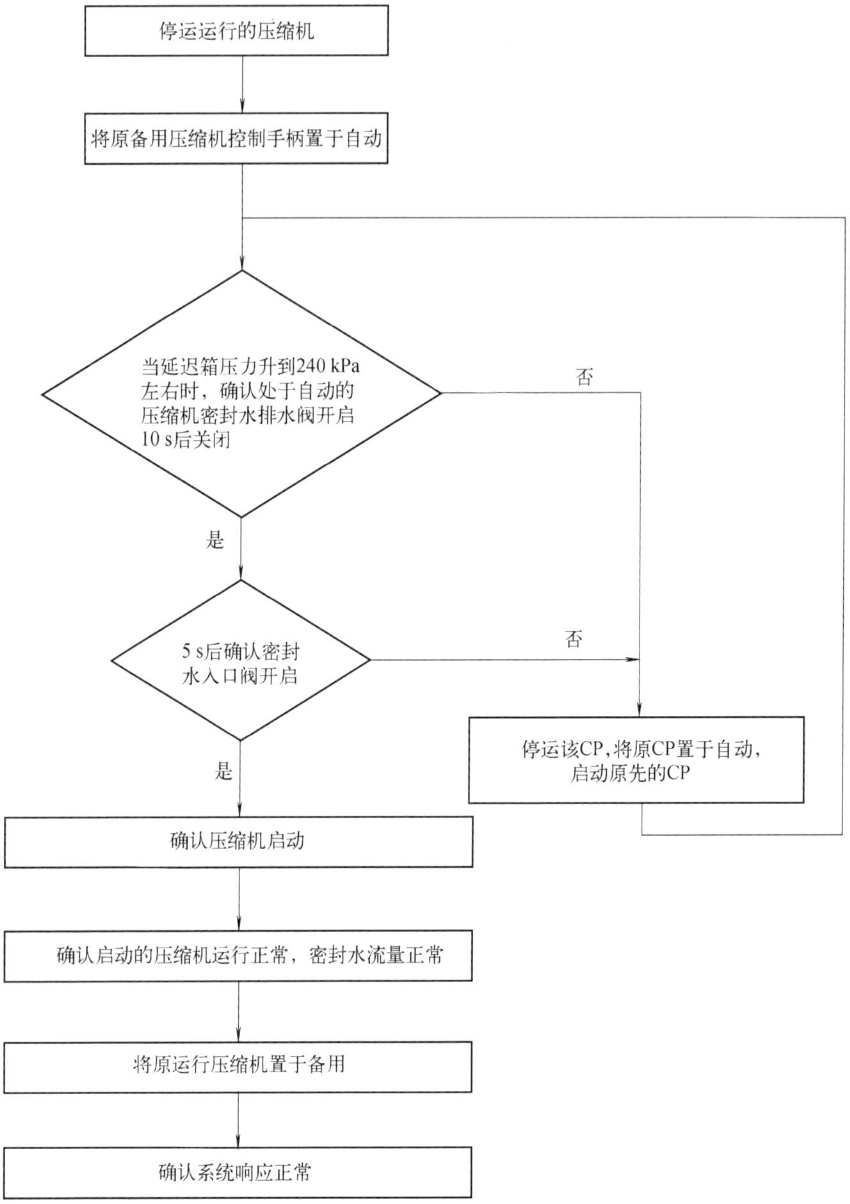

图 8-5-5 LZC 压缩机切换流程图

则没有足够的冷却，如果水很多，转动时会引起很大的振动，从而损坏压缩机部件，同时压缩机的能力下降。所以在设计中，压缩机的启动程序比较复杂，最重要的步骤就是启动时打开排水阀 PV32/PV33 排水 10 s，以及密封水入口阀 PV187/188 在压缩机启动前 5 s 内必须打开。但是根据其他电厂已经发生的事故，为了防止 PV32/PV33 自动打开 10 s 的排水不够充分，所以在运行手册中，规定针对初次启动的压缩机，手动打开 PV32 或 PV33 10 s 以多排出部分水。这一步骤相当重要。

一般情况下，禁止将原停运的压缩机直接打到“ON”的位置，因为这样压缩机排水 10 s 的过程将被跳过。一旦出现紧急情况，也必须要在手动启动压缩机之前，手动打开 PV32/

PV33 至少 10 s,然后把 PV32/PV33 放在"CLOSE/RESET",之后,马上再放至"AUTO"。以上完成之后,手动启动压缩机,并监视在"AUTO"的位置上的PV187/PV188是否在压缩机启动时同时打开。如果当时运行的压缩机已经跳机,若再因为备用压缩机没有充分排水而被毁坏的话,将使 LZC 系统无法有效地进行反应性控制,最终导致停堆。

8.5.3.3　离子交换床的切换

正常运行期间,1 台 IX 处于运行,另外 1 台处于备用状态。

当 LZC 系统离子交换床里的树脂已消耗或者 LZC 系统中水的电导率 63480-C77(AI1051)较高时,需按照化学纠正行动单的要求切换离子交换床。

该操作首先隔离运行的离子交换床,然后投运备用的离子交换床。期间应该关注供水集管压力,避免因为该操作导致供水集管压力大幅波动。

具体程序请参见 34810-OM-001 第 4.3.3 节。

8.5.4　单台设备维修后的复役

8.5.4.1　单台泵维修后的复役

其简要流程与正常切换工作基本相同,只不过如果泵本体(注意不包括电机和齿轮箱)被疏水解体后,由于没有专门的放气阀,恢复此泵之前需要解开出口法兰进行充分的充水排气,否则有可能使泵腔不满水,最终导致泵的损坏。

8.5.4.2　单台压缩机维修后的复役

其简要流程与正常切换工作基本相同,只不过如果压缩机本体(注意不包括电机和齿轮箱)被疏水解体后,在此压缩机恢复之前,要先手动打开压缩机的密封水入口阀 PV187,PV188 30 s 用来补充已经疏掉的压缩机密封水,然后再按照正常切换程序进行启动。

具体程序请参见 34810-OM-001 第 4.3.4 节和第 4.3.5 节。

8.5.5　停运规程

系统停运过程中可能会产生系统漫溢,所以整个停运程序要尽快完成。

简要流程如图 8-5-6 所示。

具体程序请参见 34810-OM-001 第 4.4 节。

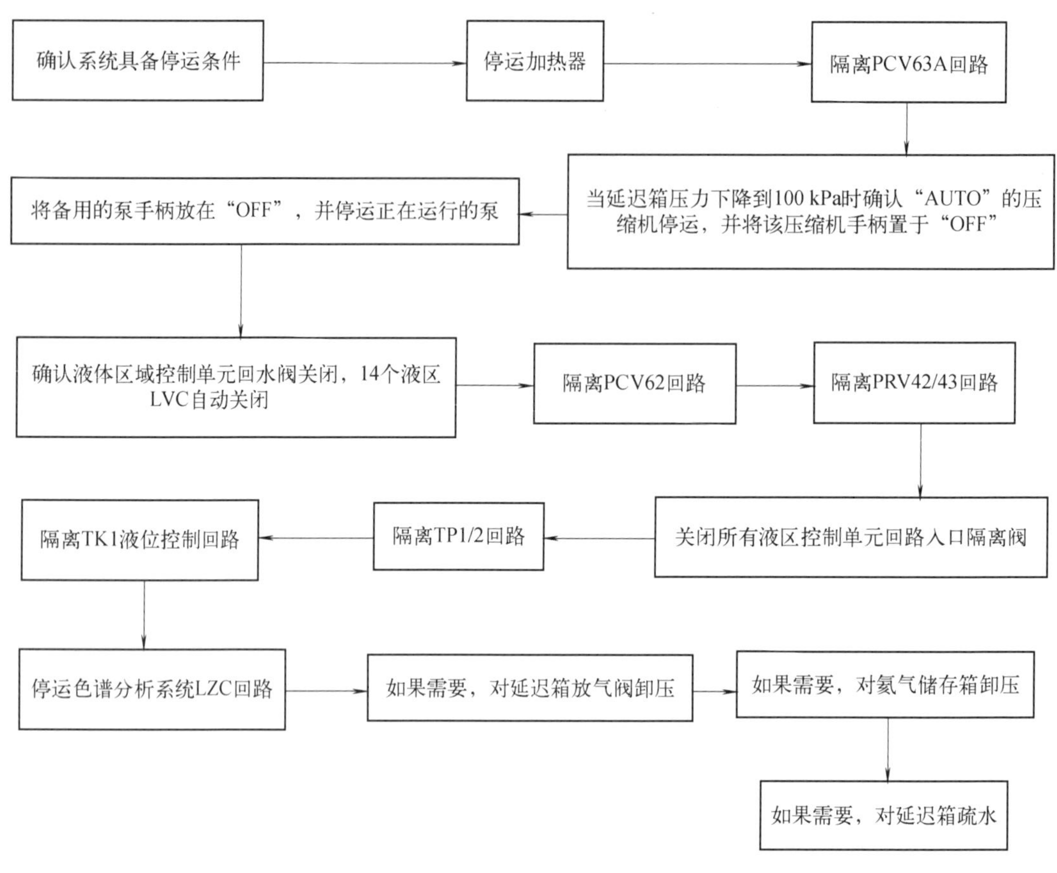

图 8-5-6 系统停运流程图

复习思考题

1. 简述泵出口压力相关的控制逻辑。

参考答案：

LZC 泵的控制逻辑如下：当 LZC 泵出口压力 63480-PS69A/B/C(2/3 逻辑)出现低于 900 kPa 的信号时，备用 LZC 泵将会启动，如果压力在 3 s 内没有恢复到 900 kPa 以上，则运行的 LZC 压缩机将会跳机；如果出现低于820 kPa的信号，则液体区域控制单元回流阀 3481-PV98 和 PV106 将自动关闭，随后液区液位控制阀 63480-LCV43～56 也将延时 4 s 自动关闭。

当 LZC 泵出口压力 63480-PT69A/B/C(中间值)低于 827 kPa 超过 2 s 时，将会触发 STEPBACK(阶跃降功率)。只有反应堆功率到达终止功率(1%FP)或者泵出口压力恢复到 900 kPa 以上时，STEPBACK 才会结束。如果供水压力没有达到 900 kPa，则 MCA 将插入堆芯大约 50%。假如一个通道的压力信号为 IRRATIONAL(溢出)，则剩下的两个通道的低值被用来触发 STEPBACK；

如果有两个通道的压力信号都是IRRATIONAL,则不会触发STEPBACK。

2. 简述压缩机的控制逻辑。

参考答案:

压缩机的自动启动逻辑如下:(P63A控制CP1,P63C控制CP2):当延迟箱的压力达到240 kPa时,和“AUTO”位置的压缩机的疏水阀开启,10 s后关闭;延迟5 s后,位于“AUTO”位置的压缩机启动,同时,该压缩机密封水入口PV得到压缩机启动信号后打开。若延迟箱压力大于240 kPa超过120 s,则“STANDBY”位置的压缩机的疏水阀开启,10 s后关闭;延迟5 s后位于“STANDBY”位置的压缩机启动,同时,它的密封水供给阀打开。

当延迟箱的压力达到100 kPa时,所有的压缩机都停止运行。同时,其相应的密封水供给阀关。如果10 s后,还没有全关,则在主控室出现相关提示报警。

压缩机脱扣条件如下:

- 400 V交流电源丧失;
- 3取2逻辑供水压力P69<900 kPa(g);
- 密封水流量丧失超过5 s(PV187/PV188在压缩机启动后5 s内没有开启);
- 压缩机疏水丧失(PV32/PV33在压缩机启动后5 s内没有开启)。

3. 简述液体区域控制单元控制水位的原理。

参考答案:

LZC系统通过保持控制单元上方覆盖气体与回水集管的压力差(即平衡集管和延迟箱的压力差)恒定就可以实现流出量的稳定(0.45 L/s),然后,按照电厂计算机控制程序改变14个进水阀门的开度,调整轻水流入量就可以改变各个区域的轻水液位。

4. 延迟箱的超压保护是怎样实现的?

参考答案:

在与延迟箱相连的上方管道接有2组爆破盘和气体释放阀。当延迟箱中的压力高于爆破盘的设定值时,爆破盘破裂,释放压力,气体释放阀限制气体的释放量。正常运行时1组爆破盘和气体释放阀与延迟箱相连,另1组隔离备用。两个隔离阀门之间有钥匙联锁,可以保证有1组始终和延迟箱相连。

第九章 环隙气体系统（34980）

内容介绍

课程名称：环隙气体系统
课程时间：2学时

学员：现场操作员
学员条件：完成本系统的课堂部分培训

最终培训目标：

1. 了解系统设备的现场布置；
2. 掌握各参数测量点的现场位置和在系统流程中的位置；
3. 熟练完成现场巡检内容，正常参数、报警值、异常和故障识别技巧和技能；
4. 理解系统上操作和巡检存在的一些安全提示和危害，风险警示、运行实践；
5. 正常、应急时的操作和异常的现场响应；
6. 对照流程图进行本系统主要操作项目的模拟操作。

教学方式及教学用具：
培训方式：岗位培训
教员需要：
a. 流程图；
b. 白板等。

考核方法：现场考核（实际操作和模拟相结合）、口试

9.1 系统设备

（1）功能

环隙气体系统是一个由二氧化碳加压气体进行循环的系统，加压的二氧化碳气体由压缩机提供动力在燃料通道的压力管和排管之间的环形气隙内进行循环。环隙气体系统是一

个连续运行的系统，只有在系统要求检修且主热传输系统在冷态时才能停止运行。在正常运行时，系统只需要少量补气。系统的功能如下：

- 在压力管和排管之间提供热屏蔽，减少从压力管通过排管向慢化剂系统的传热；
- 维持环隙空间的惰性环境氛围，减少管道腐蚀；
- 监测压力管、排管及栅格管的泄漏，并对泄漏点进行定位；
- 提供本系统的疏水及收集、测量、输送泄漏水。

(2) 堆内流程

反应堆有 380 个通道，排成一个点阵。垂直方向排成 22 排，每排含 6～22 个通道。通道的环隙空间之间以串并联方式连接。在每一个竖排中，每隔一个通道串联连接。这样，每一个竖排就有两个通道网络，每个网络通过一个转子流量计给 3～11 个通道供二氧化碳气体(见图 9-1-1)。也就是，每个竖排有两个并联的入口接口，分别连接两个顶部通道的环隙空间；每个竖排还有两个并联的出口接口，分别连接两个底部通道的环隙空间。44 个网络入口并联至气体供给系统，出口并联接到气体循环和疏水系统。

图 9-1-1 所示为 CO_2 在环隙中流程。

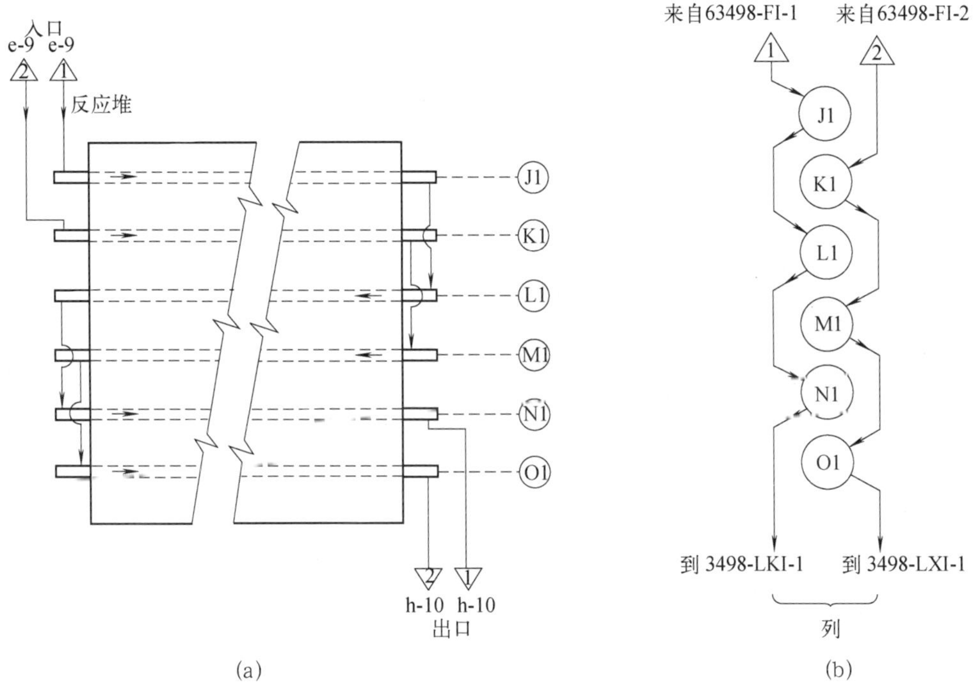

图 9-1-1　CO_2 在环隙中流程示意图

(a) CO_2 在环隙一端进入，从另一端流出；(b) 2 个通道网络中第 1 列排管 CO_2 流向

9.1.1　设备清单和现场位置

(1) 3 台波纹管式压缩机 3498-CP1/CP2/CP3，由Ⅲ级 MCC 电源供电；正常运行时 1 台运行，另外 2 台处于备用状态。压缩机入口压力在 35 kPa 左右，经压缩机加压后压力上升

至 80 kPa (2 号机组 50 kPa)。

(2) 2 个泄漏指示计 3498-LKI1 和 3498-LKI2;泄漏指示计基本上是一个长方形截面的不锈钢管,在两个垂直的侧面上有玻璃观测窗,用来观察进入环隙空间的泄漏。每个指示计可以检查 22 个网络,也就是占反应堆通道的半数。这两个指示计位于 R-107 房间,当反应堆在功率运行时,该房间不能进入。

(3) 1 个热交换器 3498-HX1;该热交换器为 U 型管翅片式热交换器,其位于 R-107 房间。正常运行时,该热交换器用自然对流方式使环隙气体冷却。冷却能力在气体流量为 7 L/s左右时,可使气体温度从 230 ℃冷却到 65 ℃。因此,在扫气时,不会有高温二氧化碳气体排到 R-107 房间。

(4) 1 个过滤器 3498-FR1;该系统设置过滤器是为了去除气体中的悬浮物,并能够去除湿度计、压缩机止回阀和其他设备上的沉积物。在正常运行时其接触剂量率小于 1 mSv/h,如果大于 1 mSv/h,则需要进行扫气。在机组大修时,可以根据定期维护要求,更换滤芯。该设备位于 R-007 房,如图 9-1-2 所示。

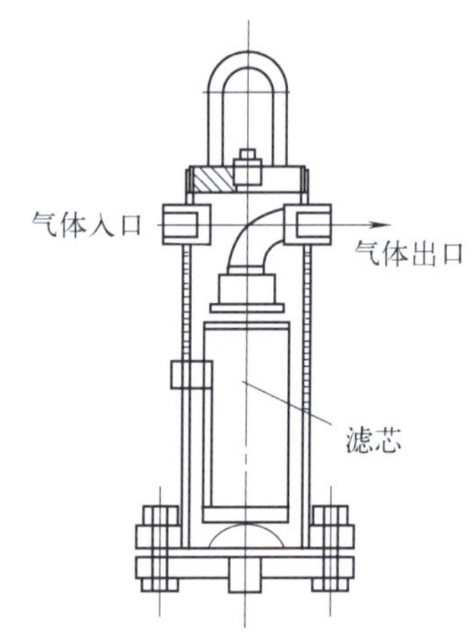

图 9-1-2　过滤器 3498-FR1

(5) 疏排箱 3498-TK1;如图 9-1-3 所示,位于 R-007 房间的该收集箱容积为 6 L,用于计算来自热传输系统或慢化剂系统的泄漏水量。因为当泄漏率大于 2 kg/h 的时候,主热传输系统必须冷却和降压,所以要求计算泄漏量。该收集箱下游阀门 3498-V29 为常关阀,它连接 3498-TK1 和热传输重水收集系统(33810)。

(6) 2 个压力释放阀 63498-RV16 和 63498-RV32 位于 R-007 房间,设定在100 kPa(g),以对系统进行超压保护。

(7) 气瓶站

1) 二氧化碳气瓶组

S-121 房间有两组二氧化碳气瓶,每组 5 瓶。在正常运行时,由一组气瓶供气,另一组气瓶备用。如果在反应堆停堆和热传输系统冷却前二氧化碳气体供气被隔离,则可能对排管造成危险。因为气体冷却时,环隙气体系统内形成真空。排管内外侧的压差可能超过其设计压差。因此,3498-V1 和 3498-V82 应该始终锁开(S-022),直至热传输系统完全冷却。锁开的阀门锁采用普通弹子锁,钥匙保管于主控室。在机组停堆大修后,主热传输系统升温期间,由于环隙气体被加热膨胀(体积增加),系统压力随之增加,这一阶段需要连续监视系统压力,保证系统压力63498-PI48 小于 50 kPa。

当压力低于 350 kPa 时,压力开关(PS-50 和 PS-53)发出 C/I 0162 或 C/I 0163,以指示气瓶组耗尽。这时需要及时更换气瓶组。

图 9-1-3　疏排箱 3498-TK1

2) 氧气瓶

S-121 房间设有一个带压力调节阀 63498-PRV83 的氧气瓶,用在系统每次扫气后添加氧气,使氧浓度维持在 0.5%～5%体积浓度。之所以要求维持最低浓度的氧含量是为了保护压力管的氧化层,防止形成氢化物。此外,氧还防止生成可能堵塞压缩机或沉积在压缩机上的有机化合物。

3) 压力调节阀

压力调节阀 63498-PRV19 和 63498-PRV21 调整在 150 kPa(位于 S-121),用它们确保 CO_2 供气,并在系统扫气期间提供足够流量,调节阀 63498-PRV23(压缩机出口补气压力调节阀)调节压力为 80 kPa(2 号机组为 50 kPa),而 63498-PRV66(压缩机入口补气压力调节阀)调整在 35 kPa。以便在反应堆停堆冷却期间为压缩机和系统提供真空保护。

图 9-1-4 为气瓶站示意图。

图 9-1-4 中阀门 BSI 编码除 PRV、RV 及变送器 PS 为 63498 外,其余均为 3498。

(8) 真空破坏阀 3498-VB50

安装在压缩机的前面,有固定的压力设定值[99 kPa(a)],当压缩机的前面出现压力低于设定值时空气进入系统,防止系统由于真空而损坏压缩机和排管塌陷。其位于 R-007 房间,如图 9-1-5 所示。

(9) 露点仪 63498-ME46/ME57

为了能探测压力管或排管容器管泄漏造成的任何湿度上升,因此在系统中安装了 2 个露点分析器 63498-ME46 和 63498-ME57,如图 9-1-6 所示。露点分析器输出(A/I 1072 和 A/I 0702)送到电站计算机进行主控监视。在系统正常运行时,两个露点仪读数小于 −10 ℃。当接近于 −10 ℃时,应安排进行扫气,使系统露点回到 −35 ℃。目的是:最适宜压力管、排管或网络管上的泄漏探测,减少环隙气体扫气次数,减小压力管和排管的腐蚀危险。

应该经常关注环隙气体的露点情况:在正常情况下系统露点呈缓慢上升趋势,在露点 −40 ℃约每小时露点上升 1 ℃,中间露点上升趋缓,在露点 −10 ℃附近为约每 6 h 露点上升1 ℃,4～5 d 需扫气一次。

(10) 流量计 63498-FI45

流量计 63498-FI45 带有一个流量变送器。该流量计刻度从 0～100%,并标定为 0～5.1 L/s,用来就地显示环隙气体流量(R-007)。

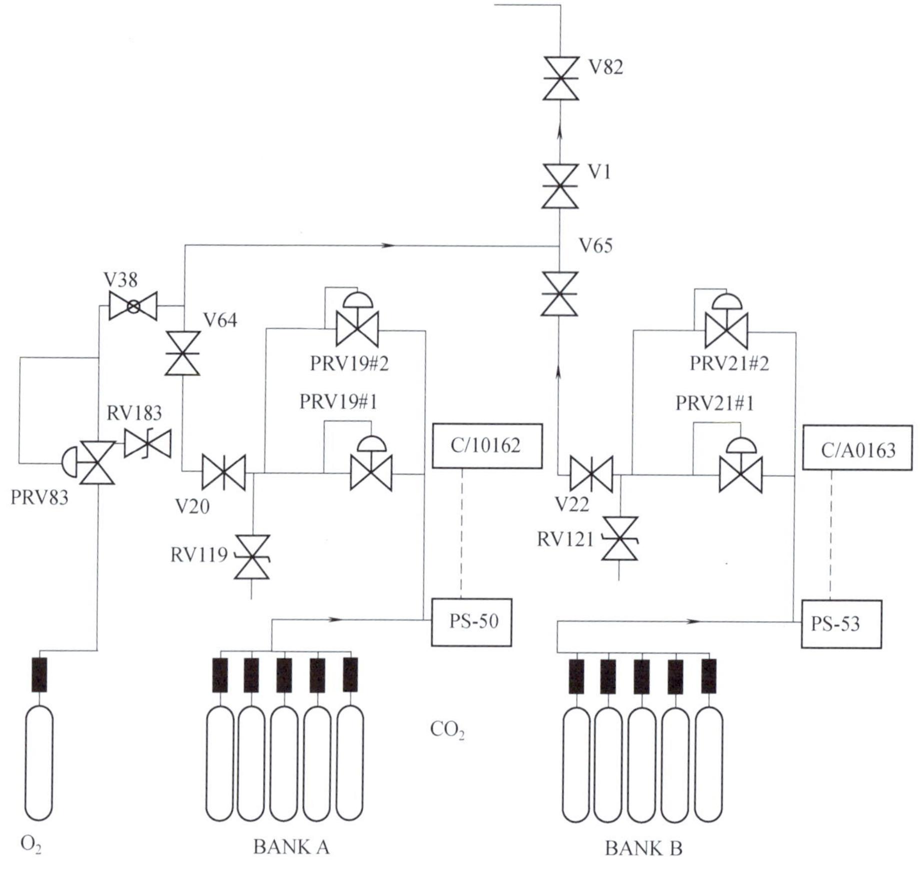

图 9-1-4 气瓶站示意图

变送器输出 4～20 mA 的信号到计算机(A/I 0700),用作主控室显示和低流量报警(2.1 L/s),低低报警(1.9 L/s)。

(11) 流量计 63498-FI63

位于 R-007 房间的流量计 63498-FI63 是一个可变截面流量计,如图 9-1-7 所示,带有一个流量变送器。该流量计刻度范围为 0～6 L/min,用来就地显示 34980 系统的正常补气流量。正常补气流量为 0～1.6 L/min。当流量高于1.6 L/min时,变送器输出的报警信号传到计算机(C/I 0602),用作主控室显示系统补气高流量报警。

图 9-1-5 真空破坏阀 3498-VB50

(12) 压力变送器(63498-PT48)

压力变送器(63498-PT48)用于测量压缩机进口压力。变送器的输出信号送到计算机用作显示、报警和主控室指示。变送器的信号还送到压力指示计 63498-PI48,如图 9-1-8 所

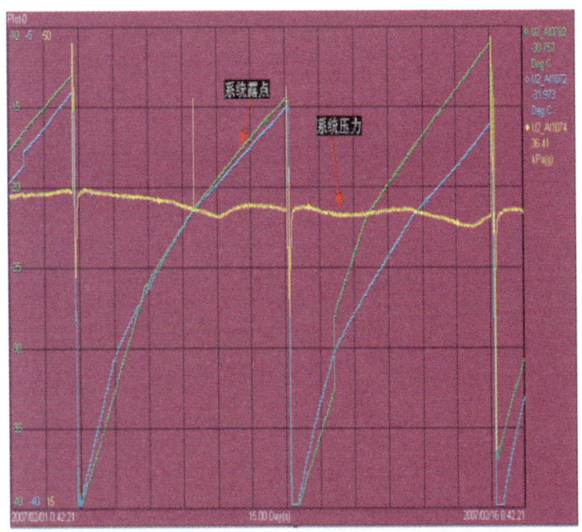

图 9-1-6 露点仪 63498-ME46/ME57

示，量程为 0～150 kPa。在房间 R-007 中 63498-PL1080 上指示环隙气体压力。

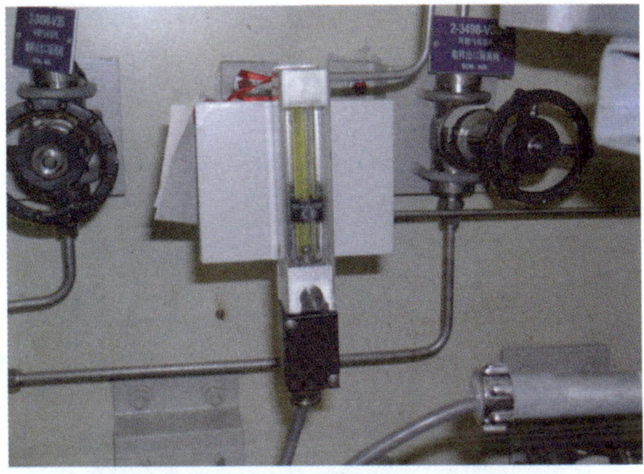

图 9-1-7 流量计 63498-FI63

(13) 环隙气体温度变送器 63498-T47

变送器 63498-T47 向主控室输送一个信号，用作显示和报警，如图 9-1-9 所示。信号还被送到房间 R-007 的仪表盘 63498-PL2519 上，用于就地指示。该变送器的整定值为65 ℃。

(14) 流量计 63498-FI1～FI44

位于 R-007 房间的这些流量计是可变截面转子流量计，如图 9-1-10 所示。它们的刻度范围在 17～170 ml/s (STP)，正常流量为 30～60 ml/s。转子流量计装有一个针形阀，用来调节气体流量。

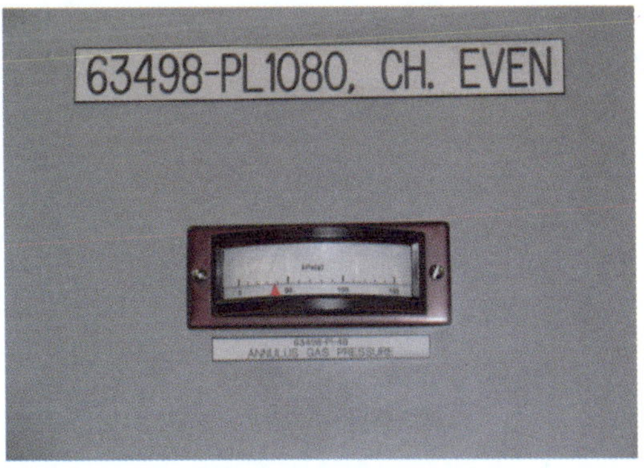

图 9-1-8 压力表 63498-PI48

(15) 加热器

在 S-121 房间 63498-PRV19 和 PRV21 上游各安装 1 个内装式加热器 HR1 和 HR2，由于二氧化碳气体膨胀时吸收能量，将会冷却这些阀门，2 个加热器用以加热气体，防止 PRV 调节机构冻结。加热器的温度读数单位为华氏度，如图 9-1-11 所示。

(16) 汽水探测仪 63861-ME48/ME62

2 个汽水探测仪串接在系统的疏水管线，当压力管或排管出现微小裂纹时，水进入环隙空间，引起汽水探测仪报警 CI 0413，以及时提醒主控操纵员进行确认和采取措施。

(17) 冷指取样站 3498-Y3

当系统湿度仪出现报警后，为了确认进入系统的水来自于主热传输系统，慢化剂系统还是端屏蔽系统，在停运压缩机前，需要手动将冷指取样站投入，使进入环隙空间的水汽凝结以进行取样确认。冷指取样后的凝结水进行重水浓度和氚的分析，通过分析数据可以判断水来自哪个系统。

图 9-1-9　温度表 63498-TI47

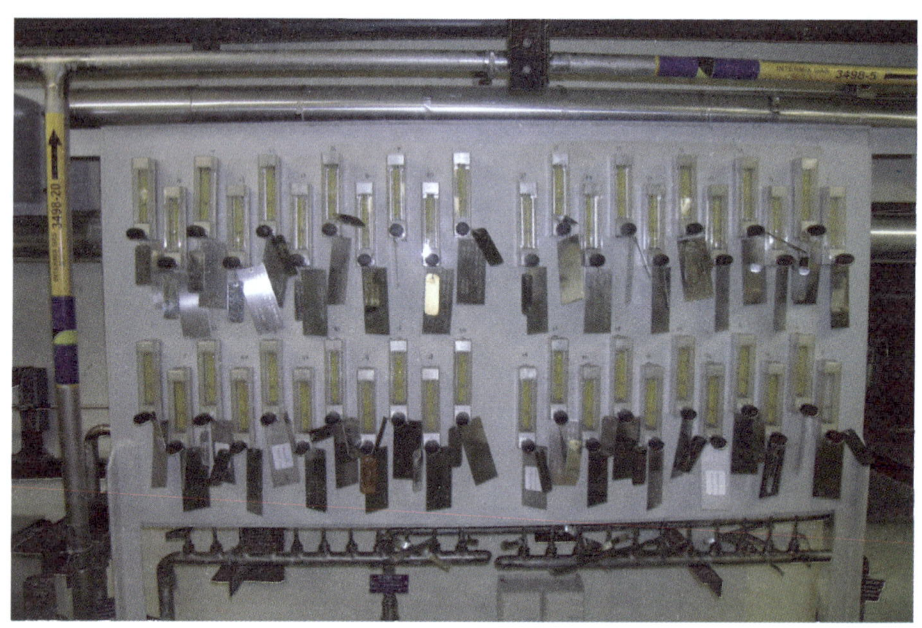

图 9-1-10　流量计 63498-FI1～FI44

9.1.2　现场布置

本系统设备主要分布在 R-107，R-007，S-120 和 S-121 房间。

S-121 房间设备如图 9-1-12 所示。

S-121 房间本系统的主要设备有 2 组二氧化碳气瓶站(1 组运行，另 1 组备用)、氧气瓶、加热器、压力调节阀 63498-PRV19、压力调节阀 63498-PRV21 等。

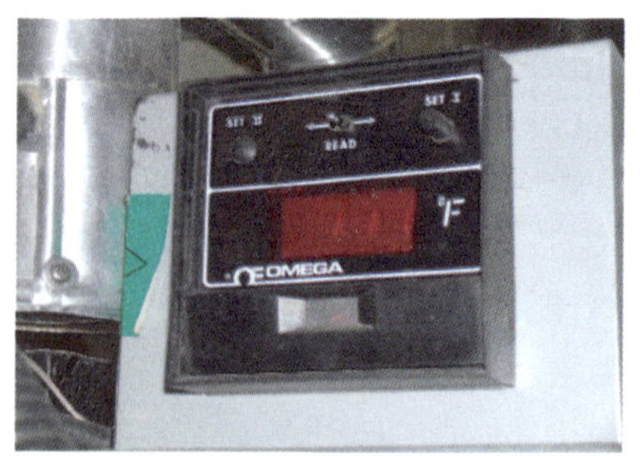

图 9-1-11　加热器温度表

R-007 房间设备如图 9-1-13 所示。

R-007 房间本系统的主要设备有 3 台压缩机、疏水箱 3498-TK1、过滤器 3498-FR1、露

图 9-1-12　环隙气体系统气瓶布置

图 9-1-13　R-007 房间设备布置图

点仪、压力释放阀、取样点、真空破坏阀 3498-VB50、流量计 63498-FI63、流量计 63498-PI45、流量计 63498-FI1～44 等。

R-107 房间为正常运行期间禁止进入区域。

R-107 房间本系统的主要设备有热交换器 3498-HX1，泄漏指示计 3498-LKI1 和泄漏指示计 3498-LKI2。

S-120 房间为备用和失效气瓶储存间。

9.1.3 系统接口

(1) 主热传输重水收集系统 33810

本系统由 R-007 房间的疏水箱 3498-TK1 通过 3498-V29 阀门与 R-006 房间的 3381-TK1 相连。

(2) 反应堆厂房通风系统 73120

环隙气体系统经 R-007 房间的扫气管线扫气至 R-107 房间,然后通过反应堆厂房通风系统排出。

(3)辅助厂房通风系统 73420

通过位于 S-121 房间的安全阀 63498-RV119,63498-RV121 及 63498-RV183 压力释放阀的卸压管线,连接到辅助厂房通风系统排气管。

9.1.4 就地盘台

本系统无就地盘台。

9.1.5 取样点

本系统取样由化学人员完成。

取样主要通过位于 R-007 房间的取样点 3498-SS1 进行核素取样(主要是分析露点、氘气、氧气和氮气,若偏离运行手册《电厂化学控制》要求,便要求进行相关行动),以及通过 3498-V34/V35 后加装便携式冷指取样站 3498-Y3 进行。

取样收集下列信息:

- 露点:确认 ME46 和 ME57 读数。
- 氘:控制压力管氢化。
- 氧:保护压力管氧化层。
- 氮:若氮气含量有较大上升,可能有空气进入到系统。
- 氚:重水渗漏。
- 能谱:不定期分析。
- 空气渗漏确认(氩-41)。
- 裂变气体含量跟踪。

系统气体的正常参数:

- 露点:低于－10 ℃。
- 氧:在 0.5％～5％每单位体积之间。
- 氘:低于 0.1％每单位体积。
- 氮:低于 0.5％每单位体积。

最低取样要求:

系统至少应该每周取 2 次样分析 O_2 和 D_2 的浓度,至少应该每周取 1 次样分析 N_2 浓度和系统露点。

9.2 系统参数

系统参数如表 9-2-1 所示。

表 9-2-1　系统参数表

仪表	位置	A/I	正常读数范围	报警设定值
63498-PT48	R-007	AI1074	30～45 kPa	10 kPa 低报，90 kPa 高报
63498-TT47	R-007	AI1073	20～40 ℃	65 ℃高报
63498-FT45	R-007	AI0700	＞2.1 L/s	2.1 L/s 低报，1.9 L/s 低低报
63498-FI63	R-007	N/A	0～1.6 L/m	1.6 L/m 高报(CI0602)
63498-MT46	R-007	AI1072	−40～−10 ℃	−10 ℃高报，0 ℃高高报 如果和露点取样结果差值超过 8 ℃，则认为该露点仪不可用
63498-MT57	R-007	AI0702	−40～−10 ℃	−10 ℃高报，0 ℃高高报 如果和露点取样结果差值超过 8 ℃，则认为该露点仪不可用
63498-LT49	R-007	AI0701	0	20 mm 高报，700 mm 高高报
63498-FI1～44	R-007	N/A	30～60 ml/s	N/A
63498-FI70（仅适用于 1 号机组）	R-007	N/A	0.5～2.0 SCFH	N/A
63498-AT01（仅适用于 1 号机组）	R-007	AI0211	0.5%～5%	0.5%低报警，5%高报警

9.3 风险警示和运行实践

9.3.1 风险警示

9.3.1.1 人员风险

（1）高温风险

因为系统的气体和压力管直接接触，所以从反应堆返回的气体是热的。尽管经过热交换器 3498-HX1 冷却，但在热交换器的下游管道温度仍然接近 65 ℃，尤其是系统的气体流量大的情况下（如系统正在进行扫气）。

同时，氧气添加时氧气流经添加阀门会引起阀门的温度升高。当安全阀 63498-PRV83 和隔离阀 3498-V38 的温度高到不宜用手触摸时，停止补气，以减小由于可能的爆炸造成的人员和设备的损失。

（2）辐射风险

经过高的中子注量率的辐射，回流气体含有活化产物，主要有^{19}O，^{16}N 和^{14}C。如果气体

是纯净的 CO_2，活化过程很弱，但当杂质存在时，活化过程会明显加剧。尤其是当空气进入系统时，^{40}Ar 将被活化成 ^{41}Ar，导致 R-007 房间系统压缩机和过滤器附近的辐射场增强。

当系统发生泄漏时，若泄漏发生在压缩机的入口的负压区或压缩机膜片发生损坏，则可能会造成空气漏入系统，^{40}Ar 会活化为 ^{41}Ar，造成 R-007 放射性升高，此时如果进行系统扫气可能导致安全壳隔离和消氢装置动作。

(3) 窒息风险

CO_2 气体比空气重，容易沉积在低空位置。如果系统有漏，在进入有该系统设备和管道的区域(如 R-007 房间)之前要确保有足够的氧气含量(需携带测氧仪)。

9.3.1.2 设备风险

如果慢化剂系统和主热传输系统处于温度下降过程中(如停堆、降功率等)，在压力管和排管之间的环隙可能产生真空。如果同时触发 SDS＃2，可能导致排管的损坏。因此在正常停堆的过程中，要监视环隙气体的压力，当系统出现低压报警时，应及时确认补气压力调节阀补气正常。

9.3.2 运行实践

系统在正常运行时，如果露点没有缓慢上升，而是缓慢下降，可能是系统存在泄漏，且泄漏发生在系统正压部位，CO_2 会漏入厂房内。若泄漏量很小，只能通过露点的变化观察，不能够从补气量发现，因为补气量监视中只有 1 个补气流量高的 CI 0602 报警，没有 AI 值，无法判断。若泄漏量较大，会出现补气流量高报警 CI 0602；同时，若漏气较大，系统内的氧浓度也会下降较快。但也有可能是仪表出现问题，例如 2003 年 5 月 3 日主控室 DCC 打印 LOG 发现露点一直稳定在－40 ℃。可以通过取样检测露点指示是否正确来解决。

若露点上升较平时明显加快，可能其他系统漏入，可通过监视泄漏收集罐的 AI 0701 和通过对“COLD FINGER”取样来确认是否有水渗(漏)入系统。

9.4 技　能

9.4.1 系统加氧

3498 系统中的氧气用来形成堆芯排管和压力管外表面的氧化膜，因此需要定期对系统加氧，特别是在每次系统露点小于－10 ℃进行扫气后，系统二氧化碳气体中氧气含量很低，更需要添加氧气。在加氧后系统中氧气含量都未能达到大于 0.5%的最小要求，往往需要反复进行几次操作后才能满足。

我们进行的加氧操作，发现如果仅仅以加氧时间来判断的话，难以满足要求(以前 OM 中要求加氧 30 min，但实际操作证明不够，后来我们延长到了 1 h 也不一定行)。为什么没有加进去呢？原因很可能有 2 个：1) 63498-RV183 有内漏，这种情况 1 号机组发生过 2 次，加氧时气体全通过 63498-RV183 进入 7342 通风系统；2) 加氧时没有调节好 63498-PRV66，根据加氧程序，需要调节 63498-PRV66 保持 63498-FI63 在 2 L/min 左右，但实际操作中 63498-PRV66 并不能保持流量稳定(实际加氧时发现 63498-FI63 流量指示会缓慢降低),现场操作员还必须经常调节 63498-PRV66 以保证补氧流量。

如果根据系统压力变化情况来判断加氧是否足够就会使过程简单些。加氧前根据规程先隔离二氧化碳进气回路,并假设在加氧的短时间中系统没有泄漏,此时如果进行加氧操作,系统的压力变化将完全由加氧造成。比如初始压缩机入口压力为 35 kPa,加氧后压力升到 36 kPa,则根据压力变化可估算出系统中氧气含量的变化为:

$$(36-35)/(100+36) \approx 0.7\%$$

通过这样的经验公式估算我们就可以比较容易把握加氧的程度。

需要注意的是加氧过程中,由于系统压力升高,63498-PRV66 并不能稳定地控制加氧流量,必要时可适当增加开度以提高进气流量,减少加氧时间。

还有一点,根据经验,加氧过程中氧气瓶的压力只会降低 1~2 MPa,如果气瓶压力下降很多,则需要注意系统是否有泄漏,或是压力释放阀动作了。

9.4.2 压力调节阀的操作

压力调节阀的开关方向是顺时针为开,逆时针为关,图 9-4-1 所示为一压力调节阀。

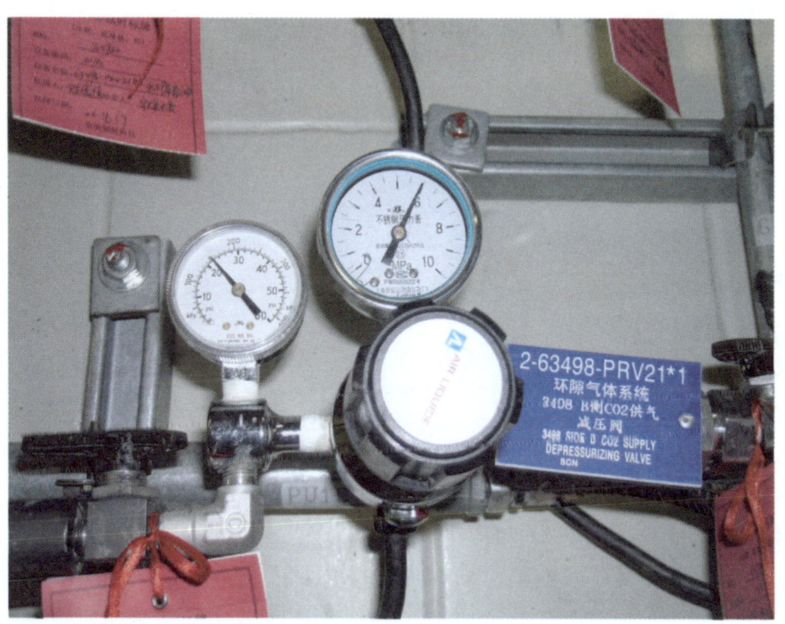

图 9-4-1　压力调节阀

9.4.3 系统扫气

在 3498 系统扫气时,由于扫气流量有要求(略大于 1.9 L/s),扫气时不以流量计 63498-FI801 的读数为准,根据 OM 要求现场扫气使用 3498-V85 阀门。扫气流量由主控室监视。现场在操作 3498-V85 扫气时,要求 1 人与主控保持电话联系,另外 1 人缓慢打开 3498-V85 阀门,直到主控要求停止为止。图 9-4-2 所示为阀门 3498-V85 和流量表 63498-FI801 现场布置图。

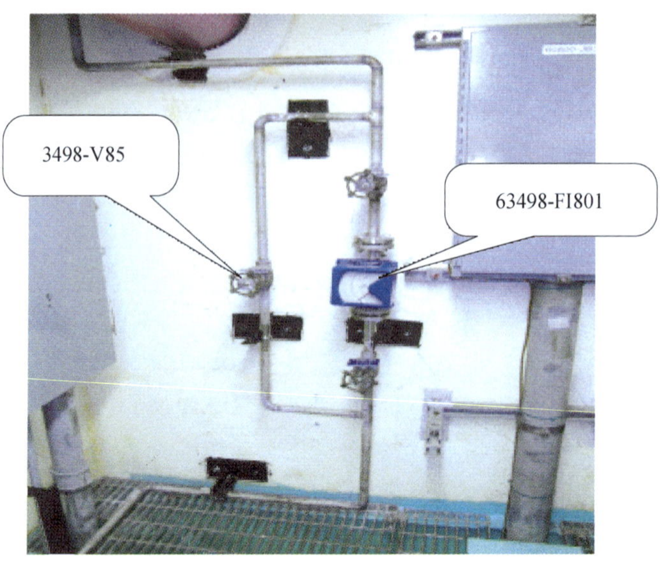

图 9-4-2 扫气使用的 3498-V85 和 63498-FI801 现场布置图

9.5 主要操作

现场主要操作有扫气,加氧,气瓶切换及更换、压缩机切换和查漏等。

9.5.1 系统的扫气

正常运行的情况下,系统的露点应该保持在报警值－10 ℃以下,当系统露点接近－10 ℃,应该通过扫气将系统露点降到－35 ℃。扫气使露点达到正常运行允许的范围。下面的任意一个或几个参数超出范围时需进行扫气:

- 系统露点≥－10 ℃
- 氮气浓度>0.5%
- 氧气浓度>5%
- 氘或氢气≥0.5%并且氧气添加不可用
- 过滤器 3498-FR1 的接触剂量率>1 mSv/h

按 OM 对环隙气体系统进行扫气,使环隙气体扫气到 R-107 房间。扫气结束后,向环隙气体添加氧气。

具体扫气流程请参考运行手册 98-91140-OM-001 中的第 4.2.1。

以下是扫气的简要流程,如图 9-5-1 所示。

9.5.2 添加氧气

具体加氧流程请参考运行手册 98-91140-OM-001 中的第 4.2.2。

以下是加氧简单流程,如图 9-5-2 所示。

9.5.3 压缩机的定期切换

薄膜式压缩机在切换过程中有可能导致压缩机薄膜破裂,出现空气泄漏到系统中,导致

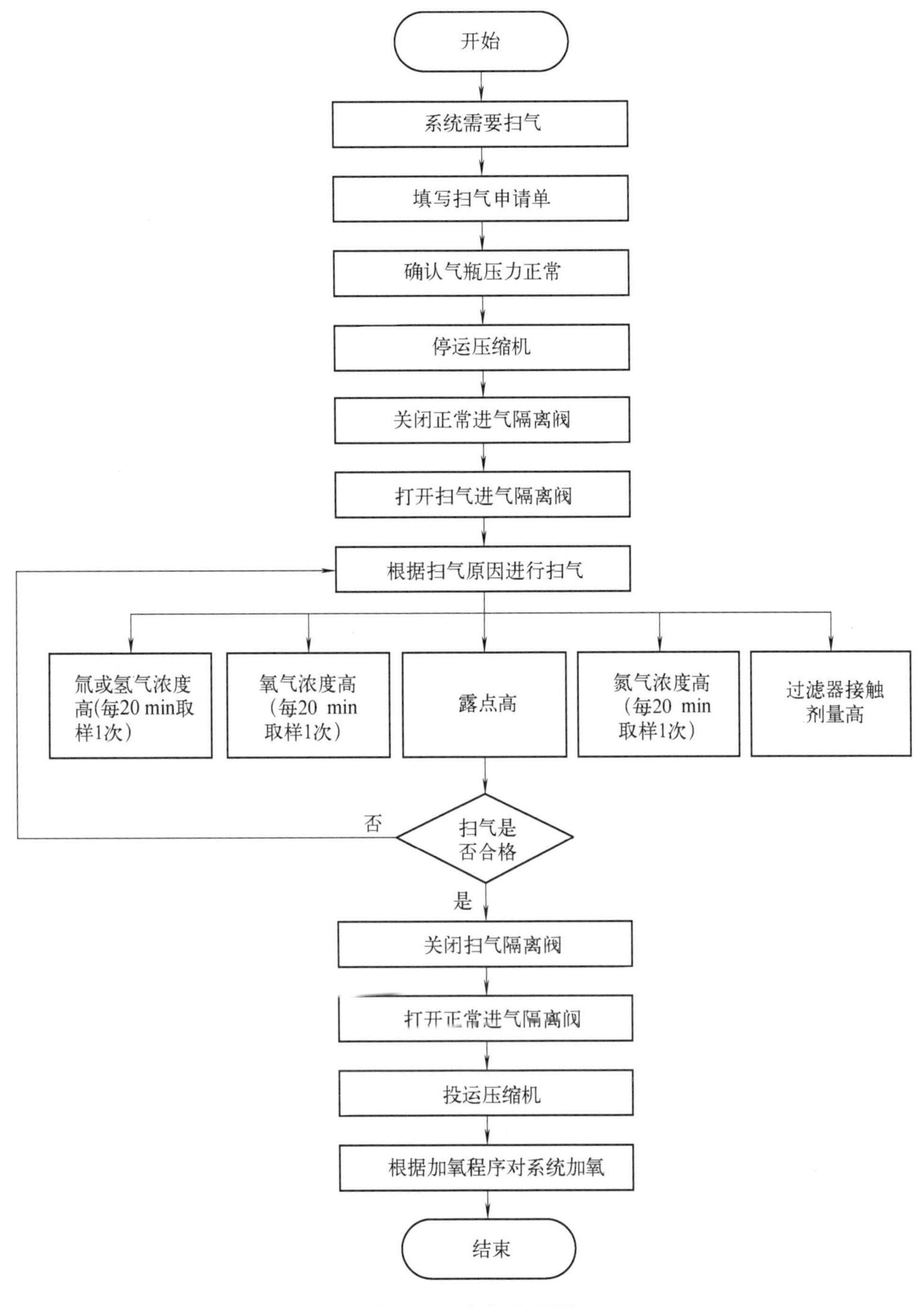

图 9-5-1　扫气流程图

系统剂量上升。

采取措施：

启动前通知保健物理人员监测 R-007 区域的放射性水平，在切换完成后也要继续监测一段时间。

切换过程：

- 启动前现场操作员要确认压缩机进出口阀门打开。
- 主控操纵员将正在运行的压缩机手柄打到“OFF”,现场操作员确认压缩机停运。
- 主控确认系统低流量和低低流量报警出现。
- 主控操纵员将需要启动的压缩机手柄打到“ON”,现场操作员确认压缩机运行。
- 主控确认系统低流量和低低流量报警消失。
- 启动后现场操作员要确认压缩机运行正常。

压缩机的定期切换的具体操作请根据运行手册98-34980-OM-001 中的第 4.3.1 执行。

9.5.4 气瓶组的更换

正常运行时所用的气瓶组带 1 个加热夹套,即集管。该加热夹套用来防止扫气时管线结冰。当接在线路中的气瓶组出现低压报警时(主控),即下令现场操作员将该气瓶组隔离(先确认备用状态的气瓶组正常备用,后将该组气瓶出口隔离阀关闭),然后投入备用气瓶组(先确认备用状态的气瓶角阀打开,后打开气瓶组出口隔离阀),换下失效的气瓶。接着需要用一组 5 个新二氧化碳气瓶接到集管上,使气瓶组投入备用。

气瓶组的更换具体操作请根据运行手册 98-34980-OM-001 中的第 4.2.3 执行。

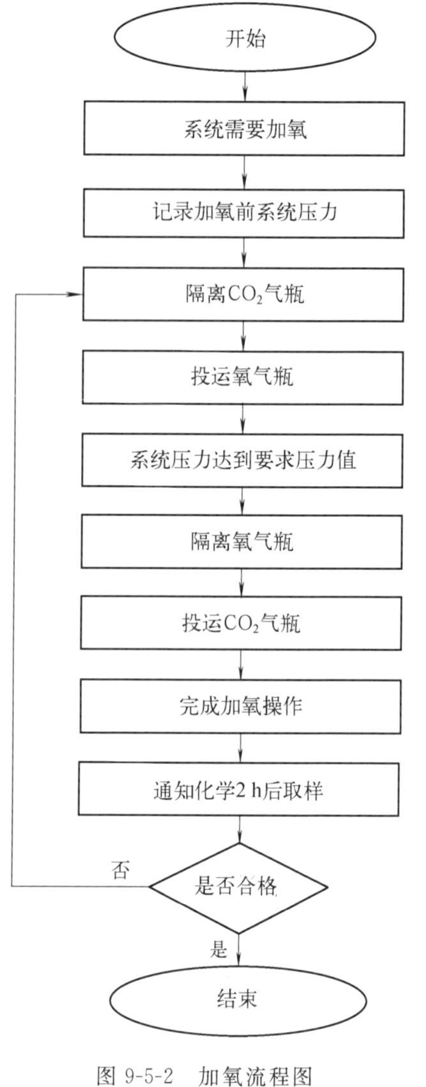

图 9-5-2 加氧流程图

复习思考题

1. 试述环隙气体的功能。

参考答案：

- 给压力管和排管之间提供热屏蔽,减少从压力管通过排管向慢化剂系统传热；
- 监测压力管、排管及栅格管的泄漏,并对泄漏点进行定位；
- 维持环隙空间的惰性环境氛围,尽量减少管道腐蚀；
- 提供本系统的疏水及收集、测量、输送泄漏水。

2. 为何要保证环隙气体内氧气的浓度在一定范围内?

参考答案：

- 维持压力管外表面的保护性氧化层，防止管道的腐蚀
- 减少氢气(氘气)的浓度(因为过高的 D_2 或 H_2 环境会引起压力管的氢脆)。

3. 63498-PRV19 和 63498-PRV21 上游的 2 个内装式加热器 HR1 和 HR2 的作用是什么？

参考答案：

由于气体膨胀时吸收能量，将会冷却这些阀门，2 个加热器可以加热气体，防止阀门受冻损坏。

4. 请说明收集罐 3498-TK1 的功能。

参考答案：

- 收集向该系统泄漏的水；
- 测量泄漏率。

5. 安装在压缩机入口处的真空阀门 3498-VB50 有什么作用？

参考答案：

- 安装在压缩机的前面，有固定的压力设定值 99 kPa(a)，防止由于真空而损坏压缩机；
- 同时防止系统出现负压导致排管塌陷受损。

6. 正常运行时，为何要维持系统内 CO_2 的露点＜－10 ℃？

参考答案：

- 湿度探测器在此范围内比较灵敏；
- 使压力管、排管的腐蚀减至最低程度(保持尽量干燥的环境)。

7. 为什么在慢化剂和 PHTS 系统冷却时，不能将 CO_2 补气回路隔离？

参考答案：

因为在慢化剂和 PHTS 系统冷却时，隔离的气体将会被冷却而体积收缩，很容易在系统中形成真空。这样便会导致排管内外两侧的压差增大到或超过其设计限值，从而造成排管的坍塌。

8. 环隙气体冷却器 3498-HX1 后气体温度高的可能原因是什么？

参考答案：

- 扫气时，太高的气体流量使得热交换器 3498-HX1 来不及进行冷却；
- 传热管内或热交换器外表面积垢使散热失效(3498-HX1)；
- 有水泄漏入汽系统。

9. 该系统有几台压缩机？正常运行时各处于什么状态(包括手动开关的位置)？

参考答案：

- 有 3 台压缩机，每台压缩机有“ON”和“OFF”位置。

- 正常运行时,1 台运行状态,另 2 台停止状态,当运行的压缩机失效时,低流量报警会提示操纵员手动启动另 1 台压缩机。

10. 在扫气完毕后,为什么必须在至少 2 h 之后、16 h 之内对系统取样加氧?

参考答案:

- 使系统内气体充分混合使在线 O_2 分析仪所测值具有代表性;
- 限制缺 O_2 时间,防止氧化膜损坏和过高的氚浓度。

11. 系统扫气的目的是什么?

参考答案:

- 开堆时,扫气用于清除系统内的空气;
- 降低露点,以便泄漏监测;
- 驱除 CO_2 在长时间辐射而产生的 ^{14}C 或由于空气引入和辐射而产生的 ^{41}Ar,降低放射水平。
- 驱除系统中的 H_2、D_2,防止压力管的氢脆。

附录 经验反馈

(1) 露点仪失效

2003 年 5 月 3 日,1 号主控室操纵员检查发现露点的读数稳定在约 −40 ℃,没有变化。联想到最近很长时间没有对该系统扫气,于是查 PDS 的记录,发现两个露点仪 63498-ME57/63498-ME46 指示一直稳定在近 −40 ℃。值长和操纵员经分析,认为系统的露点指示虽然很好,可能是系统存在微弱泄漏,达到了持续的扫气效果,但该指示长时间不变,更有可能是指示有问题,值长要求化学实验室进行露点测量,实验室测量后报告说,该露点已高于 −20 ℃,但由于仪表只能指示小于 −20 ℃的露点,因此,具体数值无法得到。

主控紧急联系维修仪控人员,发 WR,并报告运行处处长。仪控人员检查露点仪,并对软件进行了重新设置,同时运行人员对系统开始进行扫气,至露点达到 −40 ℃结束扫气。此后,指示恢复正常。

事件后果:

主控室失去环隙气体的露点监视。

采取的行动:

当值马上要求化学实验室取样,得知露点大于 −20 ℃后,紧急联系维修人员进厂处理;在维修人员对软件进行重新设置后对系统进行扫气。

(2) 系统低流量

在调试期间,调节每个转子流量计上的针阀,使 44 条管线流过相同的流量。当某一个通道环隙受堵,相应转子流量计的显示流量将低于正常流量。当流量计 63498-FI45 缓慢下降到 2.1 L/s 和 1.9 L/s 时,主控制室 CRT 上有“流量低”

和“流量非常低”报警。在露点没有上升的情况下,44根进口管中有1根流量低和没有流量,这是部分流道的进口转子流量计被堵塞的反应。如果用扫气模式,对系统提高供气压力也不能使堵塞流道畅通,则被堵的接头要求更换掉。试验结果表明:当系统流量大于或等于2.1 L/s时,能确保正常的泄漏探测的能力。

(3) 系统低压力

环隙气体系统(AGS)压力低,显示系统大量漏气,是由压力回路63498-PI48在主控室报警的。此时汽水探测仪(beetles)63861-ME48和63861-ME62仍然有效,系统漏气引起的露点变化比重水漏入系统露点变化可能要慢一些。这种情况需立即确认没有冷却剂泄漏,且要求1 d内恢复,否则8 h内进入到模式2,24 h内进入到模式4(技术规格书)。

(4) 主控室对本系统的泄漏的处理过程

1) 怀疑系统有泄漏

一个高露点报警表示了水汽的出现,当−10 ℃“高露点”报警时,如果“高露点上升率”不报警,操纵员可以进行扫气,也可以等到露点上升至0 ℃“非常高露点”报警时扫气。当存在0 ℃“非常高露点”报警时,系统必须进行扫气。注意:如果达到“高露点”报警且存在1根压力管泄漏,操纵员不可能把环隙气体系统的露点扫气到−30 ℃。

当出现以下情况时,怀疑系统有泄漏:

- 连续扫气4 h但露点保持大于−25 ℃;
- “露点上升率高”报警;
- 在主控室CRT上,−10 ℃高露点报警,0 ℃非常高露点报警;
- beetles报警。

怀疑有泄漏时,冷指取样器投入运行,定位泄漏源来自热传输系统,还是慢化剂系统。然后,停止压缩机,系统运行在不流动状态,意味着环隙气体是处在一个静止的状态。这有助于防止水汽乱窜,促使泄漏通道的冷凝。操纵员应当确保现场燃料通道出口温度资料的定期自动扫描,在泄漏发生后,由于通道的热量损失和冷凝,通道与通道出口温度的差别,泄漏的燃料通道将被鉴别出来。

2) 确认系统有泄漏

如果以下任意两种情况出现,则确认为有泄漏:

- 63498-ME46高/非常高露点上升率报警;
- 63498-ME57高/非常高露点上升率报警;
- beetle 63861-ME48报警;
- beetle 63861-ME62报警;
- 1 h内冷指取样器收集足够的露水来分析重水纯度和氚浓度;
- 63498-L49充水速率高报警;

- 63498-L49 充水速率非常高报警。

证实确有泄漏之后,操纵员应当在 30 min 内把反应堆置到热态零功率状态,把热传输系统的压力降到 7 MPa。汽水探测仪(beetles 63861-ME48 和 ME62)开始报警的 1.5 h 内,机组着手降温降压。

3) 泄漏定位

泄漏进入了系统。它可能来自排管容器,或来自压力管。在冷态定位泄漏的过程中,机组不应该加压。方法如下:

① 组的确定:隔离 4 组管线中的 2 组(关闭进口阀门 V25-V28 中的 2 个),以扫气的模式通过露点分析仪确定泄漏通道位于哪 2 组。隔离有泄漏 2 组中的任意 1 组,通过露点分析最终确定泄漏位于哪 1 组。

② 管线的确定:通过隔离其他管线的方法使扫气流依次通过剩下那组的 11 个入口,然后通过露点分析确定哪条管线内有泄漏,从而将泄漏范围缩小到了几个串联的通道上。

③ 通道最终确定:

- 如果泄漏源是 1 根排管,泄漏通道可通过降低慢化剂液位来鉴别。反应堆处在冷态停堆状态,逐渐地降低慢化剂液位的同时,每一步监测氦气(慢化剂覆盖气体)中的二氧化碳气体(环隙气体)及二氧化碳气体中的氦气。用这种方法,泄漏通道能鉴别出来。
- 如果泄漏源是 1 根压力管,可利用通道出口温度扫描鉴别出来。当反应堆在停堆或降功率条件下,能够使用这种技术方法。

如果泄漏率由汽水探测仪(beetles)63861-ME48 和 63861-ME62 的报警显示,那么在停堆期间,检查泄漏流观察箱(3498-LK1/ LK2),确认泄漏通道的路径。用 1 只醒目光亮的灯,一个接一个透过观察窗目视观察检查泄漏的串列管线。

4) 泄漏之后,操纵员处理事故要点

- 怀疑有泄漏时,投冷指取样器分析泄漏源(D_2O 或 H_2O 及氚的含量);
- 取样后停止所有压缩机,防止泄漏水的扩散(到其他环隙中去);
- 确认泄漏后应停堆并置于热态零功率状态,将主热传输系统压力降到 7 MPa;
- 查漏;
- 放射性活度监测。

但是以下 2 条应随时监督:

- 当泄漏率超过 2 kg/h 时,立即对主热传输系统进行降温冷却;
- 当泄漏迅速增加/恶化时,应手动关闭该系统的安全壳隔离阀(3498-V1 和 3498-V82),届时该系统将无法工作。

第十章　主蒸汽系统 (36110)

内容介绍

课程名称:主蒸汽系统
课程时间:2 学时

学员:现场操作员
学员条件:完成本系统的课堂部分培训

最终培训目标:
1. 了解系统设备的现场布置;
2. 掌握系统参数测量点的现场位置和在系统流程中的位置;
3. 熟练完成现场巡检内容,正常参数、报警值、异常和故障识别技巧和技能;
4. 系统上操作和巡检存在的一些安全提示和危害,风险警示、运行实践。

教学方式及教学用具:
培训方式:岗位培训
教员需要:
a. 流程图;
b. 白板等。

考核方法:现场考核(实际操作和模拟相结合)、口试

10.1　系统设备

主蒸汽系统的功能是在电厂正常运行时将在蒸汽发生器二次侧产生的饱和蒸汽输送到汽轮发电机组;给辅助用户提供蒸汽(如:汽轮机轴封系统、汽水分离再热器的二级再热、除氧器顶压蒸汽、厂房加热、重水升级系统的供汽等);主蒸汽额定流量 1 033 kg/s,主蒸汽的湿度<0.25%;通过疏水系统收集系统启动及正常运行时蒸汽凝结产生的凝结水。

在电厂瞬态(如:汽轮机跳闸,失去Ⅳ级电源,反应堆停堆)和异常运行工况时,将主蒸汽压力波动限制在主蒸汽安全阀(MSSV)动作的最低设定值之下。

主蒸汽系统管道和主蒸汽母管的设计应使从不同蒸汽发生器输出的蒸汽的压力得以平衡、均匀、稳定，然后供给汽轮机。

10.1.1 设备清单

主蒸汽系统由以下主要设备组成：

- 4 个大气释放阀(ASDV)；
- 16 个主蒸汽安全阀(MSSV)；
- 4 个主蒸汽隔离阀(MSIV)；
- 4 台蒸汽发生器(SG)；
- 1 根主蒸汽母管以及相关的阀门、管道和测量仪表。

10.1.2 现场布置

(1) 大气释放阀(见图 10-1-1)位于辅助厂房 SB-402 房间

4 个大气释放阀(63641-PCV1～PCV4)的容量为 10%的蒸汽发生器(SG)额定蒸汽流量，此阀为失效关；大气释放阀(ASDV)由蒸汽发生器压力控制程序(SGPC)控制。在主控室通过控制手柄手动操作大气释放阀。

系统正常运行时，大气释放阀(ASDV)可平衡小的压力波动；大气释放阀(ASDV)受蒸汽发生器压力控制程序控制，并用作蒸汽发生器的压力控制，它的开度与蒸汽压力偏差值成正比，并且和蒸汽发生器的压力设定值有一补偿值。主蒸汽压力达到 4.69 MPa，阀门将会动作打开，大气释放阀(ASDV)从全关到全开的动作时间最长为 2 s。

图 10-1-1 大气释放阀

大气释放阀(ASDV)在以下工况时，可作为热阱。

- 失去Ⅳ级电源；
- 失去凝汽器；
- 主系统升温。

(2) 主蒸汽安全阀(见图 10-1-2)位于辅助厂房 SB-402 房间

共有 16 个弹簧加载的主蒸汽安全阀(63614-PSV5＃1～4，PSV6＃1～4，-PSV7＃1～4，PSV8＃1～4)，每台蒸汽发生器的蒸汽管线上有 4 个。

主蒸汽安全阀(MSSV)的容量：每台蒸汽发生器的蒸汽管线上 4 个 MSSV 中的 3 个能提供该蒸汽发生器 115%额定蒸汽流量，115%的容量选择是因为在发生缓慢丧失反应性控制事故时反应堆功率将达到 115%，因此在此事故下压力的升高必须限制在设计压力的 110%；主蒸汽安全阀(MSSV)的设定值在5.01～ 5.14 MPa，并且当压力超过其设定压力的

3%时，主蒸汽安全阀(MSSV)全开。

另外，每个主蒸汽安全阀(MSSV)都配备有气动执行机构，并配备有备用气源储气罐，当发生丧失冷却剂事故(LOCA)或丧失主给水时，能保证在24 h内没有仪用压空供气的情况下主蒸汽安全阀(MSSV)从全关到全开再到全关动作2次。

图 10-1-2 主蒸汽安全阀

(3) 主蒸汽隔离阀(见图 10-1-3)位于辅助厂房 SB-402 房间

主蒸汽隔离阀(MSIV)是电动阀，正常情况下，操作阀门是在主控室进行，就地确认阀门开与关动作正常；如果电动操作不可用，则需要现场手动操作。手动操作简要步骤如下：

1) 将手动/电动切换手柄切到手动。

2) 手动操作阀门。

本系统共有4个主蒸汽隔离阀(3611-MV27～30)，每台蒸汽发生器(SG)出口的蒸汽管道上有1个，主蒸汽隔离阀(MSIV)位于主蒸汽安全阀(MSSV)的下游，大气释放阀(ASDV)的上游，主蒸汽隔离阀(MSIV)是三级电源供电的电动阀，在电厂正常运行及停堆时，主蒸汽隔离阀(MSIV)保持开启状态。

图 10-1-3 主蒸汽隔离阀

当蒸汽发生器的传热管破裂、丧失冷却剂时，为了防止主热传输系统的放射性物质释放到大气中污染环境，需关闭主蒸汽隔离阀(MSIV)。在关闭主蒸汽隔离阀(MSIV)之前，需要满足下列条件：

- 反应堆已经停堆。
- 主热传输系统已经从260 ℃冷却到177 ℃。
- 停堆冷却系统已经作为一次侧热阱投入运行。
- 主热传输系统的压力能够保持其出口集管冷却剂在过冷状态。

为了避免汽锤的发生，主蒸汽隔离阀(MSIV)的关闭时间为1 min。

(4) 蒸汽发生器位于反应堆厂房 RB-501 房间。

共有 4 台蒸汽发生器(3311-BO1～4),在蒸汽发生器的二次侧,给水加热后产生蒸汽,经过蒸汽发生器的汽水分离段汽水分离后送至主蒸汽母管,在主蒸汽母管中改变方向,最终送入汽轮机做功。

(5) 主蒸汽母管位于汽轮机厂房 T/B 东侧标高 87.5 m。图 10-1-4 所示为主蒸汽母管现场布置示意图。

至汽轮机轴封系统
至汽轮机4号主汽门
至除氧器的起停备用汽
至汽轮机3号主汽门
至汽轮机旁排
至重水升级塔
至汽水分离再热器A侧二级再热器
来自1号蒸汽发生器
来自2号蒸汽发生器
来自3号蒸汽发生器
来自4号蒸汽发生器
至汽水分离再热器B侧二级再热器
至汽轮机旁排
至汽轮机2号主汽门
至汽轮机1号主汽门
主蒸汽母管
水平线
a
基座
基座
基座
至凝汽器
至地坑

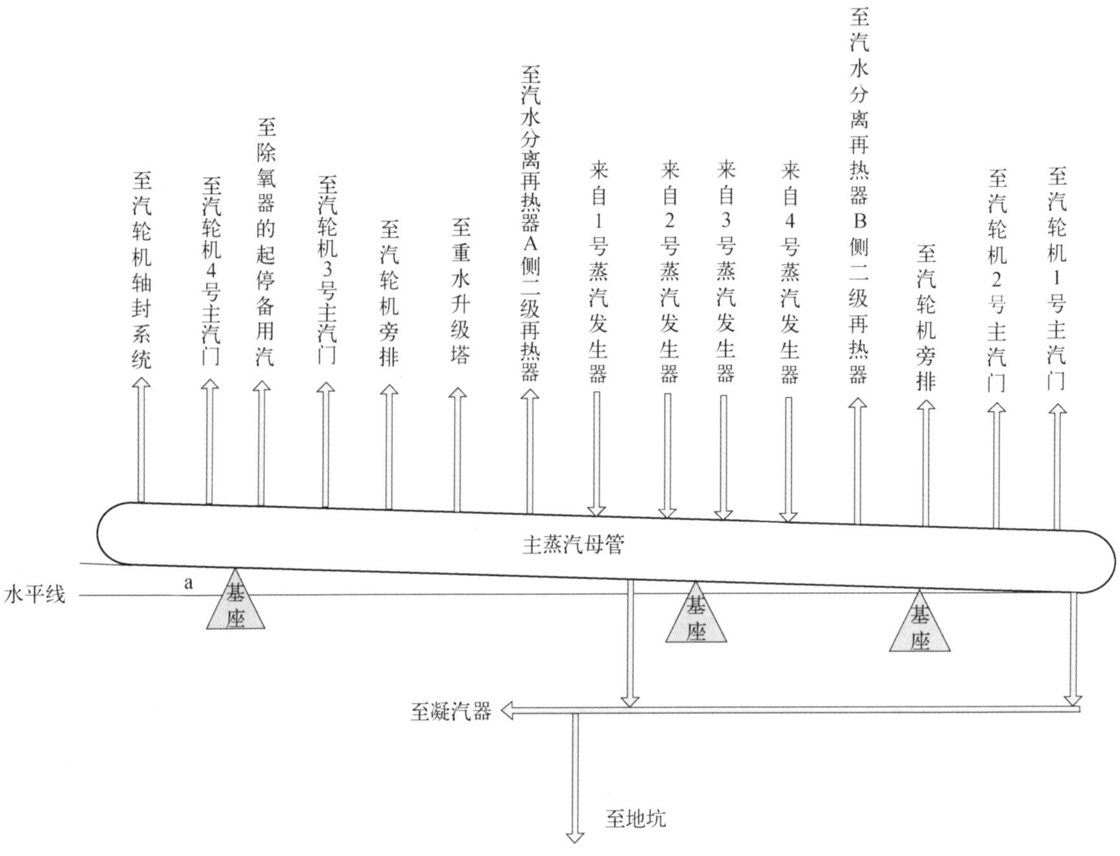

图 10-1-4 主蒸汽母管现场布置示意图

主蒸汽母管上共有 17 根进出管线:

从蒸汽发生器来的蒸汽进入管线	4 根;
去汽轮机高压缸做功的蒸汽管线	4 根;
到汽水分离二级再热器的蒸汽管线	2 根;
汽轮机旁排管线	2 根;
重水升级塔的供汽管线(仅限于 1 号机组)	1 根;
除氧器的顶压蒸汽管线	1 根;
汽轮机轴封系统的供汽管线	1 根;
主蒸汽母管的疏水管线	2 根。

主蒸汽母管设计为蒸汽从顶部进出,是为了使进入蒸汽改变方向,在离开蒸汽母管进入

汽轮机做功之前利用离心力分离开所含水分。主蒸汽母管是主蒸汽管线系统中最低点，所有汽轮机厂房中进出主蒸汽母管的管道都向主蒸汽母管倾斜，以利于凝结的水流入母管，然后通过疏水系统把这些凝结的水排走，主蒸汽母管现场布置也是倾斜的。

主蒸汽母管现场布置如图 10-1-5 所示。

图 10-1-5　主蒸汽母管

10.1.3　系统接口

(1) 氮气添加系统(75700)：机组检修长时间停运期间，充氮气对设备管道进行保养，防止氧化腐蚀。

(2) 疏水系统(45210)：机组正常运行期间，保持连续疏水；机组启动过程中，需要进行暖管，高温蒸汽在管中凝结，需要进行疏水；机组停运检修期间，要把管内残存的蒸汽凝结而成的水疏排干净，便于充氮保养。

(3) 汽水分离器二级再热器加热系统(41130)：向 MSR 二级再热器提供加热蒸汽。

(4) 汽轮机轴封系统(41150)：给汽轮机轴封提供备用蒸汽汽源。

(5) 汽轮机旁排系统(43310)：在汽轮机事故保护停机或发电机脱扣或突降负荷时，汽轮机旁路系统动作，从而避免主蒸汽安全阀起跳。

(6) 辅助蒸汽系统(43330)：给重水升级塔、除氧器等提供加热蒸汽。

(7) 取样系统(64510)：对新蒸汽进行取样。

10.1.4　就地盘台

冬季，为了避免主蒸汽管道流量变送器仪表管冰冻，在流量变送器仪表管加装了伴热丝；在就地盘台 65689-PL4250B 上显示主蒸汽管道流量变送器仪表管的伴热丝温度、电流、环境温度等参数，需要进行监视和记录数据，确保伴热丝工作正常，以保证主蒸汽管道流量变送器仪表管工作正常;盘台 65689-PL4250B 现场位于辅助厂房 SB-401 旁边的墙壁上,(见图 10-1-6)。

图 10-1-6　伴热丝监视盘台

伴热丝供电电源为 220 Vac,开关号为 5624-PP09/CB13,位于辅助厂房 SB-009 房间。

伴热丝备用电源为 220 Vac,开关号为 5624-LP54/CB36,位于辅助厂房 SB-318 房间。

10.1.5　取样点

新蒸汽的取样点位于 MSSV 与 MSIV 之间,可以分别取样分析每台蒸汽发生器产生的新蒸汽化学参数是否满足汽轮机的要求,监测主蒸汽中是否含有氚,同时又能保证取样具有代表性。

10.2　系统参数

系统参数如表 10-2-1 所示。

表 10-2-1　系统参数表

系统参数	参数监测点	测量仪表	A/I 地址	正常值	报警值
压力	主蒸汽母管	63611-PT4302	AI0727	4.51 MPa	4.65 MPa
		63611-PS4303	CI1466	N/A	4.65 MPa
	主汽阀门入口	63611-PT4305	AI0376	4.47 MPa	4.65 MPa
温度	主蒸汽母管	63611-TT4301	AI0763	257.6 ℃	260 ℃
	主汽阀门入口	63611-TT4304	AI0377	257.6 ℃	260 ℃

10.3 风险警示和运行实践

10.3.1 人员风险

（1）辐射

在正常运行期间主蒸汽系统没有辐射危险；在蒸汽发生器传热管发生破裂，导致一回路的放射性重水流到二次侧时，系统存在放射性危害。

（2）蒸汽

主蒸汽系统的蒸汽有沿着阀杆、连接法兰泄漏的可能，高温的泄漏蒸汽不易被发现，因此，系统正常运行期间，在主蒸汽安全阀房间工作时，注意防止烫伤。

（3）温度和压力

由于系统内部的介质是高温、高压的蒸汽，因此在对该系统的设备进行操作、维护时必须严格按照相关的安全规定、要求执行。

（4）噪音

在大气释放阀、主蒸汽安全阀附近进行工作时，必须戴耳塞或相关的听力保护设备，大气释放阀装有消音器，若阀门动作，仍有较大声音；若主蒸汽安全阀意外动作，将会产生极大噪音，会对工作人员听力造成伤害。

10.3.2 设备风险

（1）水锤

在系统升温期间，如果主蒸汽管道或其他辅助蒸汽系统管道内的凝结水疏水不畅或者疏水不充分，那么系统管道内可能会出现严重的水/汽锤现象。

（2）蒸汽发生器传热管泄漏

当蒸汽发生器的传热管发生破损后，主热传输系统含有放射性物质的重水将会泄漏到蒸汽发生器的二次侧，进而污染蒸汽发生器二次侧的蒸汽系统以及给水系统。确认泄漏后，应该尽早将机组停运，并降温降压，以减少重水损失，降低对蒸汽发生器二次侧的污染。

为了减少对蒸汽发生器二次侧蒸汽系统、给水系统的污染，主蒸汽管道上的电动主蒸汽隔离阀可以在主控室通过控制手柄关闭，从而限制放射性物质不断进入下游蒸汽系统及其辅助系统；关闭主蒸汽隔离阀，必须在反应堆停堆且停堆冷却系统投入运行后才可以执行。

主热传输系统降温到 90 ℃以后，可以手动关闭泄漏蒸汽发生器出口管线上的主蒸汽安全阀，以减少放射性物质排放到大气中。

10.4 技　能

10.4.1 现场巡检

为了保证系统设备始终运行在安全、可靠状态，需要定期对系统设备进行现场巡检，本系统需要巡检的内容如表 10-4-1 所示。

表 10-4-1 现场巡检项目表

巡检设备名称	巡检项目名称	现场位置
主蒸汽仪表管线伴热丝	记录回路 1 伴热丝温度	SB-402
	记录回路 2 伴热丝温度	
	记录回路 3 伴热丝温度	
	记录回路 4 伴热丝温度	
	记录回路 1 电流	
	记录回路 2 电流	
	记录回路 3 电流	
	记录回路 4 电流	
	记录环境温度值	
主蒸汽系统	检查主蒸汽管道阀门无异常	
	记录房间温度	
巡检区域综合检查	本区域卫生状况	
	本区域照明状况	
	是否存在异常泄漏、声音、味道	
	本区域设备标牌完好情况	

10.4.2 系统暖管疏水

机组冷态启动时，蒸汽管道的暖管时间一般为 20 min；机组热态启动时，可以适当缩短暖管时间。

机组启动过程中对蒸汽管道进行暖管疏水操作是必需的，暖管可以减小由于管道内外壁的温度差而产生的热应力，同时还可以防止由于管道中汽液两相流动而产生的振动对设备造成伤害。

暖管过程中进行疏水，当疏水口流出的流体全部是蒸汽或只有微量均匀水滴时，可以认为暖管疏水已经完成。

10.4.3 系统暖管疏水操作时注意事项

在进行暖管疏水操作时，要做好安全防护措施（如戴上耐高温的手套），防止高温水/汽溅到身上造成烫伤，还应在疏水阀门和疏水管线旁边挂上警示牌、拉上警示绳或一直连续现场监视直到这项工作结束；操作疏水阀门时，要谨慎，并控制好阀门开度，确保暖管时间足够，疏水充分，以防止暖管疏水不充分，导致蒸汽管道中汽/水两项流动，引起管道剧烈振动，损坏设备及管道。

10.5　主要操作

10.5.1　系统启动

主蒸汽系统启动投运的大致流程如图 10-5-1 所示。

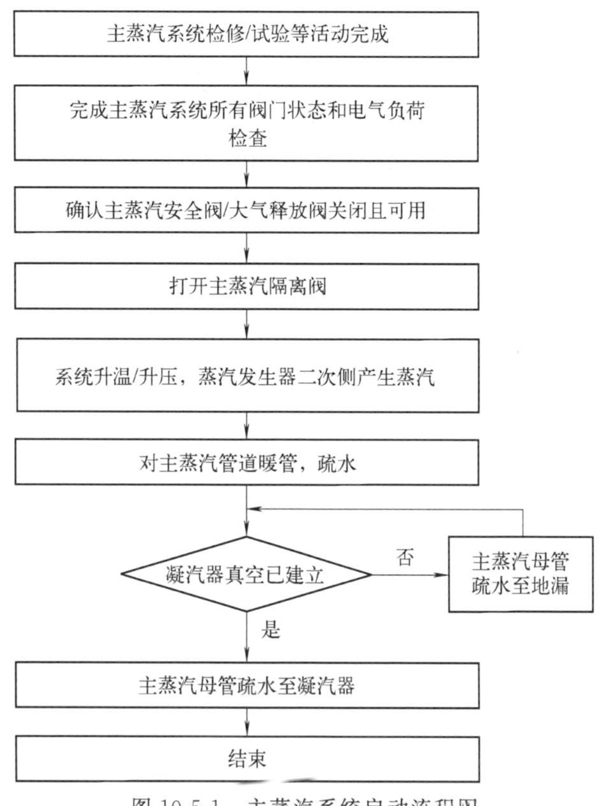

图 10-5-1　主蒸汽系统启动流程图

10.5.2　蒸汽发生器二次侧及主蒸汽管道氮气保养

机组长期停堆检修期间，需给蒸汽发生器二次侧和主蒸汽管道内部进行充氮保养，避免氧化腐蚀。充氮保养大致操作流程如图 10-5-2 所示。

10.5.3　设备切换

无。

10.5.4　蒸汽发生器超压保护

每台蒸汽发生器配置了 4 个主蒸汽安全阀，为蒸汽发生器及主蒸汽管道提供超压保护，主蒸汽压力上升到 5.006～5.137 MPa时，主蒸汽安全阀将起跳打开。主蒸汽安全阀起跳压力设定值如下：

• 5.006 MPa(63614-PSV5＃1/PSV6＃1/PSV7＃1/PSV8＃1)

• 5.068 MPa(63614-PSV5＃2/PSV6＃2/PSV7＃2/PSV8＃2)

• 5.102 MPa(63614-PSV5＃3/PSV6＃3/PSV7＃3/PSV8＃3)

• 5.137 MPa(63614-PSV5＃4/PSV6＃4/PSV7＃4/PSV8＃4)

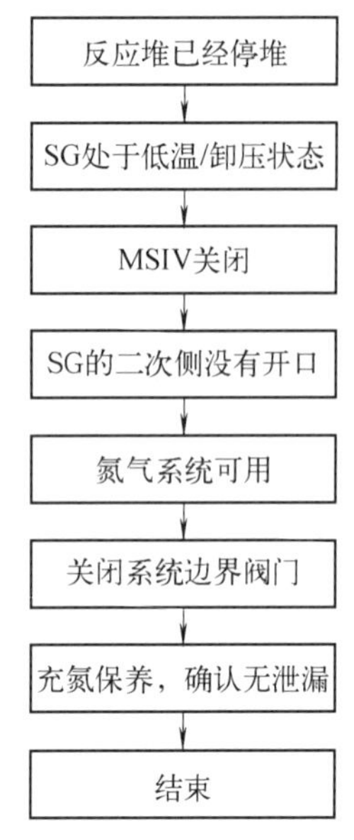

图 10-5-2 充氮保养流程图

10.5.5 丧失凝汽器真空操作

在正常运行工况下，大气释放阀(ASDV)和凝汽器旁排阀(CSDV)由蒸汽发生器压力控制(SGPC)程序进行控制；当凝汽器压力达到 10.0 kPa(a)时，凝汽器旁排阀(CSDV)将被限制开启；当凝汽器压力达到 13.3 kPa(a)时，凝汽器旁排阀(CSDV)将被闭锁开。

10.5.6 蒸汽发生器二次侧速冷

发生丧失冷却剂事故(LOCA)时，应急堆芯冷却水系统(ECC)的 K/L/M 通道的 3 取 2 速冷逻辑触发，30 s 后，打开 16 个主蒸汽安全阀(MSSV)对蒸汽发生器二次侧进行快速冷却。

发生丧失冷却剂事故(LOCA)且应急堆芯冷却水系统(ECC)失效，慢化剂温度控制(MTC)程序中的蒸汽发生器二次侧速冷(SCC)逻辑将会打开 16 个主蒸汽安全阀(MSSV)对蒸汽发生器二次侧进行快速冷却，使主系统迅速冷却降温。蒸汽发生器二次侧速冷(SCC)逻辑触发参数和条件参数同时满足 3 取 2 逻辑，则 SCC 逻辑动作，30 s 后，打开 16 个主蒸汽安全阀(MSSV)。

复习思考题

1. 正常运行时，主蒸汽系统的参数(额定蒸汽压力、额定蒸汽温度、额定蒸汽流量、主蒸汽的湿度)是多少？

参考答案：

额定蒸汽压力 4.51 MPa；额定蒸汽温度 257.6 ℃；

额定蒸汽流量 1 033 kg/s；主蒸汽的湿度＜0.25％。

2. 发生蒸汽发生器传热管破裂事件时，操纵员需手动关闭 MSIV，但必须同时满足什么条件？

参考答案：

在关闭 MSIV 之前，需要满足下列条件：

• 反应堆已经停堆；

- 主热传输系统已经从 260 ℃冷却到 177 ℃;
- 停堆冷却系统已经作为一次侧热阱投入运行;
- 主热传输系统的压力能够保持其出口集管冷却剂在过冷状态。

3. MSIV 的关闭时间设定为多少? 如果关闭时间过短,会造成什么后果?

参考答案:

MSIV 的关闭时间为 1 min。

如果关闭时间过短,会产生汽锤。

4. 请写出 ASDV 的功能和容量。

参考答案:

(1) 在系统正常运行时,ASDV 可以平衡小的压力波动。ASDV 在发生以下工况作为热阱:

- 失去Ⅳ级电源;
- 失去凝汽器;
- 主热传输系统升温。

(2) 4 个 ASDV(63641-PCV1～PCV4)的总容量为 10%的额定蒸汽流量。

5. 主蒸汽的用户有哪些(包括压力调节及保护设备)?

参考答案:

- 汽轮机
- 汽轮机轴封系统
- 汽水分离再热器的二级再热
- 除氧器顶压蒸汽
- 厂房加热
- 重水升级系统的供汽
- 大气释放阀
- 主蒸汽安全阀
- 汽轮机旁排阀

6. 主蒸汽安全阀的作用是什么? 设定值是多少?

参考答案:

作用:主蒸汽安全阀为蒸汽发生器及主蒸汽管道提供超压保护,主蒸汽压力上升到 5.006～5.137 MPa 时,主蒸汽安全阀将起跳打开。

设定值:

- 5.006 MPa(63614-PSV5＃1、PSV6＃1、PSV7＃1、PSV8＃1)
- 5.068 MPa(63614-PSV5＃2、PSV6＃2、PSV7＃2、PSV8＃2)
- 5.102 MPa(63614-PSV5＃3、PSV6＃3、PSV7＃3、PSV8＃3)
- 5.137 MPa(63614-PSV5＃4、PSV6＃4、PSV7＃4、PSV8＃4)

第十一章　蒸汽发生器排污系统(36310)

内容介绍

课程名称:蒸汽发生器排污系统
课程时间:2 学时

学员:现场操作员
学员条件:完成本系统的课堂部分培训

最终培训目标:
1. 系统设备的现场布置;
2. 系统各参数测量点的现场位置和在系统流程图中的位置;
3. 掌握系统的正常参数、报警值、异常和故障识别技巧和技能;
4. 了解系统上操作、安全提示和危害,风险警示、运行实践;
5. 正常的操作和异常的现场响应等。

教学方式及教学用具:
培训方式:岗位培训
教员需要:
a. 流程图;
b. 白板等。

考核方法:现场考核(实际操作和模拟相结合)、口试

11.1　系统设备

在蒸汽发生器二次侧因水不断蒸发,水中的杂质在蒸汽发生器二次侧不断浓缩,通过蒸汽发生器排污系统把含有浓缩杂质的水排走,以控制蒸汽发生器二次侧水中杂质的含量;在蒸汽发生器的传热管冷段区域,传热管热段区域,管间通道区域引出排污管线对蒸汽发生器进行排污,上述 3 个区域引出的排污管线汇合到 1 根排污总管。

蒸汽发生器排污系统有 3 种排污方式:

(1) 正常连续排污:在正常运行时,需要投入的连续排污流量为 0.1%满功率蒸汽流量,即排污流量为 0.25 kg/s×4。

(2) 最大连续排污:冷凝器传热管泄漏或给水的化学品质降低,引起蒸汽发生器二次侧水中杂质的含量增加,将蒸汽发生器排污流量增大为 1.5 kg/s×4 的最大连续排污流量,以控制蒸汽发生器中水的化学品质。

(3) 异常排污:当 4 台蒸汽发生器中有 1 台蒸汽发生器排污水超标时,将此蒸汽发生器的排污流量增大为 3.1 kg/s。

蒸汽发生器排污排到排污扩容箱(3631-TK4001),降压扩容闪蒸后产生的蒸汽送至除氧器,回收热量,同时减少除盐水损失。扩容闪蒸后,进一步浓缩的排污水经原水厂用水(RSW)来的海水在混合室内混合降温后,经原水厂用水(RSW)排放函道排到大海。

11.1.1　设备清单

蒸汽发生器排污系统主要由以下设备组成:

蒸汽发生器排污隔离阀,排污扩容箱,混合室,排污流量控制阀,排污扩容箱水位控制阀,仪表及管道等。

11.1.2　现场布置

(1) 蒸汽发生器排污隔离阀(见图 11-1-1)位于反应堆厂房 RB-011 房间

图 11-1-1　蒸汽发生器排污隔离阀

每台蒸汽发生器配置了一个气动排污隔离阀(3631-PV1～PV4),阀门为失效关,正常运行时,阀门保持打开。当由于蒸汽发生器传热管泄漏,主系统冷却剂泄漏到蒸汽发生器二次侧,轻水中氚监测系统(63862)探测到蒸汽发生器排污水中氚含量大于 3 μCi/L 时,排污隔离阀自动关闭以避免氚经蒸汽发生器泄漏到环境中。

(2) 排污扩容箱(见图 11-1-2)位于汽轮机厂房 TB-042 房间

排污扩容箱(3631-TK4001)为圆柱形立式布置，材料为碳钢，容积 4.16 m^3。箱体顶部安装有 1 块压力表(63631-PI4302)；箱体侧面装有 1 个翻板液位计(63631-LG4303)。

从排污扩容箱至除氧器的蒸汽管道上装有 1 个逆止阀和 1 个电动隔离阀。

排污扩容箱出口管道上装有液位控制阀，用于控制排污扩容箱的液位，并且有一个常闭的球阀作为旁路阀，当液位控制阀故障或隔离检修时，可打开旁路阀排污。

图 11-1-2　排污扩容箱

(3) 混合室(见图 11-1-3)位于汽轮机厂房 TB-017 房间

混合室在排污扩容箱液位控制阀下游，RSW 水进入混合室，与蒸汽发生器的排污水混合，冷却排污水。混合室的 2 根进口管线上各安装有 1 个逆止阀，防止海水进入排污扩容箱，或热水进入 RSW 管道。

图 11-1-3　混合室

(4) 排污流量控制阀(见图 11-1-4)位于汽轮机厂房 TB-042 房间

2 个容量 100%的排污流量控制阀(3631-FCV4101A 和 3631-FCV4101C)并列安装在排污扩容箱入口管线，1 个运行，另 1 个备用。排污流量控制阀是失效关控制阀，每个阀的上游和下游各有 1 个手动隔离阀，排污流量控制阀通过主控室的控制器来控制阀门开度，以保持蒸汽发生器的总排污流量为定值，每个排污流量控制阀的最大容量为 6 kg/s。排污扩容箱的液位高报时，排污流量控制阀自动关闭；排污扩容箱的液位恢复正常时，所选择的排污流量控制阀自动打开。

(5) 蒸汽发生器排污流量测量仪表位于反应堆厂房 RB-011 房间。

4 台蒸汽发生器(3311-BO1/BO2/BO3/BO4)的排污流量分别由流量变送器(63631-FT-11/FT-12/FT-13/FT-14)进行测量。

11.1.3 系统接口

(1) 加热蒸汽系统(43110)：排污扩容箱中降压扩容闪蒸产生的蒸汽送到除氧器，回收热量，同时减少除盐水损失。

(2) 原水厂用水系统 RSW(71310)：排污水经原水厂用水(RSW)系统中的海水在混合室混合降温后，经原水厂用水(RSW)排放函道排到大海。

(3) 取样系统(64510)：对排污水进行取样，监督蒸汽发生器排污水质指标。

(4) 轻水中的氚监测系统(63862)：与二回路取样系统(64510)取样管线相连接，用于监测蒸汽发生器二次侧排污水中氚含量，防止氚经蒸汽发生器泄漏至环境中。

11.1.4 就地盘台

无。

图 11-1-4 排污流量控制阀

11.1.5 取样点

系统取样点位于每台蒸汽发生器的排污管线和蒸汽发生器排污总管上，对排污水进行取样，以监督蒸汽发生器排污水质指标。

11.2 系统参数

(1) 系统工艺参数表

系统参数如表 11-2-1 所示。

表 11-2-1 系统参数

参数	测量仪表	正常值	参数范围
排污箱压力	63631-PI4302	245 kPa	0～285 kPa
混合室出口温度	63631-TI4306	60 ℃	8～60 ℃
1 号/2 号/3 号/4 号 蒸汽发生器排污流量	63631-FT11/FT12/FT13/FT14	0.25 kg/s	0.25～1.5 kg/s

(2) 蒸汽发生器排污化学指标

蒸汽发生器排污化学指标见表 11-2-2 所示。

表 11-2-2 化学指标

参数	指标	期望值
Na^{+}	＜70 ppb[1)]	＜2 ppb
SiO_2	＜200 ppb	＜50 ppb
Cl^{-}	＜100 ppb	＜5 ppb
SO_4^{2-}	＜100 ppb	＜5 ppb
pH(25 ℃)	9.0～10.0	9.4～10.0

注:1) ppb＝10^{-9}。

11.3 风险警示和运行实践

11.3.1 风险警示

(1) 人员风险

系统内为高温高压的蒸汽/水,需注意高温烫伤防护。

(2) 设备风险

排污扩容箱内部高温高压介质,需监视其压力,防止超压。排污扩容箱的液位不宜过低或过高,过低导致蒸汽进入混合室,引起管线剧烈振动。过高导致排污扩容箱的汽空间缩小,影响扩容闪蒸效果,严重时蒸汽管道进水,造成管道水击。

11.3.2 运行实践

在机组启动,升温升压过程中,蒸汽发生器的二次侧给水温度大于 100 ℃,蒸汽发生器的二次侧的压力大于 0 kPa 后,投运排污。为防止排污扩容箱超压,投运排污时,应先打开闪蒸蒸汽至除氧器的电动隔离阀(3631-MV4102);停运排污系统时,需先关闭蒸汽发生器排污气动隔离阀(3631-PV1/2/3/4),关闭排污流量控制阀(3631-FCV4101A/4101C),再关闭闪蒸蒸汽电动隔离阀(3631-MV4102)。

在机组启动、低功率,停运过程中,排污扩容箱至除氧器的闪蒸蒸汽对除氧器压力的影响较大,可视情况适当调整蒸汽发生器排污流量。

11.3.3 经验反馈

(1) 蒸汽发生器排污扩容箱蒸汽泄漏

2002 年 11 月 24 日,发现 1 号机组汽轮机厂房 94.7 m 层有大量蒸汽,进一步检查发现从蒸汽发生器排污扩容箱房间 T/B042 涌出大量蒸汽,隔离蒸汽发生器的排污系统,并关闭主蒸汽母管疏水至排污扩容箱的电动隔离阀 45210-MV4126 后,蒸汽泄漏停止。进入蒸汽发生器排污扩容箱房间 T/B042 检查,发现蒸汽发生器排污扩容箱人孔门的法兰密封垫被蒸汽冲开,导致蒸汽泄漏。

在投运蒸汽发生器排污系统时,当打开蒸汽发生器排污扩容箱至除氧器的电动隔离阀 36310-MV4102 后,发现除氧器压力上升较快。为阻止除氧器压力进一步上升,重新关闭了蒸汽发生器排污扩容箱至除氧器的电动隔离阀 36310-MV4102,排污扩容箱内扩容降压闪蒸产生的蒸汽无法排放，主蒸汽母管疏水至排污扩容箱，导致排污扩容箱超压，排污扩容箱人孔密封垫被冲开。

(2) 主蒸汽母管海水倒灌

2003 年 5 月，1 号机组小修后启动时，发现主/辅凝泵出口钠离子浓度高达 50 ppm(正常值<1 ppb)，凝汽器热阱钠离子浓度超过 1 ppb，从主蒸汽母管液位开关放气阀取样，钠离子浓度高达 2 900 ppm。

由于主蒸汽母管疏水至蒸汽发生器排污管线上的逆止阀 36310-V4614 阀板脱落，其逆止功能失效，且阀门 4521-MV4126 和 4521-PV4127 处于打开状态，海水潮位达到 91 m 时，海水通过阀门 3631-V4614、4521-PV4127、4521-MV4126 进入到主蒸汽母管及其相连接的蒸汽管道。

(3) 主蒸汽母管疏水设计变更

不再使用主蒸汽母管到排污扩容箱的疏水管线，割下主蒸汽母管疏水至蒸汽发生器排污管线上的逆止阀 3631-V4614，用盲板将管道开口焊接封堵，并关闭主汽母管疏水至排污扩容箱和混合室的所有手动阀、电动阀，断开电动阀门的电源开关。

在主蒸汽母管 2″疏水管道上另外引出一路 2″疏水管道疏水至地漏，并在疏水至地漏的疏水管道上引一根 4″管道排汽至大气。

11.4 技　能

机组大修期间，蒸汽发生器的二次侧开人孔检查或蒸汽发生器二次侧水质不合格，需要对蒸汽发生器二次侧疏水。疏水过程中，需要对蒸汽发生器二次侧加压，向蒸汽发生器二次侧充氮气。

在汽轮机厂房 T/B042 房间操作疏水阀对蒸汽发生器二次侧疏水时，需要注意控制好阀门的开度，如果阀门开度过大，疏水流量超过地漏排水能力时，疏水从地漏反冒，造成地面积水，若疏水是高温水，有人员烫伤风险；若阀门开度过小，蒸汽发生器疏水时间增加，影响工作进度。因此执行蒸汽发生器疏水操作任务时，需要注意控制好疏水阀开度。

11.5 主要操作

11.5.1 系统投运

机组启动时，需投运蒸汽发生器排污系统。投运蒸汽发生器排污系统的大致过程如图 11-5-1 所示。

11.5.2 系统停运

机组停运后，需要停运蒸汽发生器排污系统。停运排污系统的大致过程如图 11-5-2 所示。

图 11-5-1　系统投运流程图

图 11-5-2　系统停运流程图

11.5.3　设备切换

蒸汽发生器排污流量控制阀定期切换，切换周期为 2 个月。

11.5.4　系统取样

对蒸汽发生器排污进行取样分析，监视水质指标，以作为控制蒸汽发生器二次侧水中杂质浓度依据，最大限度地减少蒸汽发生器内部构件腐蚀和结垢。

11.5.5　应急运行规程相关

在下列事故工况时，需隔离蒸汽发生器排污：

- 主蒸汽管道破裂；
- 丧失主给水；
- 失去Ⅳ级和Ⅲ级电源；
- 蒸汽发生器传热管破裂，轻水中氚监测系统(63862)探测到蒸汽发生器排污水中氚含量大于 3 μCi/L 时，排污隔离阀自动关闭，隔离蒸汽发生器排污。

复习思考题

1. 蒸汽发生器排污系统的功能是什么？

参考答案：

在蒸汽发生器二次侧因水不断蒸发，水中的杂质在蒸汽发生器二次侧不断浓缩，通过蒸汽发生器排污系统把含有浓缩杂质的水排走，以控制蒸汽发生器二次侧水中杂质的含量。

2. 请写出蒸汽发生器排污系统有几种排污方式，并写出适用情况及排污流量值。

参考答案：

蒸汽发生器有三种排污方式；

正常连续排污：在正常运行时，需要投入的连续排污流量为0.1%满功率蒸汽流量，即排污流量为0.25 kg/s×4。

最大连续排污：冷凝器传热管泄漏或给水的化学品质降低，蒸汽发生器二次侧水中杂质含量增加，将蒸汽发生器排污流量增大为1.5 kg/s×4的最大连续排污流量，以控制蒸汽发生器中水的化学品质。

异常排污：当4台蒸汽发生器中有1台蒸汽发生器排污水超标时，将此蒸汽发生器的排污流量增大为3.1 kg/s。

3. 蒸汽发生器二次侧从哪几个区域排污？

参考答案：

从蒸汽发生器二次侧的三个区域排污。

传热管冷段区域；

传热管热段区域；

管间通道区域。

4. 蒸汽发生器排污流量是如何控制的？

参考答案：

通过2个100%容量的流量控制阀控制蒸汽发生器排污流量，1个阀运行，另1个阀备用，由1个流量控制器控制流量控制阀开度，调节排污流量。

5. 排污隔离阀(3631-PV1～PV4)在什么情况下自动关闭？

参考答案：

当排污水中氚的含量大于3 μCi/L时，排污隔离阀自动关闭。

6. 请写出排污流量控制阀(3631-FCV4101A和3631-FCV4101C)在什么情况下自动关闭？

参考答案：

排污扩容箱的液位高报时，排污流量控制阀自动关闭。

7.当失去压空时,对蒸汽发生器排污系统将有什么影响?

参考答案:

失去压空时,气动排污隔离阀3631-PV1～PV4失效关,蒸汽发生器排污被隔离,没有排污。

第十二章　轻水泄漏收集系统（36910）

内容介绍

课程名称：轻水泄漏收集系统
课程时间：1 学时

学员：运行现场操作员
学员条件：完成本系统的课堂部分培训

最终培训目标：
1. 了解系统设备的现场布置；
2. 掌握各参数测量点的现场位置和在系统流程中的位置；
3. 熟练掌握现场巡检内容，正常参数、报警值、异常和故障识别技巧和技能；
4. 系统上操作和巡检存在的一些安全提示和危害，风险警示、运行实践；
5. 正常、应急时的操作和异常的现场响应；
6. 参照运行流程图模拟本系统的主要操作项目。

教学方式及教学用具：
培训方式：岗位培训
教员需要：
a. 流程图：8-36910-OF-1-1-E；
b. 白板等。

考核方法：现场考核（实际操作和模拟相结合）、口试

12.1 系统设备

12.1.1 设备清单和现场位置

(1) 总体描述系统设备的分布

轻水泄漏收集系统用于收集来自反应堆厂房内热交换器两道密封间的空腔、双道密封阀门引漏轻水和某些区域就地空气冷却器的冷凝水,收集水流通过重力作用最终被排入反应堆厂房放射性排水系统,防止反应堆内的重水蒸气降级,并通过观察泄漏指示器或窥视镜能够指示出泄漏水的来源。

大部分设备泄漏收集点的水流都被导入下列泄漏指示器或窥视镜:3691-LKI 1,3691-LKI 2,3691-LKI 3,3691-SG1,3691-SG2;蒸汽发生器房间就地空冷器 7311-LAC1~LAC8 的冷凝水被导入 R/B-502 房间的反应堆厂房放射性排水的地漏 FD5;慢化剂房间就地空冷器 7311-LAC28、LAC29 的冷凝水和慢化剂热交换器两道密封间空腔的泄漏水被导入 R/B-106 房间的反应堆厂房放射性排水的地漏 FD20。

(2) 正常运行期间可能操作和需要监视的设备清单

正常运行巡检时需检查泄漏指示器及泄漏窥视镜内泄漏情况。

泄漏指示器中有蒸汽或水泄漏时的收集处理。

蒸汽发生器房间就地空冷器 7311-LAC1~LA8 的轻水收集管线存在泄漏水时的处理。

(3) 需要进行现场实物介绍的设备

· 泄漏指示器(3691-LKI 1、3691-LKI 2、3691-LKI 3)

泄漏指示器 3691-LKI 1 和 3691-LKI 2 位于 R402 房间内,3691-LKI 3 位于 R305 房间内,如图 12-1-1 所示,为不锈钢制长方体,装有玻璃观察窗,便于观察其内引漏管的泄漏情况。大部分的热交换器两道密封间的空腔、双道密封阀门的引漏管线集中连接到泄漏指示器。泄漏指示器倾斜安装,低的一端下方装有疏水管线引至反应堆厂房放射性排水系统(71730),高的一端侧上方装有排气管线接到反应堆厂方通风系统管线(73120)。

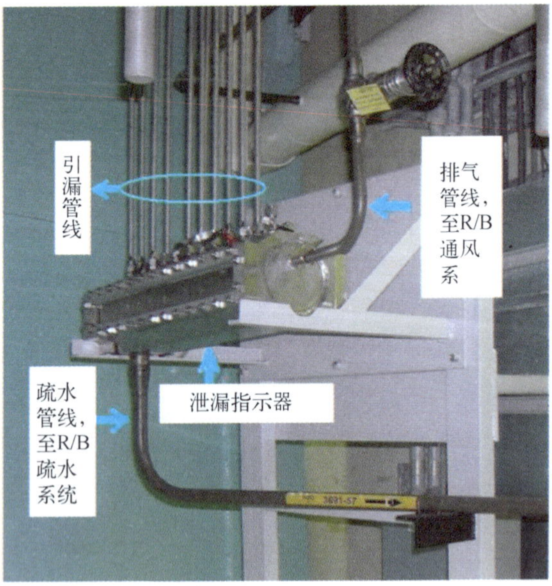

图 12-1-1 泄漏指示器

· 泄漏窥视镜(3691-SG1、3691-SG2)

泄漏窥视镜 3691-SG1 位于 R010 房间、3691-SG2 位于 R009 房间,如图 12-1-2 所示,为不锈钢制,前后装有玻璃观察窗,便于观察其内泄漏情况，底部连接到反应堆厂房放射性疏水系统管线，引至反应堆厂房放射性疏水收集地坑。

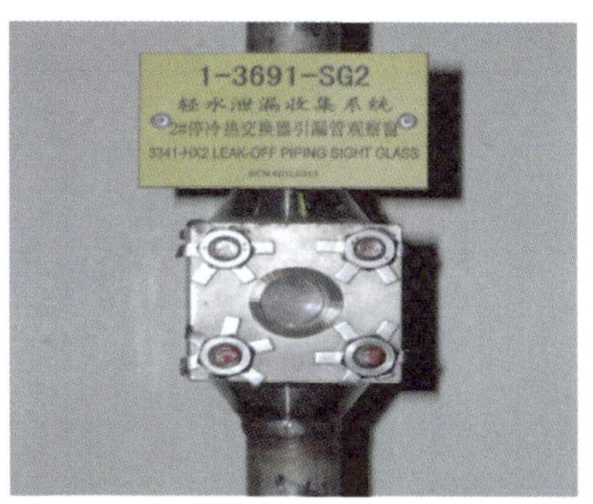

图 12-1-2　泄漏窥视镜

· 爆破盘(3691-RD1、3691-RD2)

爆破盘 3691-RD1 位于 R402 房间、3691-RD2 位于 R305 房间，如图 12-1-3 所示，用于泄漏指示器疏水到反应堆厂房放射性排水系统的疏水管线的超压保护，爆破压力为0.483 MPa(g)。

12.1.2　现场布置

本系统所有设备都布置于反应堆厂房内，主要设备分布也比较集中：泄漏指示器 3691-LKI 1、3691-LKI 2 位于 R402；3691-LKI 3 位于 R305，这样较高的位置可以直接通过重力而无须其他动力装置即可将收集到的轻水疏到反应堆厂房放射性疏排水集管；爆破盘 3691-RD1 位于 R402 房间、3691-RD2 位于 R305 房间；泄漏窥视镜 3691-SG1 位于 R010 房间墙壁上、3691-SG2 位于 R009 房间墙壁上；而本系统的引漏管线则遍布反应堆厂房，3691-LKI 泄漏收集系统管线与阀门的对应关系如表 12-1-1 所示。

图 12-1-3　爆破盘

表 12-1-1　3691-LKI 泄漏收集系统管线对应表

序号	管线号	管线上的标识	起　点	终止点
1	T1/2W3691-5	1-36910-L5	7134-V86	LKI-1
2	T1/2W3691-6	1-36910-L6	7134-V85	LKI-1
3	T1/2W3691-7	1-36910-L7	7134-V84	LKI-1

续表

序号	管线号	管线上的标识	起　点	终止点
4	T1/2W3691-8	1-36910-L8	7134-V83	LKI-1
5	T1/2W3691-9	1-36910-L9	7134-V93	LKI-1
6	T1/2W3691-10	1-36910-L10	7134-V92	LKI-1
7	T1/2W3691-18	1-36910-L18	3311-BO2	LKI-1
8	T1/2W3691-19	1-36910-L19	3311-BO3	LKI-1
9	T1/2W3691-20	1-36910-L20	3311-BO4	LKI-1
10	T1/2W3691-21	1-36910-L21	3431-PV1	LKI-1
11	T1/2W3691-22	1-36910-L22	3431-PV3	LKI-1
12	T1/2W3691-23	1-36910-L23	3431-PV5	LKI-1
13	T1/2W3691-24	1-36910-L24	3431-PV7	LKI-1
14	T1/2W3691-25	1-36910-L25	3431-PV9	LKI-1
15	T1/2W3691-26	1-36910-L26	3431-PV11	LKI-1
16	T1/2W3691-1	36910-L1	7134-V91	LKI-2
17	T1/2W3691-2	36910-L2	7134-V89	LKI-2
18	T1/2W3691-3	36910-L3	7134-V88	LKI-2
19	T1/2W3691-4	36910-L4	7134-V87	LKI-2
20	T1/2W3691-11	36910-L11	7134-V95	LKI-2
21	T1/2W3691-12	36910-L12	7134-V94	LKI-2
22	T1/2W3691-13	36910-L13	7134-V97	LKI-2
23	T1/2W3691-14	36910-L14	7134-V96	LKI-2
24	T1/2W3691-15	36910-L15	7134-V99	LKI-2
25	T1/2W3691-16	36910-L16	7134-V98	LKI-2
26	T1/2W3691-17	36910-L17	3311-BO1	LKI-2
27	T1/2W3691-29	36910-L29	3335-HX2	LKI-2
28	T1/2W3691-35	36910-L35	7134-V75	LKI-2
29	T1/2W3691-37	36910-L37	7134-V74	LKI-2
30	T1/2W3691-70	36910-L70	7134-V44	LKI-2
31	T1/2W3691-71	36910-L71	7134-V31	LKI-2
32	T1/2W3691-38	36910-L38	7134-V71	LKI-3
33	T1/2W3691-40	36910-L40	7134-V72	LKI-3
34	T1/2W3691-45	36910-L45	3332-HX1	LKI-3
35	T1/2W3691-47	36910-L47	7134-V67	LKI-3
36	T1/2W3691-48	36910-L48	7134-MV40	LKI-3
37	T1/2W3691-49	36910-L49	7134-V66	LKI-3
38	T1/2W3691-50	36910-L50	3332-CD2	LKI-3
39	T1/2W3691-52	36910-L52	7134-V65	LKI-3
40	T1/2W3691-53	36910-L53	7134-V64	LKI-3
41	T1/2W3691-73	36910-L73	7134-V7	LKI-3
42	T1/2W3691-74	36910-L74	7134-V8	LKI-3

12.1.3　系统接口

轻水泄漏收集系统与以下系统有接口。

反应堆厂房通风系统(73120)：本系统泄漏指示器3691-LKI1/LKI2、3691-LKI3倾斜上端头与反应堆厂房通风系统相连，用于有泄漏时泄漏指示器的排气。

R/B放射性排水系统(71730)：泄漏指示器3691-LKI1/LKI2、3691-LKI3倾斜下端头与反应堆厂房放射性疏排水系统相连，将泄漏指示器收集到的轻水疏排至R/B放射性排水系统集管。泄漏窥视镜3691-SG1、3691-SG2则将收集到的3341-HX1/HX2两道密封间的水通过与反应堆厂房放射性疏排水管线相连直接疏排到7173-SUMP3/SUMP4。

另外，本系统不锈钢制用于泄漏水引流的引漏管线则与需引漏的众多热交换器两道密封间的空腔、双道密封阀门和某些区域就地空气冷却器的冷凝水收集盘相连。

12.1.4　取样点

就地空冷器7311-LAC1至LAC8若有冷凝水将引起63861-ME49报警，这时需要根据报警响应规程打开3691-V6，将冷凝水导入R/B-502房间的反应堆厂房放射性排水的地漏FD5，然后再打开7173-V47进行取样分析，以确认收集水是凝结水或就地空冷器的冷却盘管发生破裂引起的泄漏水。

若就地空冷器7311-LAC28、LAC29有冷凝水和慢化剂热交换器两道密封间空腔有泄漏水，将被导入R/B-106房间的反应堆厂房放射性排水地漏FD20，会引起63861-ME10报警，这时需要根据报警响应规程打开7173-V60进行取样分析，以确认收集水是凝结水或就地空冷器的冷却盘管发生破裂引起的泄漏水还是慢化剂热交换器密封的泄漏水。

12.2　系统参数

不适用。

12.3　风险警示和运行实践

12.3.1　风险警示

12.3.1.1　人员风险

(1) 高温

来自某个系统的蒸汽泄漏或大量水的泄漏会造成泄漏指示器模糊不清而无法目视判断泄漏源，此时就需要采取用手触摸泄漏收集管的判断方法。触摸时，要注意用手轻轻碰触或采取适当的防护措施以免烫伤。

(2) 氚

来自蒸汽发生器房间和慢化剂房间就地空冷器的冷凝水可能包含因主热传输系统、慢化剂系统设备泄漏而带来的氚水。在取样确认是轻水前，要按重水处理采取适当的防护措施。

12.3.1.2 设备风险

泄漏指示器 3691LKI-1、LKI-2 或 LKI-3 的溢流可能导致水或蒸汽进入反应堆厂房通风系统，而水分的进入将会降低通风系统过滤器的吸收效率。因此，当泄漏指示器 3691-LKI-1 和/或 LKI-2 溢流时，根据异常响应规程应当尽快关闭排气阀 3691-V4；当泄漏指示器 3691-LKI-3 溢流时，根据异常响应规程应当尽快关闭排气阀 3691-V5。

12.3.2 运行实践

(1) 巡检

在日常巡检中，应当检查泄漏收集器 3691-LKI 1～LKI 3 和窥镜 3691-SG1、SG2 的泄漏情况。来自不同系统或设备的泄漏都应记录下来。完备的、可追溯的泄漏信息将有助于及时发现系统设备的异常。

(2) 爆破盘状态检查

没有任何相关报警来反映爆破盘 3691-RD1 和 RD2 的状态，因此在日常巡检中应当检查爆破盘状态，爆破盘应完整无损，无水无气体漏出。

12.3.3 经验反馈

2006 年 5 月 21 日，运行人员巡检发现 2 号机组 36910-L24 到 LKI-1 的管口处有不明白色物质，该管线当时无水流出，如图 12-3-1 所示。3691-L24 所属管线是用于 3431-PV7 填料出现泄漏时引漏的，而 3431-PV7 在 2006 年 5 月 20 日曾做过阀门开关试验。经过分析 3431-PV7 的填料密封采用的材料是石墨填料，而现场发现的异物经化学分析鉴定确认为纸质纤维物，同时 3691-L24 并没有水流出，由此可以排除 3431-PV7 填料密封出现破损的情况。而喷淋水箱中的异物要通过阀门的填料密封进入到引漏管线中，同时阀门填料保持完整，这也是不可能发生的。因此，此异物可以确定为调试期间遗留在引漏管内的异物。为了确保该段引漏管没有被堵塞，202 大修期间对此段管线用压缩空气进行了吹扫确认，检查没有发现阀门填料密封引漏管线堵塞。

图 12-3-1 2 号机组 36910-L24 到 LKI-1 管口处的白色物质

12.4　技　能

12.4.1　3691-LKI中有蒸汽或/和大量水的泄漏收集处理流程

3691-LKI 中有蒸汽或/和大量水的泄漏收集处理流程如图 12-4-1 所示。

12.4.2　蒸汽发生器房间 LAC 的轻水收集管线存在水流时处理流程

图 12-4-2 所示为蒸汽发生器房间的 7311-LAC1～LAC8 轻水收集流程。

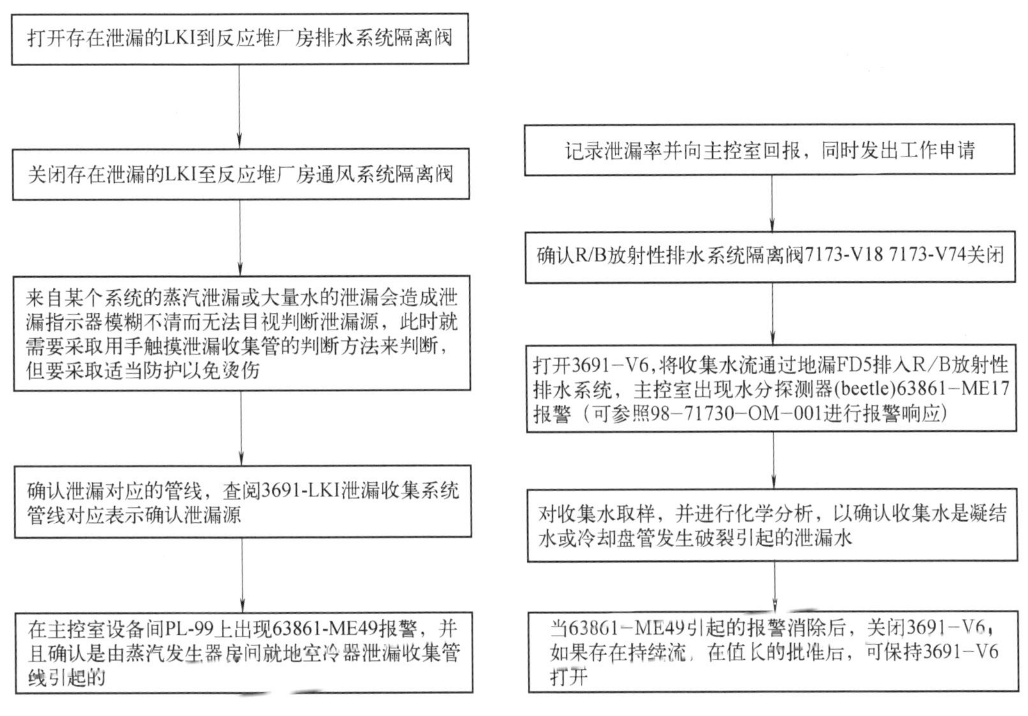

图 12-4-1　泄漏收集处理流程　　　图 12-4-2　蒸汽发生器房间轻水收集流程

情况说明：由于蒸汽发生器房间的露点正常值为－38 ℃而循环冷却水(RCW)的温度为 18～35 ℃，因此一般情况下蒸汽发生器房间就地空冷器的收集水管线中并没有水流。但是，如果蒸汽发生器房间的露点异常升高或就地空冷器冷却盘管发生破裂，就会产生收集水流。所有的收集水汇集到冷凝盘中，水分探测器(Beetle)63861-ME49 就能够探测到水流。

12.5　主要操作

投运轻水泄漏收集系统流程如表 12-5-1 所示。

表 12-5-1 投运轻水泄漏收集系统

序号	操作内容	设备位置
1	打开至 R/B 放射性排水系统隔离阀 3691-V1	R-305
2	打开至 R/B 放射性排水系统隔离阀 3691-V2	R-010
3	打开至 R/B 放射性排水系统隔离阀 3691-V3	R-009
4	打开至反应堆厂房通风系统隔离阀 3691-V4	R-402
5	打开至反应堆厂房通风系统隔离阀 3691-V5	R-305
6	关闭至 R/B 放射性排水系统隔离阀 3691-V6	R-502
7	打开 R/B 放射性排水系统隔离阀 7173-V71	R-402

注:本系统从调试完成起就一直处于运行状态。

复习思考题

1. 轻水泄漏收集系统的功能是什么?

参考答案:

轻水泄漏收集系统用于收集来自反应堆厂房内热交换器两道密封间的空腔、双道密封阀门和某些区域就地空气冷却器的冷凝水收集盘内的轻水,收集水流通过重力作用最终被排入反应堆厂房放射性排水系统,防止反应堆内的重水蒸气降级,并能够指示出泄漏的位置。

第十三章　重水供给系统(38110)

内容介绍

课程名称:重水供给系统
课程时间:2 学时

学员:现场操作员
学员条件:完成本系统的课堂部分培训

最终培训目标:
1. 了解本系统主要设备的现场布置;
2. 熟练掌握现场巡检内容,了解本系统主要参数、报警值、异常和故障识别技巧;
3. 掌握本系统的常规操作,了解本系统的风险和运行实践;
4. 了解本系统与其他系统的接口位置。

教学方式及教学用具:
培训方式:岗位培训
教员需要:
a. 流程图;
b. 白板等。

考核方法:现场考核(实际操作和模拟相结合)、口试

13.1　系统设备

13.1.1　重水供给系统的功能

- 储存和输送主热传输系统和慢化剂系统的重水;
- 向氘化除氘系统提供重水;
- 储存来自升级塔的重水;
- 储存和输送重水桶的重水。

13.1.2 设备清单

重水供给系统包括4个重水供应箱,2台重水传输泵,1个重水桶输送站,1个就地控制盘台。

重水供应系统主要组成设备介绍如下。

(1) 重水供应箱

重水供应系统有4个相同的不锈钢重水供应箱3811-TK1/TK2/TK3/TK4,每个容积为71 m^3。根据氚水和重水浓度的不同,热传输级的重水储存在3811-TK1和TK2中,慢化剂级的重水储存在3811-TK3和TK4中。这4个供应箱位于1号机组S1-018房间,如图13-1-1所示。

系统布置在S/B零层,便于重水充装。我厂新重水一般放在S1-149房间,通过吊装孔接软管以重力输送到选定重水供应箱中。

(2) 重水传输泵

重水传输泵3811-P1/P2为罐式离心泵。由于重水兼作泵体及轴承冷却剂,所以严禁无水运行和无流量运行。

泵额定流量6.3 L/s,3811-P1用于TK1和TK2传输重水,3811-P2用于TK3和TK4传输重水。

3811-P1和P2位于S1-015房间,如图13-1-2所示。

图13-1-1 重水供应箱

图13-1-2 重水传输泵

(3) 重水桶输送站

重水桶输送站位于S1-015房间,用于重水桶的充装和排空,如图13-1-3所示。在重水桶输送区域上方有1根通往重水蒸气回收系统的抽气风管,防止操作中逸出的重水蒸气污染空气。系统设置2对软管(Y1,Y2和Y3,Y4),通过该软管使用仪用空气可将重水桶内重水全部输送到供应箱。也可以通过重水传输泵P1或P2利用软管将供应箱重水输送至重水桶。

S-015有1台磅秤监督重水桶中重水的充装,即充装时以重量判断桶内重水的充装量,如图13-1-4所示。

(4) 重水流量观察窗3811-SG1,SG2

重水流量观察窗,用于从重水供应箱向重水桶传输重水或从重水桶向重水供应箱传输

图 13-1-3　重水桶输送站

图 13-1-4　磅秤

重水时监视水流情况;位于 S1-015 房间,如图 13-1-5 所示。

在从重水桶向重水供应箱传输重水时,如果流量观察窗中无水流通过则说明桶内重水已经传输完毕。从重水供应箱向重水桶传输重水时,3811-SG1/SG2 可以协助判断管线是否堵塞,重水桶的空与满则通过称重来判断。

(5) 压力安全阀 3811-RV29 和 RV34

重水桶输送站通过 2 个安全阀进行超压保护。RV-29 保护由于仪用空气高压力引起的超压,RV-34 保护由于重水桶重水高压力引起的供应箱充水时的超压。2 个安全阀开启的设定值均为 140 kPa。安全阀位于 S-015 房间。

(6) 重水取样站 3811-SS1

3811-SS1 位于 S-015 房间;用于供应箱的重水取样,如图 13-1-6 所示。取样时化学人员用取样针扎入垫片中抽取重水,这样可以保证系统中的重水不会因为取样而泄漏出来;既可以减少重水损失,又可以减少对人员的辐射危害。

图 13-1-5　重水流量观察窗

图 13-1-6　重水取样站 3811-SS1

(7) 就地控制盘

控制盘台布置在 S1-015 房间，编号分别为 63811-PL1198，63811-PL1199，如图 13-1-7 所示。

盘台上包括有：

- 4 个重水供应箱的高液位报警窗和低液位报警窗；
- 4 个重水供应箱的液位计；
- 2 台重水传输泵的控制手柄；
- 6 个气动阀的 EMI 阀位开关指示，分别为：9801-3336-PV62，9802-3336-PV62，9801-3222-PV62，9802-3222-PV62，9801-3211-PV32，9802-3211-PV32；
- 1 个圆形 LAMP TEST 按钮用来测试 2 台泵的控制手柄的背灯；
- 4 个带弹簧保护压盖的方形按钮，分别用于报警测试、消音、确认和复位。

图 13-1-7　就地控制盘

13.1.3　系统接口与现场位置

本系统主要设备均在 S015 房间，具体与其他系统接口如表 13-1-1 所示。

表 13-1-1　系统接口与现场位置表

与本系统相连的系统名称		接口设备及现场位置
1 号机组	32110 慢化剂系统	1-3211-V34,在 S1-022 平台上
	32220 慢化剂氘化除氘系统	1-3222-PV62,在 S1-318 1-3222-V35,在 S1-004
	33360 主热传输氘化除氘系统	1-3336-PV62,在 R1-501 1-3336-V35,在 R1-406
	38420 重水升级系统	1-3842-V565、V065,在 D235
	33330 重水装量系统	1-3333-PV13,在 R1-504
	2 号机组与本系统隔离阀	1-3811-V41 ,在 S1 015
	38310 重水蒸气回收系统	接在 4 个重水供应箱上部
2 号机组	33360 主热传输氘化除氘系统	2-3336-PV62,在 R2-501 2-3336-V35,在 R2-406
	32220 慢化剂氘化除氘系统	2-3222-PV62,在 S2-318 2-3222-V35,在 S2-004
	32110 慢化剂系统	2-3211-V34,在 S2-022 平台上
	33330 重水装量系统	2-3333-PV13,在 R2-504

13.2　系统参数

从重水高位储存箱(3333-TK1)向重水供应箱传输重水靠的是重力,在从本系统向其他系统传输重水时以重水传输泵为动力传输。从重水桶向重水供应箱传输重水则使用仪表压空作动力。

(1) 压力

位置	仪表	正常读数
3811-P1 出口	63811-PI6	650 kPa
3811-P2 出口	63811-PI7	650 kPa

(2) 温度

本系统无温度指示。系统设备和储存的重水是环境温度。

(3) 液位

位置	仪表	A/I	正常读数
3811-TK1	63811-L1	1144	200～3 300 mm
3811-TK2	63811-L2	1145	200～3 300 mm
3811-TK3	63811-L3	1146	200～3 300 mm
3811-TK4	63811-L4	1147	200～3 300 mm

(4) 流量

在从重水桶向重水供应箱内传水时可以通过重水桶站的重水流量观察窗 3811-SG1 和 SG2 观察水流,系统本身没有流量指示。设计上泵运行时,可以提供最高 6.3 L/s 的流量。

13.3 风险警示和运行实践

重水供应系统的重水中含有氚,当需要传输重水的时候,应该做好氚防护。用注射器取样时,必须用拇指按住注射器的塞子,以防止系统的压力将塞子挤出造成重水洒落(针孔取样由化学人员完成)。

在重水供应系统内要严格区分从热传输系统与从慢化剂系统来的重水,以维持各自系统的重水同位素和氚浓度,并维持系统的化学指标。热传输重水通常储存在 3811-TK1 和 TK2 中,慢化剂重水通常储存在 3811-TK3 和 TK4 中。所有 4 个重水供应箱为 1 号机组和 2 号机组共用。

传输重水时,如果重水供应箱中没有良好的排气,重水供应箱形内将形成真空,可能造成水箱坍塌损坏。因此在开始传输重水前,要确认重水供应箱排气到重水蒸气回收系统 1-3831-DR7/8 和 1-3831-DR1/2/3/4的管线没有隔离。

13.4 操作技能

(1) 阀门操作

本系统阀门的操作手柄与其他系统的同类阀门有所不同。一般同类阀门的操作手柄与阀芯的通流方向一致,而本系统的手动阀门的操作手柄与阀芯的通流方向垂直。因此,不能根据手柄的方向来判断重水供应系统的手动球阀的开关状态,而应该根据球阀转动轴上的流向指示箭头的方向来判断。当追随指示箭头和管线平行时阀门状态为开,当追随指示箭头和管线垂直时阀门状态为关。如图 13-4-1 所示即为阀门关闭的状态。

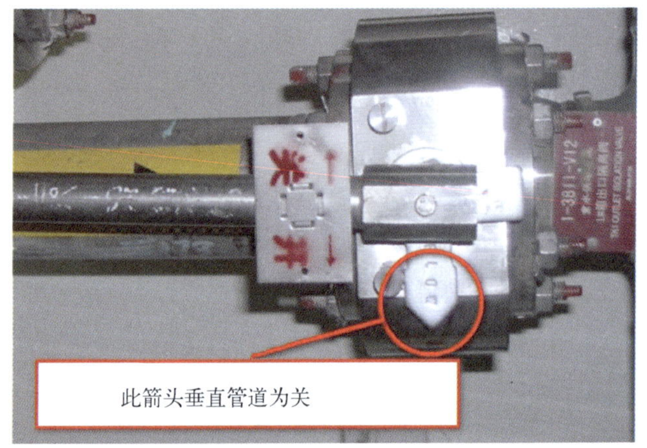

图 13-4-1 阀门指示

(2) 泵的操作

通过重水传输泵传输重水的操作过程中,运行人员必须连续监视泵的运行和相关重水供应水箱液位,确保泵不会空转。因为重水传输泵没有低液位自动停泵的逻辑,一旦系统中的重水排空,泵的轴承将因为失去冷却而损坏。

从重水供应系统向慢化剂或重水储存箱 3333-TK1 补水时,如果泵在传输操作过程中故障停运，由于慢化剂和重水储存箱 3333-TK1 位置高于重水供应箱，重水将从循环管线倒流回重水供应箱。所以向慢化剂系统和热传输重水储存箱补水时要连续监视相关重水箱液位，并在停泵前及时关闭系统隔离阀。

在平时传水过程中，需要部分打开重水箱进口阀作为泵的回流阀来调节泵出口压力；当泵出口压力大于 300 kPa 时，泵可以连续运行；根据实际操作经验，当泵出口压力在 650 kPa 左右时，泵运行最稳定，声音和震动最小。

如果在泵运行过程中发现泵震动声音增大，泵出口压力异常下降，可初步判断重水箱液位过低，应及时检查重水箱液位并立即汇报主控停泵。

(3) 操作注意事项

- 认真查阅重水管理周计划，确保使用合适的重水供应箱；
- 确认好边界阀门状态，防止高低氚重水混合，防止重水泄漏或传错；
- 在启动泵前后与主控联系，对箱体液位连续监视，如果液位变化异常应该立即停泵；
- 传输完闭后按规程要求停泵，恢复阀门状态；
- 记录下相关箱体液位做好重水传输单的填写。

(4) 其他

在 EOP(应急运行规程)中，也有部分内容涉及本系统的补水操作。主要目的是向重水储存箱补充重水，以保证充足的 HTS 装量用于 HTS 降温，其操作内容和正常操作没有差别，但由于是事故工况，要求在操作准确的基础上响应更加迅速。

13.5　主要操作

主要操作可查阅运行手册 98-3811-OM-001。

从重水供应系统向其他系统补充重水时都要启动重水传输泵作为动力来传输。而从其他系统将重水输送回本系统时则以重力(如：从重水储存箱 3333-TK1 向 3811-TK1/TK2 传输重水)或压空(如新重水向重水供应箱充装时，从重水桶利用仪表压空作为动力向重水供应箱充装重水)作为动力。虽然本系统可向多个系统传输重水，但基本操作大同小异。重水供应箱 3811-TK1 取样操作简要流程如图 13-5-1 所示。

如果是向系统中传输重水，则还需操作相应的系统隔离阀，并在重水传输完毕后填写重水传输单。

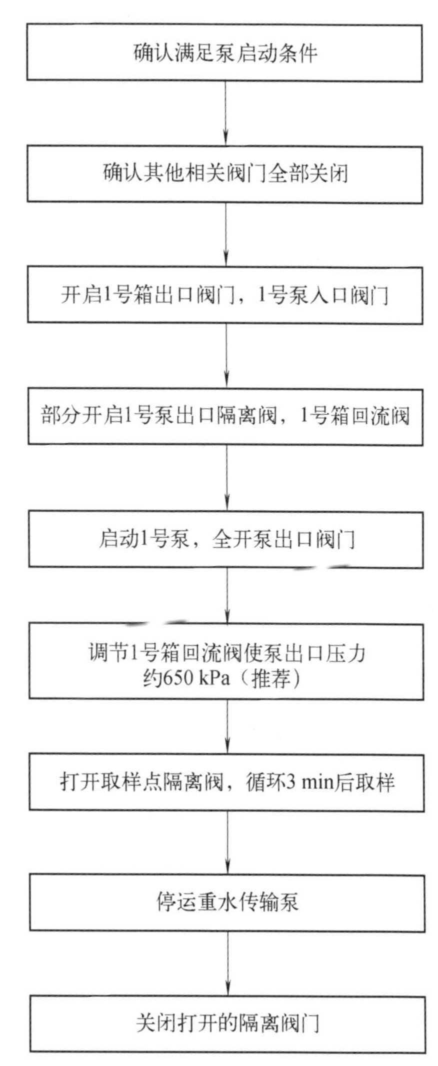

图 13-5-1　取样操作简要流程图

复习思考题

1. 如果要采用 3811-P2 代替 P1 将重水从 3811-TK1/2 送往 3336 系统,应该注意什么?

参考答案:

先用 3811-TK1/2 的低氚重水冲洗 3811-P2,重水返回 3811-TK3/4,以防高氚重水混入低氚重水。

2. 来自慢化剂重水与来自冷却剂重水为何要分开贮存?

参考答案:

慢化剂重水与冷却剂重水同位素浓度不一样,同时它们的氚浓度也不一样,为了防止高氚重水与低氚重水混合,同时防止高浓度重水和低浓度重水混合,慢化剂重水需要与冷却剂重水分开贮存。

3. 从 3811-TK1 向 3333-TK1 输送重水过程中发现 3811-TK1 液位不降反涨,而 3333-TK1 液位却在下降,这是什么原因?操纵员应该检查什么项目?

参考答案:

因为 3333-TK1 位置比 3811-TK1 高,所以如果输送压力不足可能会造成 3333-TK1 水返回流入 3811-TK1;

如果发生这种现象,操纵员应检查 3811-P1 运行是否正常,至 3811-TK1 的回流阀开度是否过大。

第十四章　重水蒸气回收系统（38310）

内容介绍

课程名称：重水蒸气回收系统
课程时间：2 学时

学员：新入厂职工
学员条件：完成本系统的课堂部分培训

最终培训目标：
1. 系统设备的现场布置；
2. 掌握各参数测量点的现场位置和在系统流程中的位置；
3. 熟练完成现场巡检内容，正常参数、报警值、异常和故障识别技巧和技能；
4. 系统上操作和巡检存在的一些安全提示和危害，风险警示、运行实践；
5. 正常、应急时的操作和异常的现场响应。

教学方式及教学用具：
培训方式：岗位培训
教员需要：
a. 流程图；
b. 白板等。

考核方法：现场考核（实际操作和模拟相结合）、口试

14.1　系统设备

14.1.1　系统描述和设备介绍

14.1.1.1　系统目的

秦山第三核电站两台重水堆机组采用重水作为慢化剂和冷却剂，每台机组约 500 t 重

水装量。电站正常运行过程中,不可避免的会产生一些重水的蒸发损失,如重水系统泄漏、重水取样、设备检修等。为减少重水损失,降低运行成本,这些损失的重水必须最大限度地进行回收利用。另一方面,系统中的重水经辐照后形成的氚是造成人员内照射的主要原因之一。为降低重水堆机组工作人员的内照射剂量、减少氚对环境的影响,也需要进行重水回收。

重水蒸气回收系统的主要目的是回收可能存在气态或液态重水房间内的重水蒸气,防止污染空气,并使重水损失降低到最低程度。重水蒸气回收系统被分成 4 个不同的组,使其回收特定的 4 个区域的重水蒸气。各回收区域、大体流程及与通风系统的联系如图 14-1-1 所示,具体描述详见 14.1.1.2 节(系统的组成及分布)。

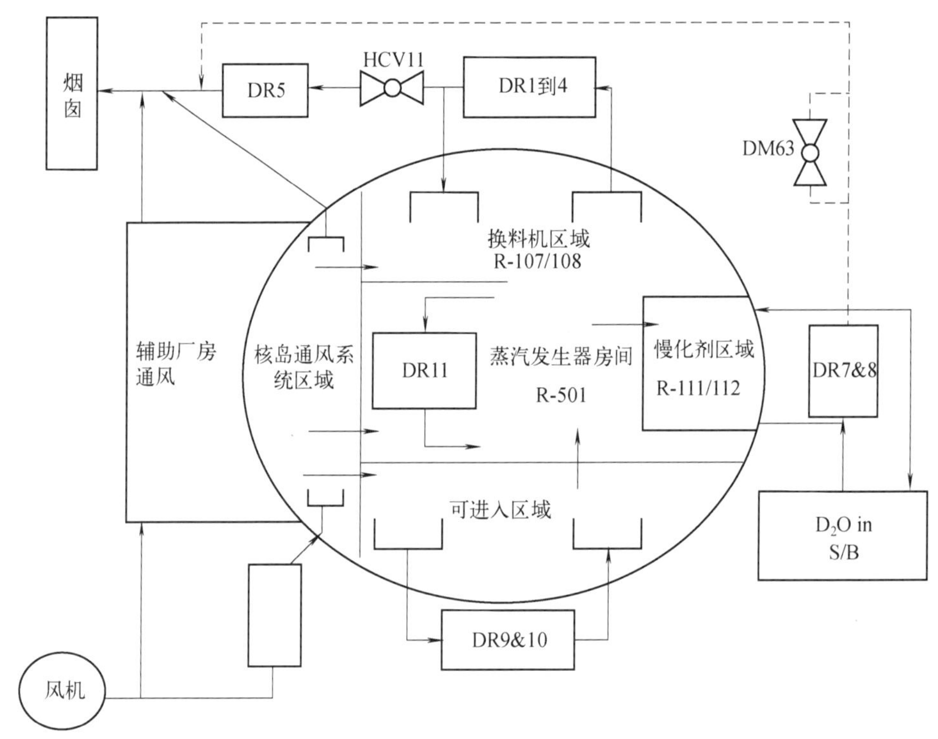

图 14-1-1 38310 系统的大体流程式

14.1.1.2 系统的组成及分布

重水蒸气回收系统由 3831-DR1～5、3831-DR7～11、4 个重水收集箱、3 台传输泵、温度和流量探头、露点探头,及风管和阀门组成。3831-DR1～DR4、3831-DR7、DR8 位于 S147 房间,3831-DR5、3831-DR9、DR10 位于 S009 房间,3831-DR11 位于 R501(3333-TK1 下方)。各 DR 的回收区域如下:

(1) 3831-DR1～DR4 回收 RB 的不可接近区域及换料机服务间 R107、R108 的重水蒸气;3831-DR5 用于建立 R-201 与 R-107/R-108 房间的压差;

(2) 3831-DR7、DR8 回收 RB 的慢化剂泵区域 R112 及 SB 的重水管理区域的重水蒸气;

(3) 3831-DR9、DR10 回收 RB 的可接近区域的重水蒸气;

(4) 3831-DR11 回收 R501 的重水蒸气。

各区域均有管道连接到干燥器,各区域的风量调节阀位于该区域内,其他风门均在干燥器所在房间。如此布置,便于有效地进行辐射控制及系统的正常操作与巡检;同时便于LOCA后对 RB 厂房进行降压与扫气。

系统干燥器 DR 有单床干燥器和双床干燥器两种类型。单床干燥器由 1 个干燥床组成,在吸附和再生时使用同一台风机。双床干燥器由 2 个干燥床,2 台风机组成。正常运行时 1 台吸附,1 台再生。3831-DR5 和 3831-DR11 为双床干燥器,其他都为单床干燥器,另 3831-DR5 没有冷凝器。双床干燥器和单床干燥器的典型组成如图 14-1-2 和图 14-1-3 所示。

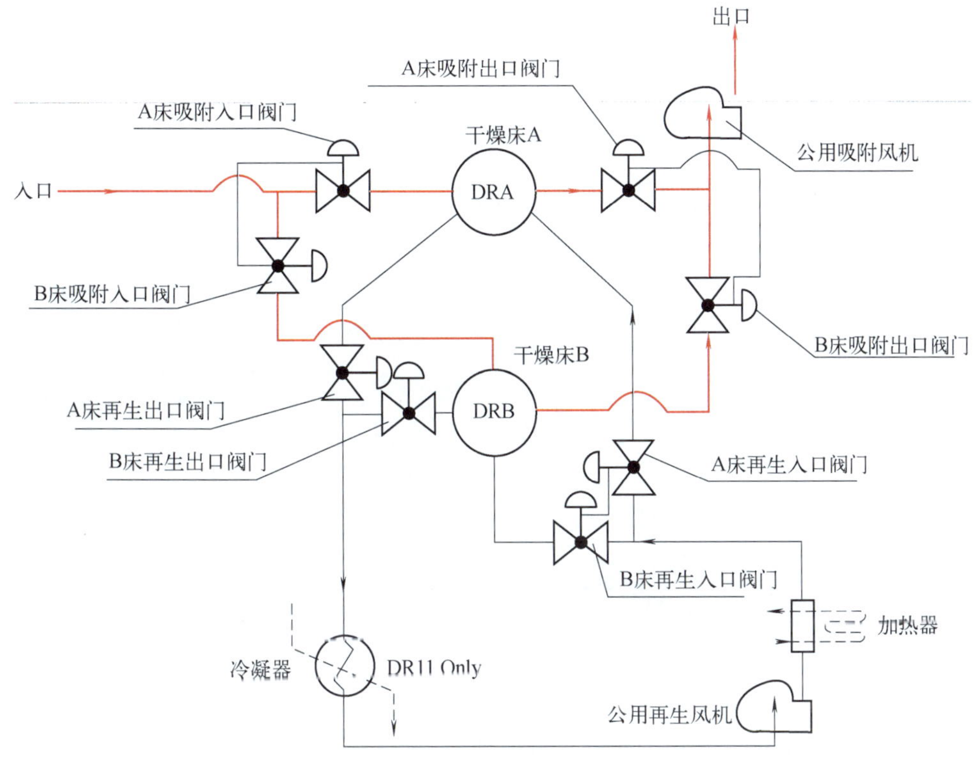

图 14-1-2　双床干燥器示意图

14.1.1.3　系统设备介绍

干燥床为圆柱状立式桶体,内装有干燥剂,如图 14-1-4 所示。干燥剂置于 2 块覆有细网格板的金属搁架之间,具有很强的表面吸附性,可以充分捕集空气中的水分和氚。在空气的进口管前装有导向板,保证所有进入干燥床的空气都通过干燥剂。

冷凝器设置在干燥床的出口,用来冷却通过 DR 的空气和在再生期间冷凝空气中的水汽。冷冻水(10 ℃,140 L/min)从铜镍合金制成的冷却盘管上流过,通过铝合金散热片进行热交换,空气通过壳侧。冷凝器出口处布置有汽水分离器,防止被冷凝的水进入风机。

风机和电机布置在一水平放置的密闭壳体中。风机为离心式,它们从蜗壳中心吸气,从顶部排气。

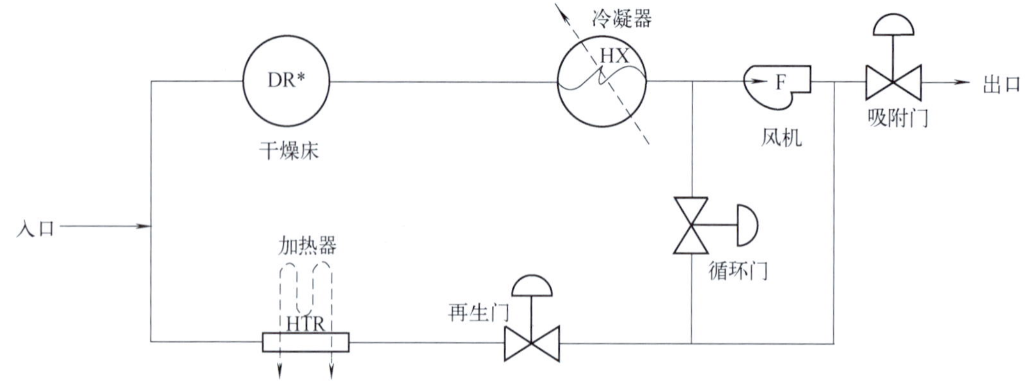

图 14-1-3 单床干燥器示意图

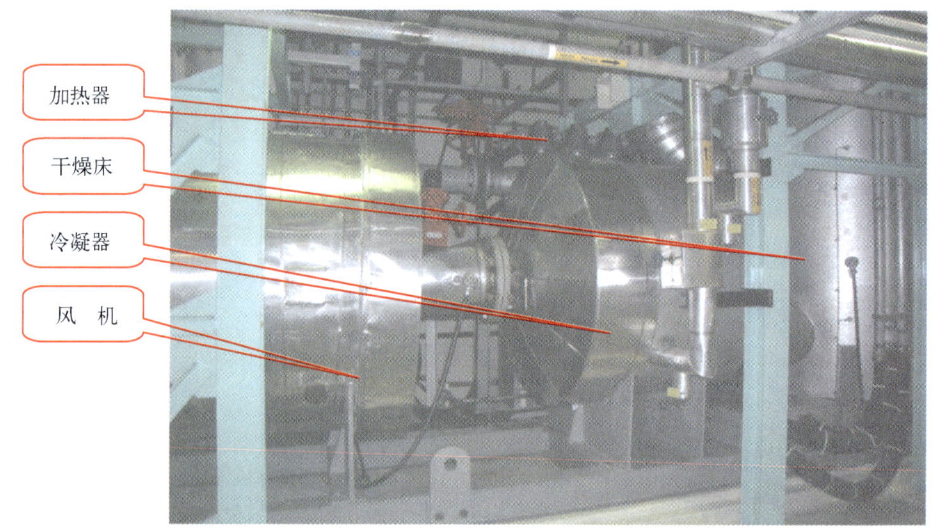

图 14-1-4 干燥器的各组件

加热器用于加热空气,利用加热空气将干燥剂中所吸附的水分蒸发。单床干燥器的加热器由 5 组构成,每组 40 kW,共 200 kW。双床干燥器,只有 1 组加热器。

重水收集箱 3831-TK1～TK4,用于收集系统回收的降级重水。TK1,TK2 和 TK3 的容量为 1.514 m^3,TK4 容量为 0.3 m^3,都能承受 125 kPa 的内压。3831-TK1,TK2 位于 S-022 房间,用于收集 R-107/R108 及 R-501 区域的重水。3831-TK3 位于相同区域,收集来自慢化剂泵区域 R-112 及 SB 的重水管理区域的重水。3831-TK4 位于 S-008 房间,用于收集 RB 的可接近区域的重水。

14.1.2 系统接口

与本系统接口的主要是可能存在气态重水和氚的箱体,以便进行箱体的排气吹扫。它主要包括如下接口系统:

主热传输净化系统(33350);

主热传输氘化去氚系统(33360)；

主热传输泄漏收集系统(33810)；

压力与装量控制系统(33300)；

慢化剂净化系统(32210)；

慢化剂氘化去氚系统(32220)；

慢化剂覆盖气体系统(32310)；

慢化剂泄漏收集系统(32510)；

慢化剂毒物添加系统(32710)；

冷冻水系统(71940)。

在进行重水箱体疏水后吹干时，切记确认箱体内的重水已疏空，方可连于重水蒸气回收系统进行吹扫，以防止重水直接进入风管，引起放射性物质扩散。2 号机组曾因 3221-FR1 的吹扫发生了上述的事件。2006 年 11 月 5 日，202 大修后期，由于 3221-FR1 疏水后未完全沥干即开始使用压空吹扫，吹扫过程中残存的重水造成重水蒸气回收系统管道内壁污染，使安全壳隔离系统的高放射性本底异常升高。

14.1.3　就地盘台

干燥器的就地控制盘台如图 14-1-5 所示。

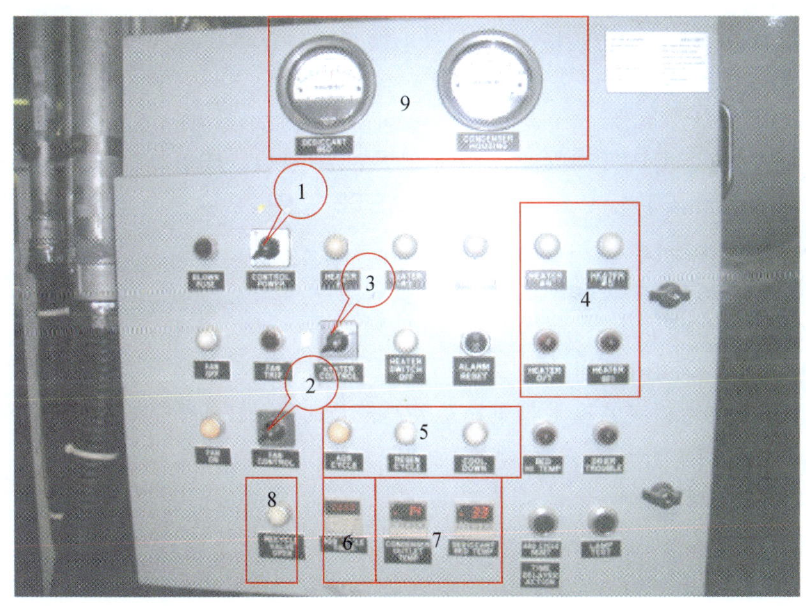

图 14-1-5　干燥器的就地控制盘台

重水蒸气回收系统的干燥器通过就地控制盘来控制，如图 14-1-6 所示。控制盘均设置于干燥器本体上，采用可编程控制器(PLC)作为控制元件。控制盘上包括：1. 电源开关；2. 风机开关；3. 加热器开关；4. 报警指示；5. 运行模式指示；6. 定时器；7. 温度设定及指示；8. 旁通阀位置指示；9. 干燥床及冷凝器的压差指示。

各重水收集箱的液位指示、重水传输泵及出口气动阀控制位于 S015 的 60710-PL1101

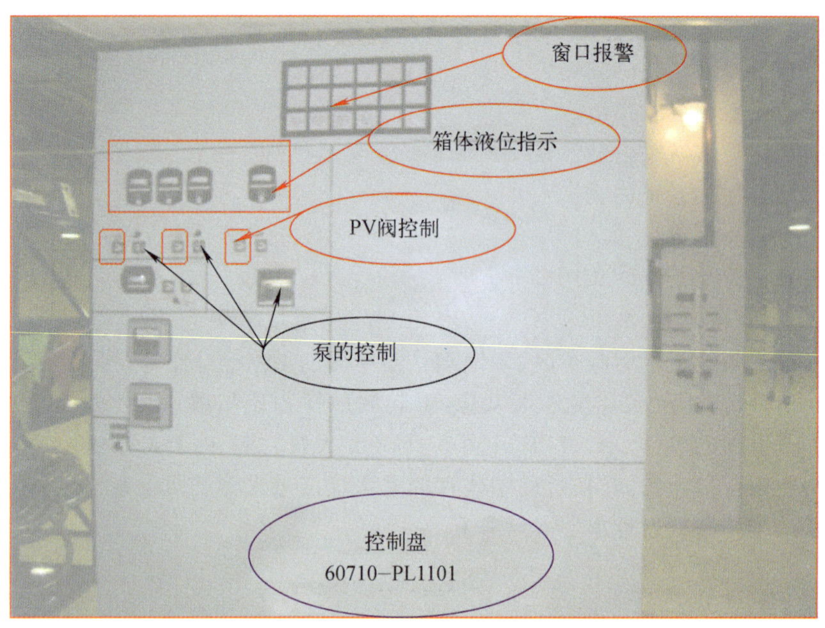

图 14-1-6　重水收集箱的相关控制盘

控制盘上。传水泵及出口 PV 阀均由控制盘上的手动三位选择开关进行控制。

重水传输泵的控制如下：

- “STOP”位泵停运；
- “AUTO”位当出口气动阀的选择开关也在“AUTO”，且相应重水收集箱达到高液位时，操作人员按下“AUTOMATIC WASTE”按钮，泵就会自动启动，当达到低液位时，泵就停止运行；
- “ON”位泵运行，不受液位影响。

出口阀门控制如下：

- “CLOSED”位阀门关闭；
- “AUTO”位当相应的重水收集箱达到高液位时，操作人员按下“AUTO WASTE”按钮，阀门会自动打开，当达到低液位时自动关闭；
- “OPEN”位阀门打开。

14.1.4　取样点

本系统的日常取样只涉及重水收集箱 3831-TK1～3 的取样，3831-TK4 不需单独取样，传水到 3831-TK1 或 TK2 中再进行取样。原设计中取样点位于 S146 的取样柜内，但因如此涉及操作确认过多，而且需两机组的相互配合加之取样的频繁，故现已在箱体重水传输泵的进出口管线上加装取样循环回路(S009)，该回路上加装有针孔取样站及隔离阀，疏水阀，使得取样方便快捷又准确。

14.2 系统参数

14.2.1 液位测量

收集箱 3831-TK1～TK4 的液位测量回路是通过压差变送器，将由液位变化所产生压力信号转换为电流信号传送给 60710-PL1101 上的液位指示器 63831-LI21，LI22，LI16，LI148 和计算机模拟输入(AI)，并可以在 CRT 上显示，同时也传送到报警装置。各压差变送器及测量管位于箱体旁边。3831-TK1/TK2/TK3 的高低液位报警分别为 1 750 mm/125 mm；3831-TK4 的高低液位报警分别为 700 mm/50 mm；包括就地报警(60710-PL1101)和主控室 AI/CI 报警。

14.2.2 压差测量

14.2.2.1 干燥床压差

干燥床压差是由与干燥床上下游相连的压差计测得，此仪表位于各干燥器自身的控制盘上。该参数随运行时间有所变化，正常运行时，压差为 0～3.2 kPa。

14.2.2.2 冷凝器压差

冷凝器压差也是由与冷凝器上下游直接相连的压差计来测量，此仪表位于各干燥器自身的控制盘上。对于单床干燥器，当吸附时压差超过 122 mm 水柱，冷凝器出口的汽水分离器需要更换。对双床干燥器，当吸附时压差超过 51 mm 水柱，冷凝器出口的汽水分离器需要更换。当发现冷凝器压差过高，应及时处理，否则将影响干燥器的再生能力，进而影响吸附效果，使 RB 厂房的辐射水平有所上升。图 14-2-1 所示为干燥床和冷凝器压差表。

图 14-2-1　干燥床压差表和冷凝器压差表

14.2.2.3 R-201 与 R-107/R-108 房间的压差测量

压差变送器 63831-PT13 连接 R-201 和 R-107。63831-PT13 将压差信号送往手操器 63831-HC11 和 DCC 显示，操纵员通过调节 3831-HC11 的输出完成 3831-HCV11 的开度调节，维持 PT13 的压力在 5～45 Pa。当压差大于 45 Pa 或小于 5 Pa 时，在主控室产生 A/I 报警(A/I 1041)。

14.2.3 温度测量

14.2.3.1 干燥床温度

干燥床温度由位于其中心的热偶测得,显示于各干燥器控制盘底部的指示计上。该参数用来控制系统的再生循环周期,当达到设定温度后,转入冷却模式。干燥床的再生结束温度设置为205 ℃,干燥床的报警温度设定值为275 ℃,如图14-2-2所示。

图14-2-2 干燥床温度

14.2.3.2 冷凝器出口温度

冷凝器出口温度由位于其出口管道中的热偶测得,该信号送往PLC控制模块,同样显示于各干燥器控制盘底部的指示计上。该参数用来控制系统的冷却周期,当达到设定温度后,结束冷却模式。如图14-2-3所示。吸附时,若该温度超过37 ℃时,则干燥器自动转入冷却模式运行;再生时,若该温度超过50 ℃,则加热器自动跳闸;以便保护干燥床内的干燥剂不被损坏。

图14-2-3 冷凝器出口温度

14.2.3.3 加热器温度

单床干燥器由5组加热器构成。加热器内的热偶将测量信号送往PLC,当单个加热器温度超过550 ℃,或两个之间的温差超过200 ℃时,加热器自动跳闸。双床干燥器只有1组加热器。当测量温度超过550 ℃时,加热器自动跳闸。

14.2.3.4 干燥器露点测量

露点仪63831-ME41～ME46,ME95安装在各干燥床的出口和入口管道上,用来测量干燥器出入口空气的露点。露点测量信号被送往位于S328房间的63831-MI47和63831-MR47,用来记录跟踪每个干燥器的露点。露点直接反映厂房空气的干燥状况,同时需根据其读数大小来调节DR的吸附时间。

14.2.4 露点测量

3831-DR5出口露点:63831-ME47安装在吸附风机与通风系统(73120)之间的管道上。当露点大于0 ℃时,该报警信号被传送到CRT上,显示为"63831-M47 D_2O VAPOUR DR5 HUMIDITY",表示可能是吸附的干燥床已失效,或此回收区域的露点降低。图14-2-4所示为一露点仪。

图14-2-4 露点仪63831-ME47

14.3　风险警示和运行实践

14.3.1　风险警示

14.3.1.1　人员风险

(1) 在重水蒸气回收系统的风道或干燥床内从事检修等工作时,因存在氚和表面污染,因此需要工作人员采用一定的防护措施进行防护。

(2) S-146 靠近 S-147 的拐角处重水蒸气回收系统的风管穿过安全壳的区域存在中子和 γ 射线,日常时应尽量远离此区域。

(3) 每一台干燥器都有高温加热器,因此在加热器附近工作要小心烫伤。

(4) 气动阀的动作是通过 PLC 控制自动进行,没有任何警告,且声音较大。当在干燥器的气动阀门附近工作时要留神,避免意外惊吓。

(5) 干燥器的就地控制盘是 120 Vac 供电,当打开就地控制盘检查 PLC 的模块或中间继电器等元件时存在电击的危险。干燥器的风机和加热器的 MCC 控制回路的信号线也是直接进入就地控制盘,仅把控制盘上的选择开关打到"OFF"位置时,盘内部分线路还是带电的,因此还需将干燥器的风机和加热器的 MCC 开关"OFF"。

14.3.1.2　设备风险

(1) 当干燥器的出口阀(吸附门)开启时,从其他风机的来风会使其反转;如风机在反转时启动将可能损坏电机。在启动干燥器时,应确认出口 PV 阀已关闭,风机没有反转。

(2) 安全壳隔离阀处于关闭状态时,长时间运行干燥器会损坏风机或电机。为避免出现这种情况,当相应的安全壳隔离阀关闭时应该及时停运干燥器。如在进行安全壳隔离阀定期试验时,就需停运干燥器。

14.3.2　运行实践

(1) 在启动 3831-DR5 之前,3831-DR1～DR4 至少有 1 台处于运行,以便利用 3831-DR1～DR4 中任一干燥器进行 3831-DR5 再生。

(2) 所有重水蒸气回收区域的门都必须关闭且密封良好;所有重水蒸气回收区域及 R/B 高低污染区的空气隔板、贯穿件等也必须密封良好且保证没有被损坏;以维持各区域的压力,空气的正确流向及路径。

(3) 为了保证 R/B 内正确的空气流向,保证污染从低污染到高污染区,高低污染区之间必须保证一定的压差。

(4) R/B 内的风量调节阀在隔离或检修之后必须复位到以前开度,以确保各个区域的风量平衡;确保空气从低污染区域向高污染区域流动。

(5) 在出现重水泄漏的情况下,操纵员必须记录相应区域干燥器入口露点并依据 14.4.1节"吸附时间和干燥器露点关系曲线"调节干燥器的吸附时间。在出现大的泄漏的情况下,为了确保所泄漏的重水在短时间内尽可能大部分被回收,从而减少重水损失,降低环境污染,可通过人为干预干燥器的运行模式,增大干燥床的吸附时间将干燥器尽可能的投到吸附模式运行。

(6) 在 LOCA 后通过干燥器来对 R/B 进行泄压时，R/B 压力降低的速率不应该超过 4 kPa/h，避免 RB 厂房内的压力设备损坏。

(7) 如果干燥器停运的时间超过 40 d，重新投运前应测量加热器的绝缘电阻。

14.4 技 能

14.4.1 系统运行模式

系统有两种运行模式：正常运行模式和扫气模式。

正常运行模式下，重水蒸气回收系统的干燥器分为吸附、再生和冷却三个阶段。在吸附阶段时，通过各区域连接到主风道上的管线，把含有重水蒸气的空气输送到干燥床，干燥床中的干燥剂通过表面吸附，捕集空气中的水分，并将干燥后的空气送回各个区域。当设定的吸附时间到达后，干燥器将从吸附阶段转入再生阶段。在再生过程中，加热器自动启动以加热空气，被加热的空气在干燥器的闭式回路内循环；加热的空气经过干燥床中的干燥剂时，使吸附在干燥剂内的水分蒸发，水分被分离出来；被分离出来的水分通过冷凝器时冷凝，随后排放到重水收集箱中。再生结束后，进入冷却阶段，利用冷凝器冷却循环空气，从而冷却干燥床。

各阶段的情况如下：

(1) 吸附阶段：干燥器吸附时，再生门和循环门关闭，吸附门(出口阀)开启。干燥床吸附由时间控制，时间可通过各控制盘上的“TIMER”来设定，每次设定后需按“RESET”按钮。干燥剂的吸水能力为 10%～12%，对于单床干燥床，干燥剂净重约为 1 800 kg，则干燥器的最大吸水能力约为 216 kg；对双床干燥器，干燥剂的净重为 180～200 kg，则干燥器的最大吸水能力约为 20 kg。因空气露点的变化，吸附时间设定值也应随之变化。图 14-4-1 所示为干燥器露点和时间关系曲线。

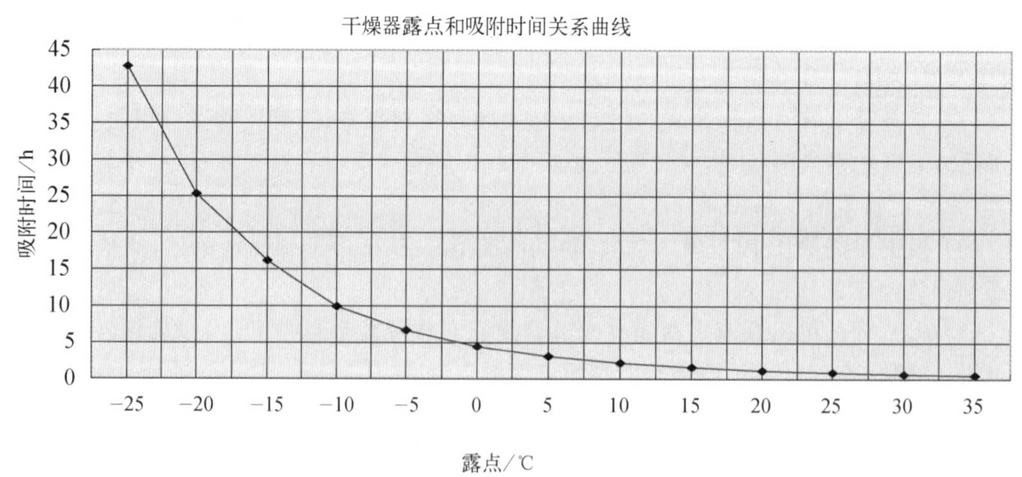

图 14-4-1 干燥器露点和时间关系曲线

(2) 再生阶段:干燥器再生时,再生门和循环门(55%开度)开启,吸附门关闭。再生的时间通过干燥床温度设定值来控制。当干燥床温度达到设定值时,系统自动转入冷却模式运行,加热器自动跳闸。当干燥床温超过设定值(275 ℃),会在就地控制盘产生高温报警,同时主控将产生干燥器故障报警。

(3) 冷却阶段:阀门状态与再生阶段时相同,程序中设定时间为 150 min。冷却结束时,若冷凝器出口温度还超过 37 ℃,则自动再转入 30 min 的冷却阶段,以确保在吸附时排往反应堆厂房的温度低于 37 ℃。

扫气运行模式:当反应堆厂房氚的放射性水高时,就需将新鲜空气从辅助厂房引入反应堆厂房。系统在此运行模式下,保持敞开,与正常运行时的封闭回路不同。风机排出的空气直接排往通风系统(73120),通过过滤,去除其中的气溶胶,碘和氚等。在 LOCA 后,也可通过同样的回路,对反应堆厂房进行降压。为了将装换料机房间 R-107 和 R-108(DR1～DR4)置于扫气模式,可以打开风门 DM16 和 DM22 并且关闭 DM15,这样干燥器就可以通过 DM16 吸入辅助厂房的新鲜空气,将污染的空气通过 DM22 排入反应堆厂房通风系统,从而 R2-107 和 R2-108 不断地接受新鲜空气。

为了将 RB 的慢化剂泵区域 R112(DR7 至 DR8)置于扫气模式,可以打开风门 DM20 和 DM32 并且关闭 DM21。

为了将 RB 的可接近区域(DR9 至 DR10)置于扫气模式,可以打开风门 DM64 和 DM66 并且关闭 DM65(具体流程参考流程图 98-38310-OF)。

14.4.2　故障诊断

干燥器的 PLC 控制程序有故障诊断功能语句,能诊断出现场经常出现的故障类型,以方便现场运行人员查找故障原因:

(1) 加热器非内部原因引起的联锁跳闸,第一个跳闸的加热器指示灯以 2 s 1 次速度闪光。

(2) 再生或吸附风机非内部原因引起的联锁跳闸,第一个跳闸的风机指示灯以 2 s 速度闪光。

(3) 当干燥床运行模式转换失败时,即将转入的模式指示灯以 4 s 速度闪光。

(4) 当干燥床上任何一个阀门的位置偏差大于 3%时,控制该阀门位置的运行模式指示灯以 2 s 速度闪光。

(5) 当加热器局部温度大于 550 ℃引发加热器组联锁跳闸时,超温相加热器指示灯和加热器公用 O/T 指示灯均以 4 s 速度闪光。

(6) 组加热器的加热温差大于 200 ℃引发整组加热器联锁跳闸时,加热器公用 O/T 指示灯以 2 s 速度闪光。

报警可通过“ALARM RESET”按钮复位,也可重启 DR 复位 PLC 程序。但在以下情况,禁止按“ALARM RESET”按钮。2 台干燥器(DR1/2,DR3/4,DR7/8,DR9/10)处于联锁状态时,如果 1 台已处于吸附结束后的等待状态,另 1 台在再生状态故障,这时等待状态的干燥器转入再生模式。如果此时按下再生故障干燥器的 ALARM RESET 按钮,将会引起整个 MCC 盘柜(MCC03 或 MCC04)过流跳闸,必须等正常运行的那台干燥器转入冷却模式时才能按故障干燥器的“ALARM RESET”按钮。

14.5 主要操作

本系统的操作主要包括干燥器的启停，根据厂房露点进行干燥器吸附时间的调整，重水收集箱 3831-TK1/2/3 的取样传水或装桶处理等。该系统的所有风门在系统就列时，均已操作到正常位置，一般不需要操作，需要操作的阀门只涉及取样传水部分。涉及此系统的风门操作时，一定要注意风门的原始开度，因该系统运行前已做过风量平衡；否则会影响各区域的空气流向。

日常应检查干燥器的运行模式是否正确，运行风机是否正常，干燥床与冷凝器压差是否正常，各参数设定是否正确，各控制盘是否存在异常报警，3831-TK1～TK4 的液位是否正常，风管是否连接可靠、是否漏气。

14.5.1 系统停役、复役

本系统干燥器的启动程序详见 98-38310-OM-4.2；正常运行时的系统设备及参数描述详见 98-38310-OM-4.5。图 14-5-1 所示为 38310 系统的干燥器启动简要流程图。

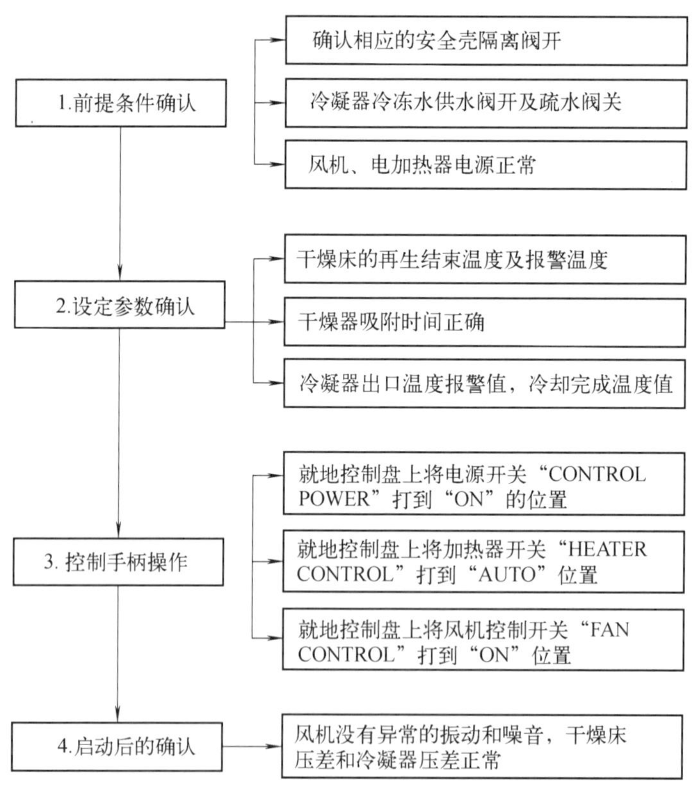

图 14-5-1 38310 系统的干燥器启动简易流程图

本系统干燥器的停运程序详见 98-38310-OM-4.4；停运时的系统设备及参数描述详见 98-38310-OM-4.1。

38310系统的干燥器停运前需确认干燥器的运行模式，视模式的不同而进行不同的处理，从而保护干燥床、加热器、冷凝器不受破坏。操作过程中，切记需按控制盘上的“ADS CYCLE RESET”将其置于冷却模式，从而保证干燥器停运时出口PV阀处于关闭。

38310系统的干燥器的停运主要是将风机控制开关“FAN CONTROL”开关打到“OFF”位置，加热器开关“HEATER CONTROL”开关打到“OFF”位置，电源开关“CONTROL POWER”打到“OFF”的位置，从而完成干燥器的停运。若是干燥剂更换，需对干燥剂进行再生处理；若需要检修或隔离冷凝器，则关闭其冷冻水供给阀。图14-5-2所示为38310系统的干燥器停运简易流程图。

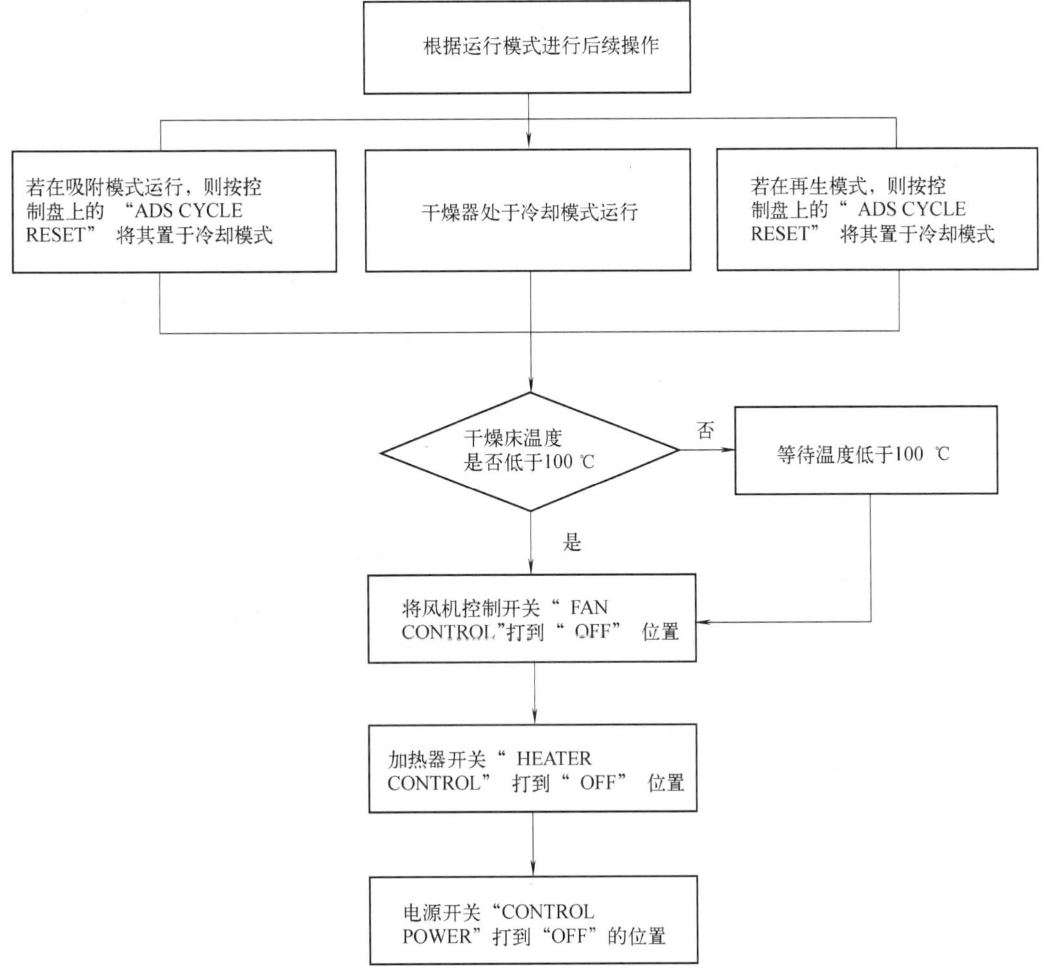

图14-5-2 38310系统的干燥器停运简易流程图

14.5.2 设备切换

本系统的干燥器没有手动切换操作，运行模式的改变均由PLC控制。若需强制进入冷却模式，可按控制盘上的“ADS CYCLE RESET”将其置于冷却模式；若想提早进入再生模式,可将吸附时间设为零;但非主控授权禁止进行如上操作。3831-TK1、TK2 可切换接水,具体操作包含于取样程序。

14.5.3 系统取样

3831-TK1～TK3 的取样及 3831-TK4 的传水操作详见 98-38310-OM-4.3.1～4.3.4。

3831-TK4 正常不进行单独取样操作,需将其收集的水传送到 3831-TK1/2 中一起进行取样操作。在执行 3831-TK4 传水操作前需确认重水收集箱 3831-TK1/2 的液位,查看重水收集箱是否有足够的容量,是否需准备重水收集箱的取样程序。传水时需现场确认 3831-PV46 是否漏水(该情况已发现过),传水泵是否运行正常,密切关注各水箱的液位变化情况。

当重水收集箱(3831-TK1～3)达到高液位后(1 750 mm),如图 14-5-3 所示,需要对其进行取样。取样时,主要是确认或切断进水源,建立单独的取样循环流 5 min,通过针筒取样。根据取样结果做如下处理:

图 14-5-3 重水收集箱及传水泵

- 如果取样结果为重水浓度小于 0.5%,则将降级重水排到地漏;
- 如果取样结果为重水浓度大于 0.5%,则依据取样结果选择接收降级重水的 1 号机组重水净化系统的相应箱体。

如果 1 号机组接收箱容量不足,取样结果降级重水浓度又大于 0.5%,则进行装桶处理。当 1 号机组具备接水能力时,又需将重水桶内的重水充装到重水收集箱中,取样分析达标后传到 1 号机组。在执行重水桶重水充装时,应关注各连接管子是否漏水,充装泵的运行情况,重水收集箱的液位等;具体操作程序详见 98-38310-OM-5.6。

提醒：在传水控制盘 60710-PL1101 有 3251-PV15 及 3251-P1 的控制手柄，切记不要在传水时误操作到该控制手柄。

14.5.4　单设备停役、复役操作

本系统中，4 个回收区域干燥器的单个干燥器能停运，以便进行干燥床、冷凝器、气动阀等的检修。当将相应就地控制盘上的"Fan control，Heater control，Power control"开关都打到"OFF"位置时就可以将其停运。但干燥器停运时，应密切关注厂房压力、露点、氚浓度。干燥器停役、复役操作如前所述。

14.5.5　应急运行规程相关

当反应堆厂房的氚放射性水平高报时，为了将 S/B 的新鲜空气引入各服务区域，就需要采取扫气模式运行，主要包括 R/B 换料机区域(R-107/R-108)、R/B 换料机服务间及可进入区域、R/B 慢化剂区域 R112 的扫气。

在 LOCA(失去冷却剂)或 MSLB(主蒸汽管道断裂)等事故发生后，安全壳自动隔离，喷淋系统自动触发来降低反应堆厂房的压力和温度，随后反应堆厂房的就地空气冷却器会进一步冷却 RB 厂房，安全壳的压力和温度最终到 18.0 kPa 和 49 ℃。在 LOCA/MSLB 发生至少 24 h 后，需要通过重水蒸气回收系统将 RB 内空气排往反应堆厂房通风系统后由烟囱排到大气，进一步对反应堆厂房进行降压和净化。

在执行扫气和降压操作时，一定要投运 73120 的过滤器 FR1 以防止放射性物质扩散，密切关注 RB 厂房的压力，监视放射性监测仪表 67314-RI-51N1、P1、N2、P2、Q2 的读数，控制扫气的流量，防止 RB 厂房压力大幅波动。在进行上述操作的手动阀均位于 S147 内靠安全壳，部分阀门处于高空，操作时应尽量缓慢，时刻与主控保持联系。操作程序详见 98-38310-OM-5.1～5.2。

14.5.6　其他

正常情况下，慢化剂净化系统区域(S-005)、氚化去氚区域(S-004)和重水管理区域(S-015)通过隔离阀 3831-HCV77、3831-HCV78 与重水蒸气系统隔离，系统不向上述区域抽风和送风。但当在上述区域从事重水操作或检修等活动时，为了回收所产生的氚，需要打开隔离阀将它们与重水蒸气回收系统连通。有时为了降低该区域的氚水平，甚至需要将 3831-DR7、3831-DR8 都投到吸附模式运行，以达到迅速回收含氚重水蒸气的目的。打开 3831-HCV77、3831-HCV78，可能影响到 RB 的压力，在操作该两阀时须通知主控，与主控保持联系。操作程序详见 98-38310-OM-4.3.5～4.3.8。

复习思考题

1. 简述重水蒸气回收系统的干燥器的组成部分及各部分的作用。画出单床干燥器回收装置的典型组成，并标明各个设备。

参考答案：

重水蒸气回收系统的干燥器由干燥床、风机、冷凝器、加热器、吸附阀、再生阀、循环阀组成。干燥床中的干燥剂通过表面吸附，捕集空气中的重水水分；风机建立风量循环的动力；加热器加热空气使吸附在干燥剂内的水分蒸发，从而使干燥剂中的水分被分离出来；冷凝器冷凝从干燥剂中分离出来的水分，排放到重水收集箱中；循环阀用于限制通过加热器的流量，以保证空气能被加热到所需的温度；吸附阀、再生阀、循环阀用于建立干燥器运行模式所需的风流的正确路径。

2. 简述重水蒸气回收系统的干燥器所服务的区及各干燥器的现场分布。

参考答案：

3831-DR1～DR4，3831-DR7，DR8 位于 S147 房间，3831-DR5，3831-DR9，DR10 位于 S009 房间，3831-DR11 位于 R501(3333-TK1 下方)。3831-DR1～DR4 回收 RB 的不可接近区域及换料机服务间 R107、R108 的重水蒸气；3831-DR5 用于建立 R-201 与 R-107/R-108 房间的压差；3831-DR7，DR8 回收 RB 的慢化剂泵区域 R112 及 SB 的重水区域的重水蒸气；3831-DR9，DR10 回收 RB 的可接近区域的重水蒸气；33831-DR11 回收 R501 的重水蒸气。

3. 重水蒸气回收系统的运行模式有几种？各干燥器的运行阶段有哪 3 个？

参考答案：

系统有 2 种运行模式：正常运行模式和扫气模式。在 PLC 的控制下，干燥器正常运行经过 3 个阶段：吸附，再生和冷却。

4. 重水蒸气回收系统的不正常运行对 RB 厂房有何影响？

参考答案：

重水蒸气回收系统的不正常运行将影响 RB 厂房的压力，空气质量及放射性的有效控制。

5. 重水蒸气回收系统的日常巡检项目有哪些？

参考答案：

检查干燥器的运行模式是否正确，运行风机是否正常，干燥床与冷凝器压差是否正常，各参数设定是否正确，各控制盘是否存在异常报警，3831-TK1～TK4 的液位是否正常，风管是否连接可靠、是否漏气。

6. 简述重水蒸气回收系统的干燥器启动操作。停运时须关注干燥器的什么项目？

参考答案：

38310 系统的干燥器启动时，首先确认相应的安全壳隔离阀、冷凝器冷冻水阀及疏水阀正确、电源正常后，确认干燥床的再生结束温度及报警温度、冷凝器出口温度报警值，冷却完成温度值，干燥器吸附时间正确，接下来在干燥器的就地控制盘上将电源开关“CONTROL POWER”打到“ON”的位置，加热器开关“HEATER CONTROL”开关打到“AUTO”位置，风机控制开关“FAN CONTROL”开关打到“ON”位置，从而完成干燥器的启动。启动后，注意检查风机没有异常的振动和噪音，干燥床压差和冷凝器压差正常。停运时须关注干燥器的运行模式及干燥床的温度。

第十五章　重水净化系统（38410）

内容介绍

课程名称：重水净化系统
课程时间：1 学时

学员：现场操作员
学员条件：完成本系统的课堂部分培训

最终培训目标：
1. 了解系统设备的现场布置；
2. 掌握各参数测量点的现场位置和在系统流程中的位置；
3. 熟练完成现场巡检内容，正常参数、报警值、异常和故障识别技巧和技能；
4. 系统上操作和巡检存在的一些安全提示和危害，风险警示、运行实践；
5. 正常、应急时的操作和异常的现场响应；
6. 对照流程图进行本系统主要操作项目的模拟操作。

教学方式及教学用具：
培训方式：岗位培训
教员需要：
a. 流程图；
b. 白板等。

考核方法：现场考核（实际操作和模拟相结合）、口试

15.1　系统设备

重水净化系统设计分别处理和贮存来自慢化剂和热传输系统的降级重水。

系统的设计是将重水通过 1 台活性炭过滤器和 3 台离子交换柱进行净化。活性炭去除油、有机物和颗粒杂质，离子交换柱去除有机物和离子杂质。工艺上可以进行新树脂的添加

和废树脂的排放，取样系统用于供应箱、产品箱和工艺处理不同位置上的重水进行取样分析。系统能根据所处理降级重水的不同情况灵活执行各种操作。系统的仪表和控制用于检测工艺过程的状态。

15.1.1　设备清单

重水净化系统由以下主要设备组成。

(1) 接收水箱

重水净化系统共有 6 个接收水箱，如图 15-1-1 所示。3841-TK1、TK2 和 TK3 用于收集慢化剂高氚重水；3841-TK4、TK5 和 TK6 用于收集热传输低氚重水。

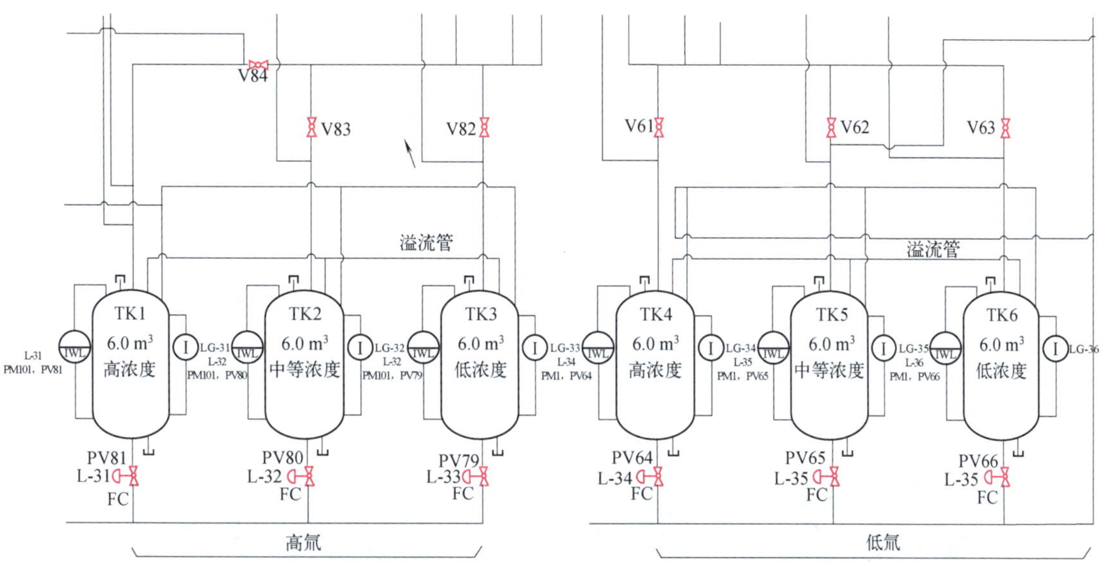

图 15-1-1　重水接收箱

每个接收水箱的容积为 6 m^3，设计运行压力为大气压，运行温度为 24 ℃；箱体直接排气至重水蒸气回收系统，并通过 1 个共用溢流管进行连接(3 个低氚和 3 个高氚分开)。溢流管低于排气管，所以 1 个接收箱溢流时可以排入另 1 个接收箱，不会流进排气管线。

(2) 产品箱

重水净化系统共有 6 个产品箱：3841-TK7、TK8 和 TK9 用于收集来自 3841-TK4、TK5 和 TK6 的已净化重水；3841-TK107、TK108 和 TK109 用于收集来自 3841-TK1、TK2 和 TK3 的已净化重水。

每个产品箱的容积为 3 m^3，如图 15-1-2 所示，6 个产品箱分为 2 组，每组 3 个，直接排气(没有隔离阀)至重水蒸气回收系统，并通过一根溢流管连接(3 个低含氚和 3 个高含氚分开)。

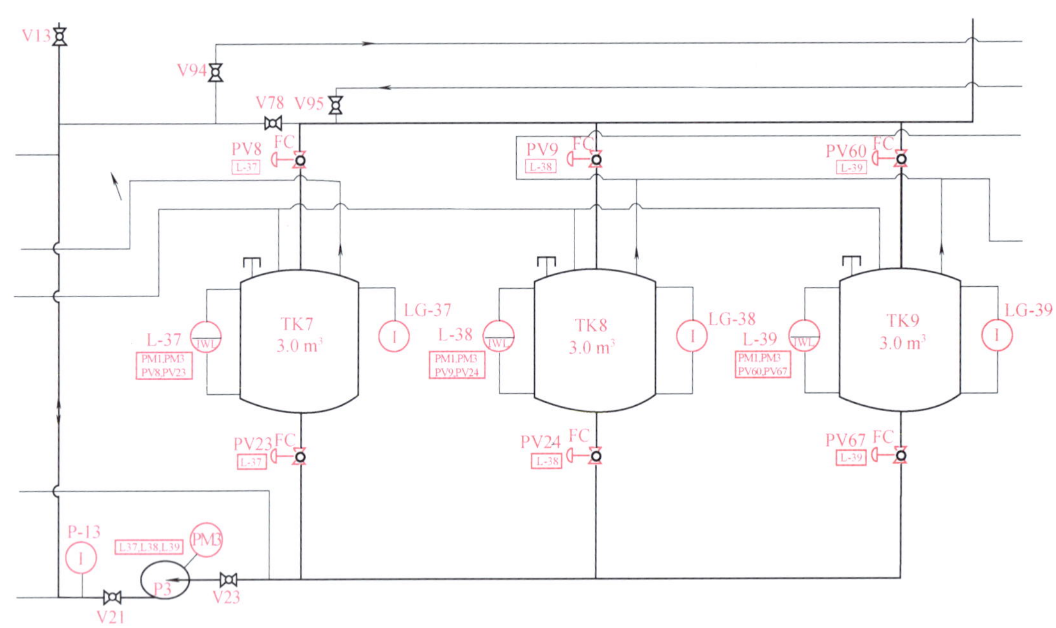

图 15-1-2 重水产品箱

(3) 重水传输泵

重水净化系统共有 6 台重水传输泵:主热传输序列有 3 台(3841-P1、P2、P3),慢化剂序列有 3 台(3841-P101、P102、P103),如图 15-1-3 所示。

图 15-1-3 重水传输泵

其中,重水传输泵 3841-P2 可以通过阀门的切换分别作为加料泵 3841-P1 和产品泵 3841-P3 的备用;3841-P102 同样作为 3841-P101 和 3841-P103 的备用。

(4) 活性炭过滤床

重水净化系统共有2个活性炭过滤床:3841-FR1用于主热传输序列,3841-FR101用于慢化剂序列。

过滤器设计吸收混于重水中的“油”并截留悬浮颗粒和有机物。过滤器的压降随活性炭饱和程度的升高而增加,当63841-PI-11或63841-PI-111的压差达到14 kPa时必须更换活性炭。

新活性炭颗粒无须氘化。但是废活性炭在送至树脂处理系统79140前必须进行去氘。新活性炭的添加通过隔离阀3841-V72(V172)用1个漏斗手动完成,隔离阀及漏斗位于S-015房间的操作平台高度。过滤器用69 cm厚的混凝土屏蔽。活性炭过滤床示意图如图15-1-4所示。

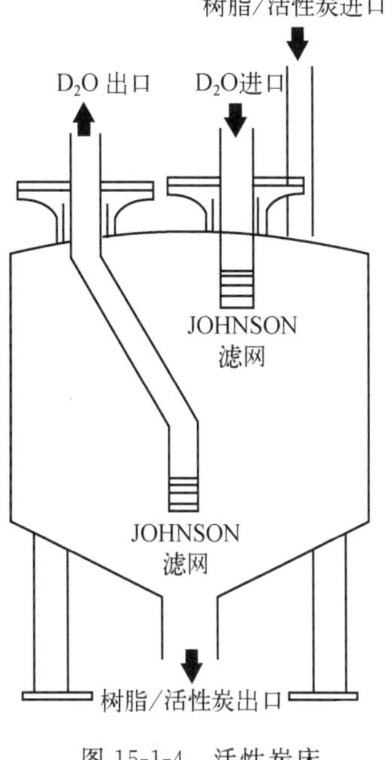

图15-1-4　活性炭床

(5) 离子交换床

重水净化系统共有6个离子交换床:3841-IX1、IX2、IX3用于主热传输序列,3841-IX101、IX102、IX103用于慢化剂序列。

每个离子交换床装有H^+(强酸阳离子)和OH^-(强碱阴离子)型的混床树脂。树脂截留离子型杂质(如,氯离子、锂离子、碳酸盐和金属离子)和放射性裂变产物(如:^{131}I、^{60}Co、^{65}Zn等)。

离子交换树脂无须氘化,但是在送至树脂处理系统79140前必须进行去氘。树脂的添加通过隔离阀3841-V73,V74和V75(或V173,V174和V175)和1个漏斗手动完成,隔离阀及漏斗位于S1-015的操作平台高度。离子交换床3841-IX1和IX101用30 cm厚的混凝土屏蔽,其他的离子交换床不屏蔽。

每个活性炭过滤床和离子交换床通过爆破盘进行超压保护,爆破盘的压力设定值为1.52 MPa。爆破盘3841-RD1～RD4用于热传输序列,3841-RD101～RD104用于慢化剂序列。热传输序列的爆破盘破裂时,水直接流至3841-TK5;慢化剂序列的爆破盘破裂时,水直接流至3841-TK1。

离子交换床现场布置如图15-1-5所示。

(6) 管道过滤器

管道过滤器3841-STR1和STR101为Y型设计,如图15-1-6所示,分别截留从过滤器3841-FR1和FR101漏出的活性炭颗粒。这些管道过滤器总尺寸18 cm,安装于活性炭过滤器出口的1"管线上。过滤器芯子长10 cm,截留颗粒达250 μm。管道过滤器的压降为7 kPa,但会随着杂质积累而提高。当压降达到35 kPa时过滤器芯子须清理。

管道过滤器3841-STR2和STR102位于离子交换柱出口的1"管线上。它们截留从离子交换柱流出的树脂颗粒。

重水滤网STR4、STR104也为Y型,用于阻止重水桶的颗粒而阻塞D_2O净化系统。每个滤网装在隔离阀V46或V146的上游3/4"管线上。

管道过滤器 3841-STR3 安装于箱 3841-TK10 的出口 3/4"管线上，在除盐水进净化系统前截留其中的悬浮颗粒。当滤网压降增加到 14 kPa，过滤器芯子该清理。

(7) 高位水箱

高位水箱(3841-TK10)，位于 S-147 房间。该水箱能容纳 289 L 的除盐水；箱体有 1 根溢流管线并接至 S011 附近的地漏。设计上，高位水箱和相关的设备仅用于重水净化系统的废树脂和废活性炭在排至废树脂处理系统(79140)前的去氘。

图 15-1-5 离子交换床

由于在用 3841-TK10 进行去氘时，无法建立稳定连续的去氘流量，因此，去氘方式已变更为直接通过除盐水系统提供去氘流量。详见 98-38410-OM-001 过滤器和离子交换器去氘章节。

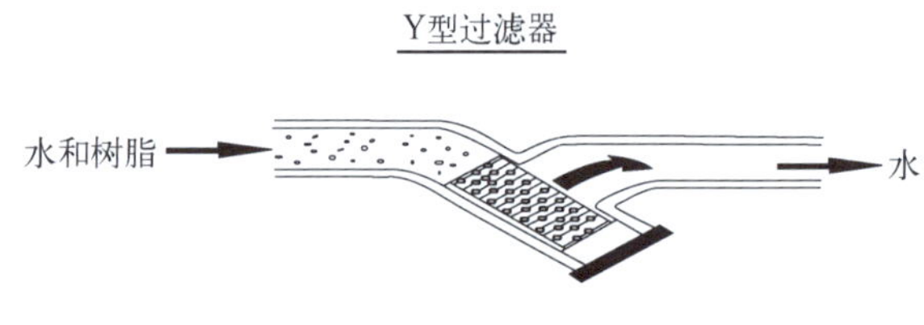

图 15-1-6 管道过滤器

(8) 重水桶站

重水桶站有 2 只空桶的空间，厂用压空与空桶相连作为动力。该站可以对使用过的(清洁或脏)重水桶进行排水和加料。该装置有 4 对软管连接件，2 对(Y11，Y12 和 Y15，Y16)用厂用压空将桶中重水压至慢化剂或主热传输的箱体；它们也可用供料泵将来自慢化剂和主热传输供料箱的重水添加到桶中。另 2 对软管连接件(Y13、Y14、Y15、Y16)和产品泵将慢化剂和主热传输产品箱来的重水添加至重水桶。

由于降级重水中杂质较多，如果用厂用压空将降级重水传输到系统中，将导致管道过滤器频繁堵塞。因此，又增加了 1 台重水传输过滤装置，此装置位于 S1-015，将重水桶中的重水过滤后传输至重水接收箱。详细操作见 98-38410-OM-001 从重水桶向供应箱传输重水章节。

重水桶站见图 15-1-7 所示。

15.1.2 现场布置

本系统所有设备均在可进入区域。

所有重水净化系统的设备均在 1 号机组的辅助厂房内，除了供料箱和产品箱放置于 S1-024 和高位箱放置于 S1-147 房间、泵及部分阀门、管道布置在 S1-016 房间外，其于均布置在 S1-015 房间。

图 15-1-7　重水桶站

15.1.3　与其他系统的接口

- 慢化剂重水收集箱与以下系统有接口，并收集这些系统来的降级重水：

— 慢化剂的重水收集系统(32510)；

— 重水蒸气收集系统(慢化剂收集箱 3831-TK3)；

— 慢化剂氚化/去氚系统(32220)；

— 慢化剂净化系统(爆破盘和过滤器 3221-FR1)，仅收集在 3841-TK1。

- 热传输重水收集箱与以下系统有接口，并收集这些系统来的降级重水：

— 主热传输的重水收集系统(33810)；

— 重水蒸气收集系统(主热传输收集箱 3831-TK1&2)；

— 主热传输氚化/去氚系统(33360)。

- 本系统内所有箱体的排气至重水蒸气回收系统(38310)；
- 有一路厂用压空(75110)接至此系统用于树脂床/活性炭床在更换树脂或活性炭时压水吹干；
- 净化系统慢化剂回路和热传输回路分别与取样系统 32610 和 33710 系统有接口；
- 本系统与重水升级系统(38420)有接口，以便将净化合格的降级重水传输至重水升级系统进行升级；
- 本系统与树脂传输系统(34510)有接口，以便在树脂或活性炭失效时，将已去氚的废树脂或活性炭传输至废树脂储存系统；
- 本系统与除盐水分配系统(71650)有接口，在进行活性炭/树脂床去氚以及废树脂和活性炭传输时提供除盐水。

15.1.4 就地盘台

(1) 重水净化系统根据需要间隙运行,在就地控制盘 60710-PL-1101 上操作:60710-PL-1101 位于 1 号机组 S-015 房间,盘台上面部分为慢化剂和热传输的供料箱液位指示计以及箱体出口阀、加料泵和备用泵的操作手柄。下面部分为产品箱液位指示计以及箱体进出口气动阀和产品泵的操作手柄。

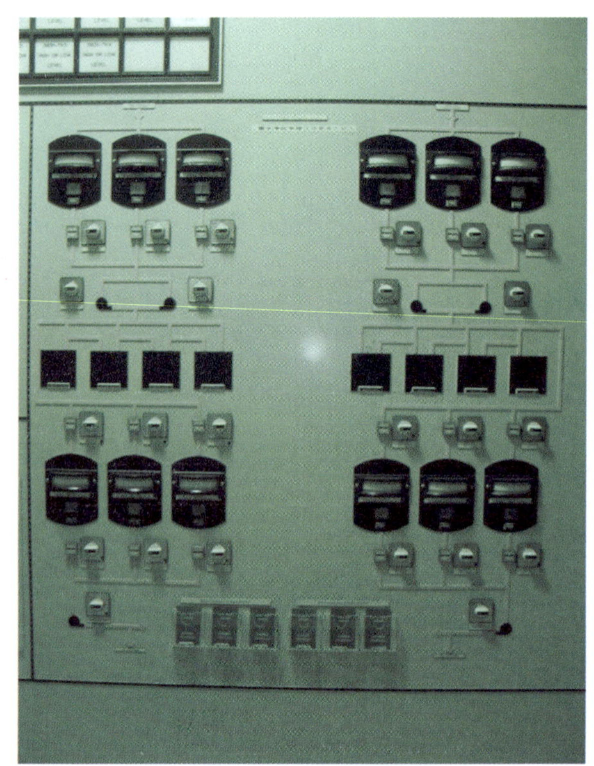

图 15-1-8 控制盘台

在盘台最下面,6 个盒子里面的卡片用来反映 6 个产品箱最新的水质状态,防止把不合格的水传输至重水升级塔。由于此系统间歇性运行,因此,在巡检上只是要求在每天的夜班记录 6 个供料箱和 6 个产品箱的液位。就地控制盘 60710-PL-1101 如图 15-1-8 所示。

(2) 活性炭床及管道过滤器压差指示仪表盘:此压差仪表指示盘安装在 S1-015 房间 38410 系统操作平台上方,如图 15-1-9 所示。仅在系统运行时用来指示活性炭床及管道过滤器压差。

图 15-1-9 指示仪表

15.1.5 取样点

该系统设置阀门和管道在下列位置取样:

- D_2O 供应箱溶液；
- 过滤器和离子交换柱的出口流；
- D_2O 产品箱溶液。

取样时，系统必须在运行或在循环中。取样柜 3261-Y6 用于慢化剂序列重水的取样，而 3371-Y31 用于主热传输序列重水的取样。它们均位于 S1-015 房间。

15.2 系统参数

系统参数如表 15-2-1 所示。

表 15-2-1 系统参数

重水净化系统设备参数		表号	位置	正常值	限制值
热传输序列	P1&P2 出口压力	P-10	S1-016	170 kPa	N/A
	P3 出口压力	P-13	S1-016	170 kPa	N/A
	3841-FR1 压差	P-11	S1-015	<14 kPa	14 kPa
	3841-STR1 压差	P-12	S1-015	<35 kPa	35 kPa
	3841-STR2 压差	P-14	S1-015	<35 kPa	35 kPa
	净化流量	F-5	S1-015	1.1 L/s	N/A
慢化剂序列	P101&P102 出口压力	P-110	S1-016	170 kPa	N/A
	P103 出口压力	P-113	S1-016	170kPa	N/A
	3841-FR101 压差	P-111	S1-015	<14 kPa	14 kPa
	3841-STR101 压差	P-112	S1-015	<35 kPa	35 kPa
	3841-STR102 压差	P-114	S1-015	<35 kPa	35 kPa
	净化流量	F-105	S1-015	1.1 L/s	N/A

15.3 风险警示和运行实践

15.3.1 风险警示

(1) 辐射

净化系统处理的重水中存在放射性的腐蚀产物、裂变产物和氚。重水净化系统每一序列仅活性炭过滤器(1 号过滤器 3841-FR1/101 号过滤器 FR101)和一个离子交换器(1 号离子交换器 3841-IX1/101 号离子交换器 3841-IX101)有混凝土屏蔽，其他离子交换器没有屏蔽，因此，在净化操作期间必须小心工作区域的氚和伽马辐射。

当处理该系统的任何泄漏或洒落时，必须考虑放射性的腐蚀产物、裂变产物和氚的存在。

(2) 重水桶超压

重水桶属于非压力容器，操作时必须防止重水桶的压力超过 100 kPa。

重水装桶时，桶顶部要留出 5 cm 高度的空间，以防止重水膨胀引起重水桶超压。

(3) 泵运行

任何使泵处于非常规运行的操作都需要严格监护以防止泵被损坏。

3841-P2 和 3841-P102 属备用泵,只有 ON-OFF 控制,除了电气保护外没有任何工艺逻辑保护。当操作员操作它们时,必须时刻监视水箱的液位,一旦水箱出现低液位报警时需要立即停泵。

15.3.2 运行实践

(1) 重水净化系统 6 个供应箱所储存的重水遵循表 15-3-1 中的原则。

表 15-3-1 供应箱所储存重水参数表

供应箱	同位素浓度范围	氚水平
1 号供应箱 3841-TK1	高(>50%)	高氚
2 号供应箱 3841-TK2	低(0.5%~50%)	高氚
3 号供应箱 3841-TK3	低(0.5%~50%)	高氚
4 号供应箱 3841-TK4	高(>50%)	低氚
5 号供应箱 3841-TK5	低(0.5%~50%)	低氚
6 号供应箱 3841-TK6	低(0.5%~50%)	低氚

重水的氚浓度决定重水作为慢化剂还是冷却剂。收集到的重水需要进行分析,重水氚浓度的单位为 Bq/kg。当氚浓度≤1.3 倍当前 1 号机组热传输重水氚浓度时,作为热传输重水使用;当>1.3 倍当前 1 号机组热传输重水氚浓度时,作为慢化剂重水使用。

(2) 重水净化系统所用活性炭和树脂。

重水净化系统所使用的活性炭和树脂型号在 98-93400-OM-001 中作了规定,每个过滤器和树脂床每次装填 200 L 活性炭或树脂。

(3) 重水净化系统产品箱化学指标。

重水净化系统产品箱用于重水升级塔供水。为保证重水的品质,重水净化系统的化学指标应满足电厂化学运行规程 98-93400-OM-001 第 15.5.1 节的要求。

(4) 重水净化系统产品箱水质状态卡。

为防止将重水净化系统产品箱不合格的降级重水传输到重水升级塔,在 S1-015 房间就地控制盘 60710-PL1101 上增加了产品箱水质状态卡。绿色的水质状态卡表示水质合格,红色的水质状态卡表示水质不合格。产品箱取样合格后调换成绿色的水质状态卡,表明水质合格,允许向重水升级系统传输重水;产品箱取样分析结果未出来之前和取样不合格时调换成红色的水质状态卡,表明水质不合格,禁止向重水升级系统传输重水。

15.4 技 能

· 减压阀 PRV48 的设定值(100 kPa)调节:

— 确定减压阀处于关闭状态(逆时针方向到底);

— 确定减压阀下游隔离阀处于关闭状态;

— 调节开始前确认减压阀下游的压力小于要求的设定值,否则对其下游进行卸压;

— 减压阀的调节方向为“顺时针开、逆时针关”；

— 调节时必须保证调节动作总是向压力增加的方向进行以确保设定值正确。

· 活性炭或树脂装填：

在进行系统树脂或活性炭装填时，由于装填管线较长且存在弯曲，树脂和活性炭又依靠自身重力进入活性炭床和树脂床，装填比较困难。因此重水净化系统在进行树脂或活性炭的装填时，需要借助橡皮锤等工具敲击装填管线。图 15-4-1 所示为活性炭/树脂装填漏斗。

图 15-4-1　活性炭/树脂装填漏斗

15.5　主要操作

15.5.1　净化供应箱的重水

将供应箱的降级重水依次通过过滤器 3841-FR1（FR101）、离子交换器 3841-IX1（IX101）、3841-IX2（IX102）、3841-IX3（IX103）净化传输到产品箱中。

以下以慢化剂序列 TK1 中的重水净化到 TK107 为例，如图 15-5-1 所示。

· 打开净化回路泵和树脂床的进出口手动隔离阀使供应箱内的重水可以依次通过过滤器、树脂床进行净化。

· 将产品箱(TK107)入口气动阀(PV108)的操作手柄置于“AUTO”位置，确认阀门开启。

· 将供应箱(TK1)出口隔离阀(PV81)的操作手柄置于“AUTO”位置，按下并释放供应箱对应的按钮，然后确认供应箱出口阀门开启。

· 将重水传输泵(P101)的操作手柄置于“AUTO”位置启动泵进行净化，并确认泵出口压力为 150～220 kPa，净化流量在 0.5～1.1 L/s。

· 当产品箱(TK107)高液位报警时，则确认产品箱入口气动阀(PV108)关闭；当供应箱(TK1)低液位报警时，则确认供应箱出口气动阀(PV81)关闭；并确认重水传输泵(P101)停运。

· 净化完成后，将系统恢复至停运状态。

具体操作程序参见 98-38410-OM-001 第 4.2.1 节。

15.5.2　取样操作

正常情况下主要有供应箱、产品箱的取样操作；为了判断活性炭和树脂是否失效，系统在设计上提供了在活性炭床和树脂床出口取样的途径。

· 系统设计上有 2 个取样柜，均位于 S1-015 房间。其中，3261-Y6 主要用于重水净化

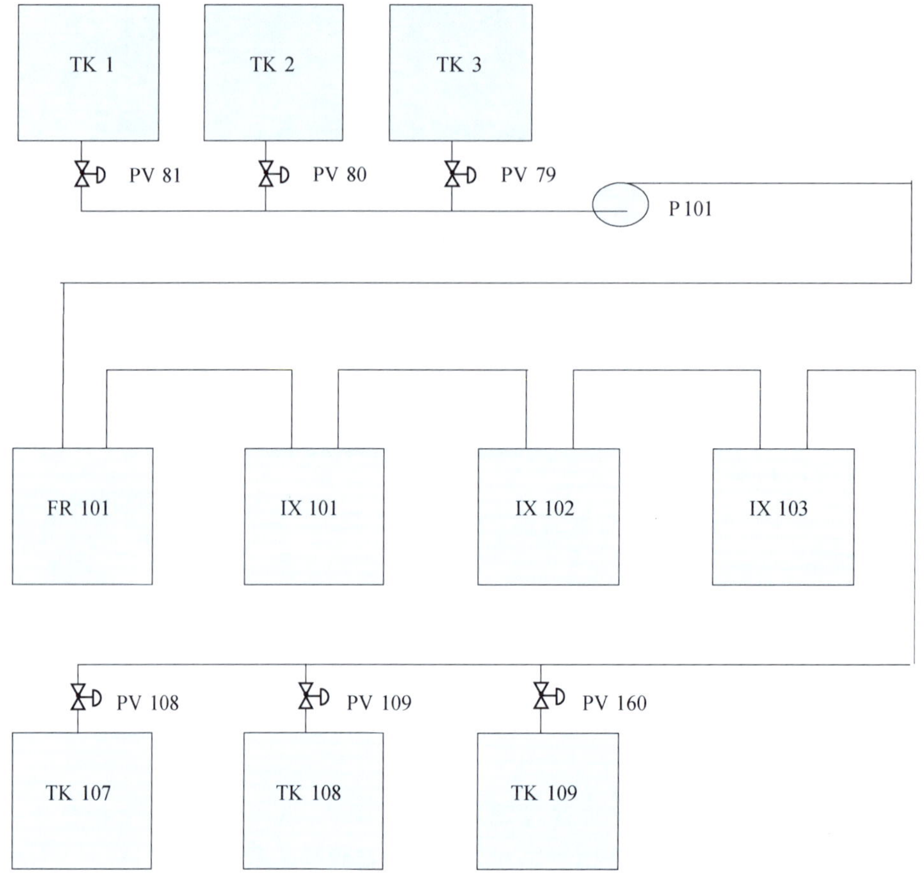

图 15-5-1　重水净化工艺流程

系统慢化剂侧的取样。3371-Y31 主要用于重水净化系统热传输侧的取样。

- 重水供应箱和产品箱的取样均需要启动重水传输泵对供应箱或产品箱打循环,并打开至对应取样柜的取样回路隔离阀后,在取样柜内通过相应的针孔或取样疏水阀完成取样。
- 活性炭床和树脂床出口的取样则需要在重水净化过程中进行,并打开需要取样的活性炭床或树脂床出口至取样柜的隔离阀,在取样柜内通过相应的针孔或取样疏水阀完成取样。

具体操作程序参见 98-38410-OM-001 第 4.2.2,4.2.3,4.2.4 节。

15.5.3　活性炭和树脂更换

设计上,重水净化系统的活性炭和树脂不需要进行氘化,但在更换活性炭和树脂前,需要执行去氘操作,以尽可能减少重水损失。去氘后的活性炭和树脂将被传输到 79140 系统。

- 重水净化系统树脂床或活性炭床的去氘是通过将小流量的除盐水从树脂床入口引入,缓慢将树脂或活性炭中的重水置换出并从树脂床出口经相应管线流至重水供应箱的过程。
- 重水净化系统树脂床或活性炭床去氘完成的标准是通过判断接受去氘流的重水供

应箱的液位上涨幅度(目前 OM 中规定为 15 cm)来实现的。

- 去氘后的树脂或活性炭需要传输至废树脂储存系统(79140);其中慢化剂侧的树脂或活性炭传输至 7914-TK1;热传输侧的树脂或活性炭传输至 7914-TK2。
- 在完成活性炭床或树脂床的新活性炭或树脂添加后,需要对活性炭床或树脂床进行充水排气并恢复至备用状态。

具体操作程序参见 98-38410-OM-001 第 4.2.5,4.2.6,4.2.7 节。

复习思考题

1. 在重水净化系统上操作,有哪些潜在风险?

参考答案:

- 降级重水有放射性,因此,需做好辐射防护。
- 重水净化操作时,系统边界要确认到位,防止重水意外跑、漏。
- 在进行活性炭或树脂床去氘时,打开除盐水阀门时要缓慢,如过快有可能导致爆破盘破裂。
- 将产品箱重水向重水升级系统传水时,要注意重水升级系统供料箱液位监视,防止满溢。
- 将产品箱重水向重水升级系统传水时,注意确认产品箱水质是否满足化学控制要求,防止将不合格重水传输至重水升级系统。
- 在向重水净化系统供料箱传水时(从 3831 系统,重水桶等),系统边界确认要到位,防止将降级重水意外地传输到 3251 或 3381 系统。

第十六章　重水升级系统（38420）

内容介绍

课程名称：重水升级系统
课程时间：8 学时

学员：现场操作员
学员条件：完成本系统的课堂部分培训

最终培训目标：
1. 了解系统设备的现场布置；
2. 掌握各参数测量点的现场位置和在系统流程中的位置；
3. 熟练完成现场巡检内容，正常参数、报警值、异常和故障识别技巧和技能；
4. 系统上操作和巡检存在的一些安全提示和危害，风险警示、运行实践；
5. 正常、应急时的操作和异常的现场响应；
6. 对照流程图进行本系统主要操作项目的模拟操作。

教学方式及教学用具：
培训方式：岗位培训
教员需要：
a. 流程图；
b. 白板；
c. 白板笔。

考核方法：现场考核（实际操作和模拟相结合）、口试

16.1　系统设备

根据氚含量的差异，重水升级系统分为慢化剂和热传输 2 个子系统。重水升级系统用来提升降级重水的同位素浓度，进料箱的重水利用重力输送到进料蒸发器，经蒸发变成蒸汽

后进入蒸馏塔实现物理分离。分离出的轻水通过蒸馏塔顶部排放到辅助厂房放射性疏水系统,蒸馏塔底部浓缩的重水经过再次蒸发处理,得到合格的底部产物后传输到重水供应系统作为核级重水储备。重水升级系统流程示意图如图 16-1-1 所示。

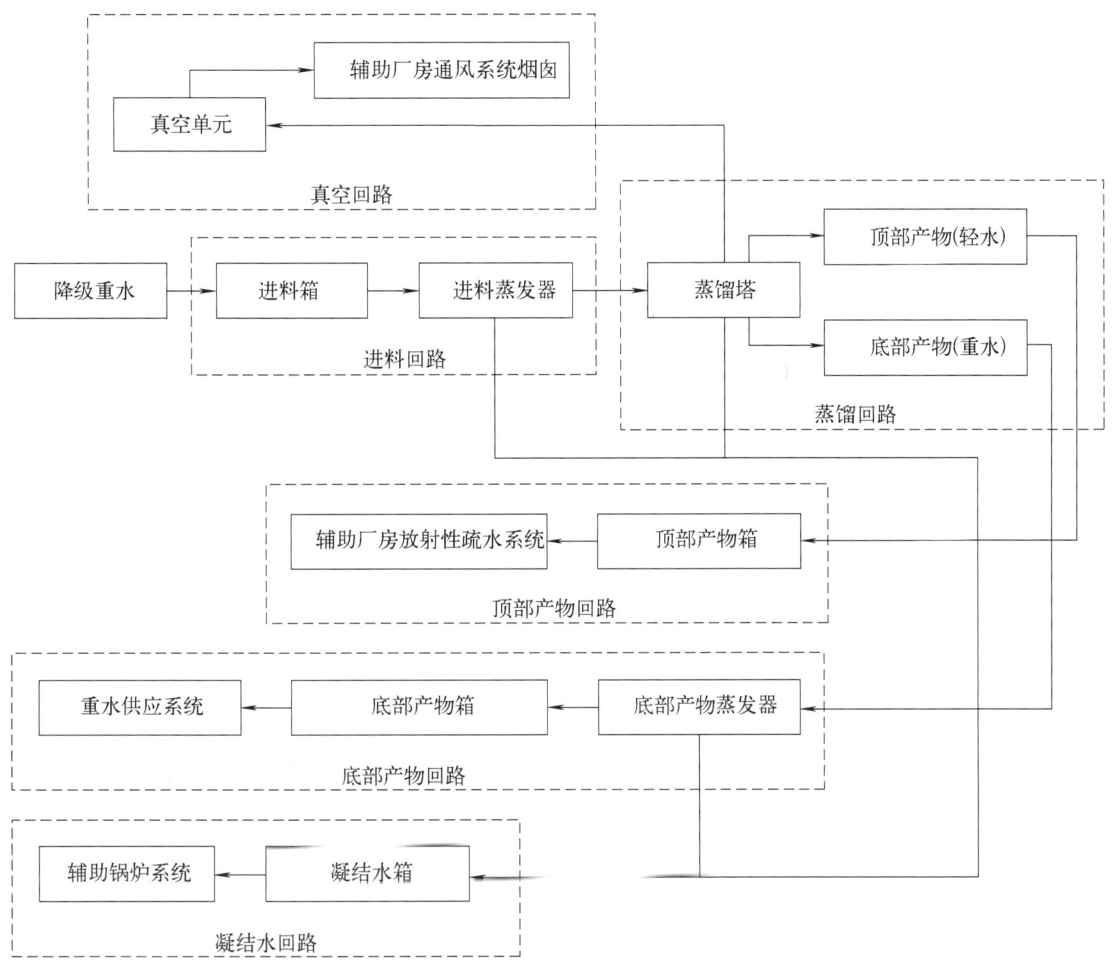

图 16-1-1　重水升级系统流程

16.1.1　设备清单

重水升级系统主要由位于 1 号机组重水升级厂房(D/B)不同房间的下列回路所组成,如图 16-1-2 所示。

(1) 进料回路

进料回路接收的降级重水,依靠重力供给进料蒸发器,在蒸发器内被加热并汽化,以重水蒸气形式进入蒸馏塔。为了不对蒸馏塔内已建立的浓度分布产生扰动,确保进料组成及热状态与塔层上组分的组成和热状态差别最小,需要根据进料重水浓度,选择不同的进料位置。进料重水浓度越高,进料点越靠近蒸馏塔的底部;反之,进料重水浓度越低,进料点越远离蒸馏塔的底部。其示意图如图 16-1-3 所示。

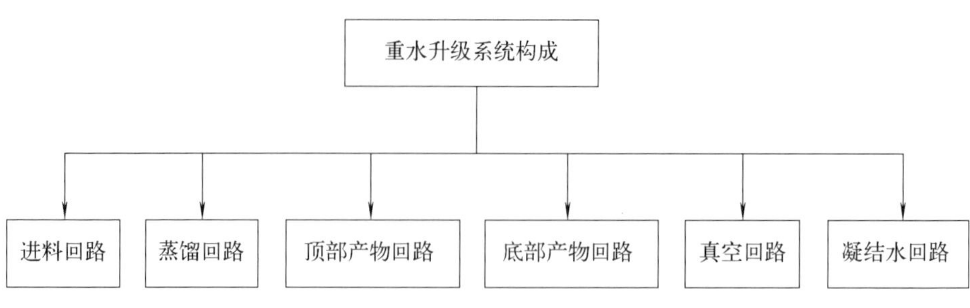

图 16-1-2 重水升级系统构成

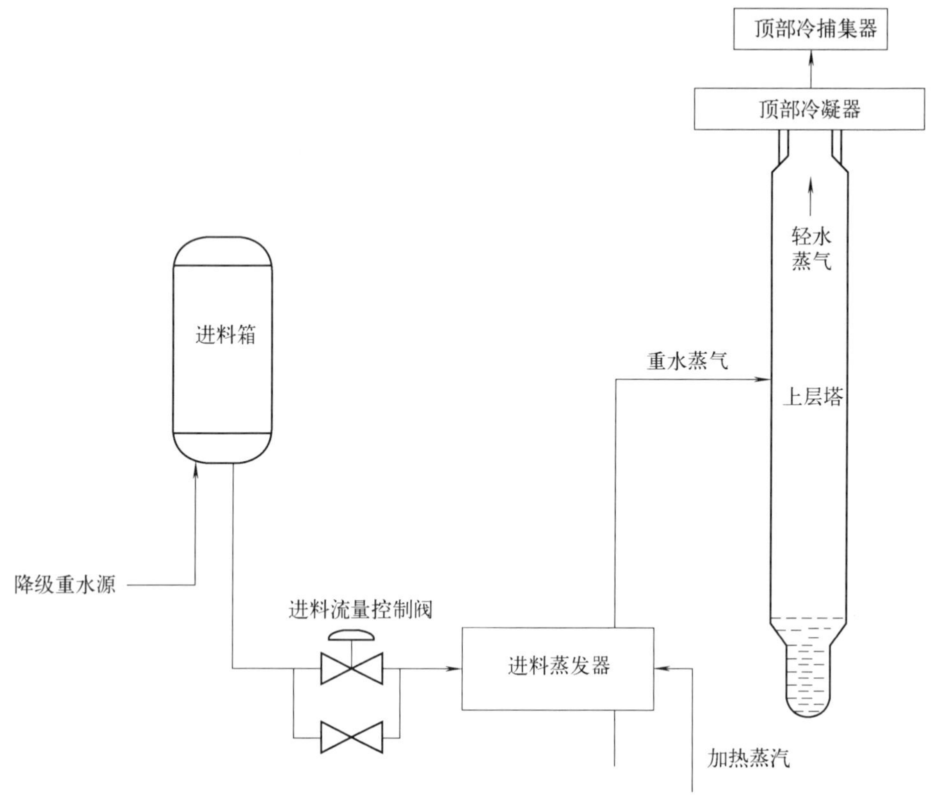

图 16-1-3 进料回路

热传输重水升级系统只有一个进料回路,接收重水净化系统热传输序列净化合格的降级重水。慢化剂重水升级系统分为 2 个进料回路,进料回路Ⅰ处理慢化剂相关系统产生的降级重水,进料回路Ⅱ用来对 2 个机组的主慢化剂重水进行在线升级;2 个回路之间由管线连通,可以互相备用。

每个进料回路由 1 个进料箱、1 个流量控制阀、1 个进料蒸发器和相关管线、液位测量装置、电导监测装置组成。

1）进料箱

进料箱接收重水净化系统或主慢化剂系统的降级重水,位置高于进料蒸发器,利用重力输送到进料蒸发器。

慢化剂升级系统回路Ⅰ的进料箱为 TK09,容积为 1 m^3,位于 D-161 房间,标高 110.3 m;回路Ⅱ的进料箱为 TK06,容积为 2 m^3,位于 D-235 房间,标高 105.41 m。热传输升级系统进料箱 TK19 位于 D-161 房间,标高 110.3 m。

每个进料箱都带有 2 套液位测量装置,1 套为玻璃管液位计,另 1 套为雷达波液位测量装置,液位变送器送出 4～20 mA 信号到分布式控制系统(DCS),用于系统的逻辑控制和操作站界面上的数值显示。进料箱的液位报警值在软件中设定(具体参见 1.6 节系统参数),当进料箱达到高液位时,重水净化系统产品箱向进料箱传输重水的供应泵会自动停运,同时还会闭锁主慢化剂系统至重水升级系统的气动隔离阀 63842-PV499-1/2 的 AUTO 回路(见图 16-1-4),防止进料箱重水满溢。进料箱液位低低报时,分布式控制系统会自动将重水升级系统转入"全回流"模式运行。图 16-1-4 所示为进料箱液位控制图。

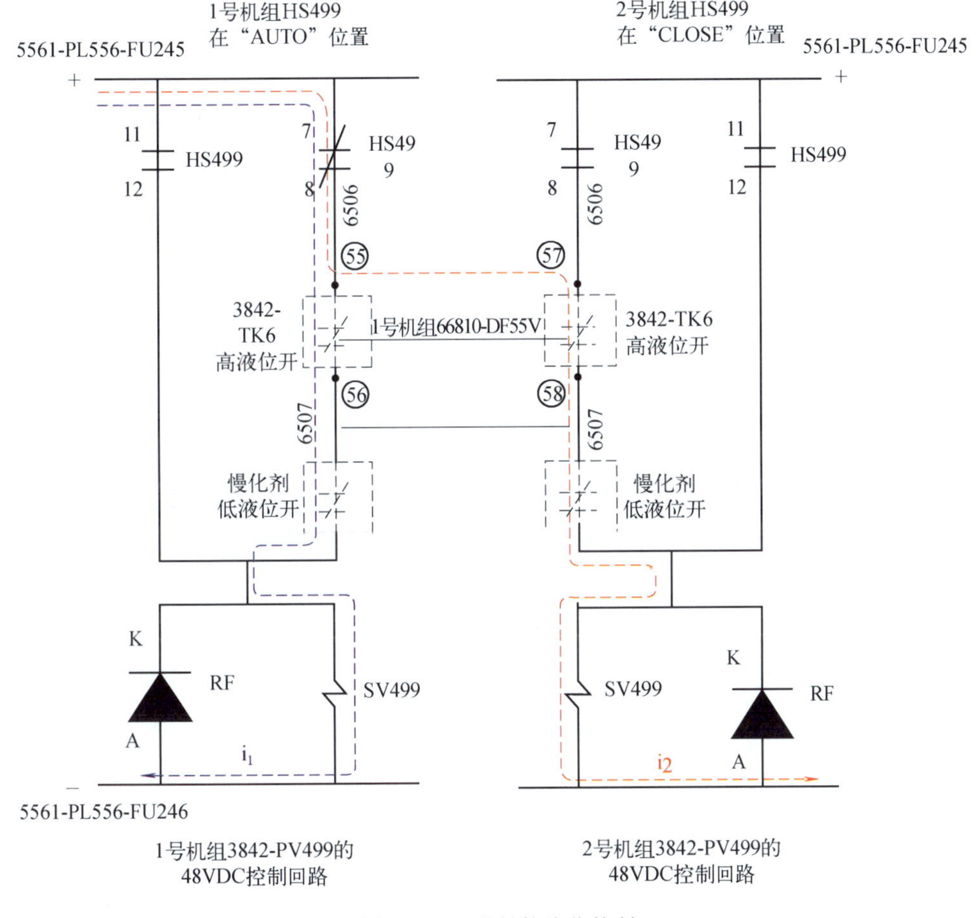

图 16-1-4　进料箱液位控制

2) 进料流量控制阀

每个进料箱出口均有 1 个进料流量控制阀(fisher DVC5000 系列球形阀),该阀的最大通流能力为 110 kg/h。投运进料时进料蒸发器的液位控制器串级控制进料流量控制阀将蒸发器补水到一定液位(65%),同时进料蒸发器的加热蒸汽压力控制阀自动完成蒸发器预热,当温度达到设定温度(该温度对应蒸馏塔内压力,因不同的塔层进料点而不同)后控制程序自动将进料流量控制阀脱离串级并设为“AUTO”模式,供操作员设定进料流量,由此进料程序转向正常运行。

3)进料蒸发器

进料蒸发器为U型管束式热交换器,蒸汽在管侧冷凝,进料重水在壳侧蒸发,通过蒸发除去进料水源中的固体离子杂质,这些固体颗粒在蒸发器中积累,蒸发器的去污比整个系统去污更为容易。进料蒸发器 HTR01 位于 D-161 房间,标高 100 m;EV02/EV12 均位于 D-158 房间,标高 100 m。其结构如图 16-1-5 所示。

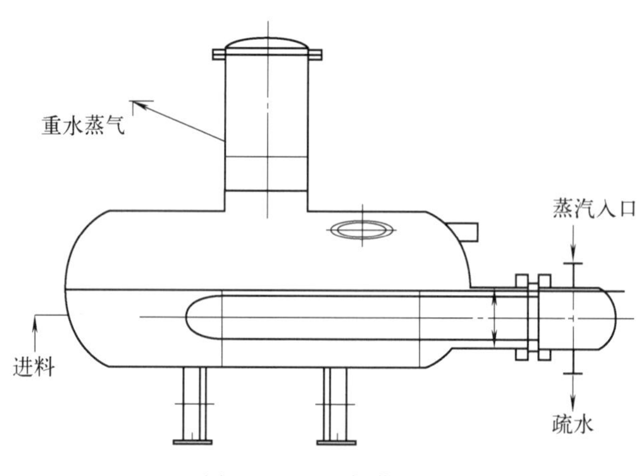

图 16-1-5 进料蒸发器

(2)蒸馏回路

降级重水在蒸馏回路中利用重水和轻水沸点的差异,通过加热的方式实现分离。重水与轻水的挥发性与压力有直接的关系,压力越低,它们之间的挥发性差别越大,也就越容易把它们分离。因此,精馏塔的操作都是在真空环境下进行的,系统的真空度由真空回路控制,保持在 13.3 kPa(a)。蒸馏塔底部的混合液通过循环泵送入再热器,主蒸汽/辅助蒸汽被引入再热器的管侧,使壳侧的混合液汽化,汽化后的混合蒸汽进入蒸馏塔,沿塔身上升。由于重水与轻水的挥发度不同,混合蒸汽在上升过程中与填料层上的液体进行汽一液间的传质交换及热量交换,即上升的混合蒸汽把所含的重水及热量传递给填料上的轻重水混合物,并使之汽化后再上升到上一层填料层,同时,蒸汽在填料层上遇冷冷凝后,回流到下一层填料。这样,上升的汽流中,重水含量越来越低,回流的冷凝液中重水含量逐渐升高,也就沿塔高建立起轻、重水组分的组成分布,显然,塔顶轻组分最浓,形成顶部产物,塔底重组分组成最高,形成底部产物。顶部产物被冷凝后进入顶部产物回路,底部浓缩的高浓度重水被排放到底部产物回路。蒸馏回路示意图如图 16-1-6 所示。

1)蒸馏塔

蒸馏塔是内径为 0.8 m 的圆柱体,为了便于厂房布置,避免安装高度过高,蒸馏塔分为上下两段,慢化剂升级系统下段塔高 27 m,上段塔高 24 m,热传输升级系统上下段的塔高均为 30 m。蒸馏塔内部装有规则布置的填料层(慢化剂蒸馏塔有 17 层填料,热传输蒸馏塔有 20 层填料)。升级系统采用 SulzerCY 型填料(如图 16-1-7 所示),该填料是一种钢性组

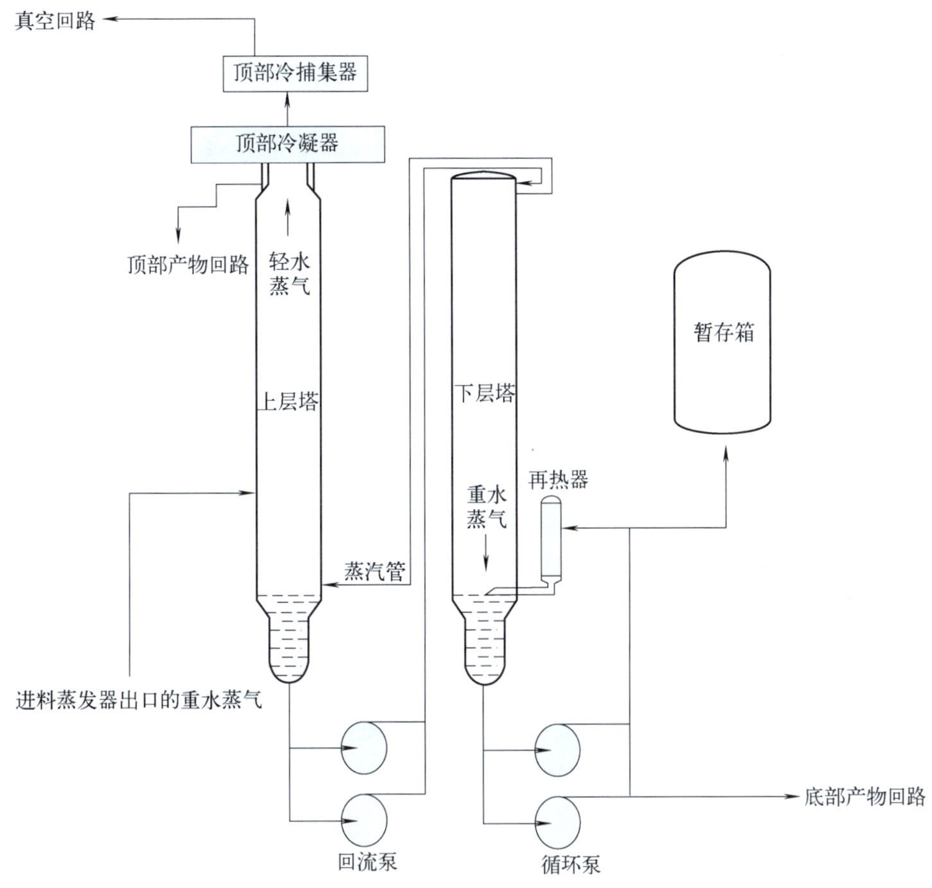

图 16-1-6　蒸馏回路示意图

件，由氧化铜丝作成弯曲扁平的圆形栅格，该填料具有很大的比表面积和空隙率，当回流液或料液进入时，将填料表面润湿，液体在填料表面展为液膜，流下时又汇成液滴，当流到下一填料时，又重展成新的液膜。当气相从塔底进入时，在填料孔隙内沿塔高上升，通过填料上的迷宫式通道与展在填料上的液沫连续接触，进行传质，使气、液两相发生连续的变化，促进物理分离，故称填料塔为微分接触设备。

图 16-1-7 为升级系统采用的 SulzerCY 型填料。

正常运行期间上下两段蒸馏塔要维持一定的液位，如果过高或过低都会导致系统快速停运动作触发(具体参数值见 1.6 节系统参数)。4 段蒸馏塔均位于 D-161 房间，底部标高 100 m。

2) 回流泵

2 台 100%容量的回流泵均为屏蔽泵，能够保证良好密封性。示意图如图 16-1-8 所示。

回流管道和 1 根蒸汽管将上下两段蒸馏塔联系起来，回流泵将上段蒸馏塔产生的冷凝液输送回下段蒸馏塔，蒸汽管将下段塔产生的蒸汽供应给上段塔作为热源。

系统运行期间，2 台回流泵 1 台运行，1 台备用，它们的切换由时间控制，时间由 DCS 控制软件设定，具体参见 16.5.7 节设备切换。回流泵位于 D-161 房间，标高 100 m。

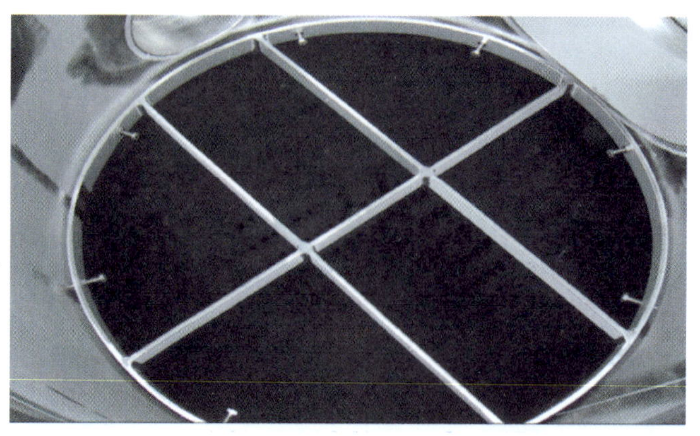

图 16-1-7 升级系统采用的 SulzerCY 型填料

3) 循环泵

2 台循环泵用于将下段蒸馏塔底部的料液输送到再热器进行加热,产生蒸汽,作为整个蒸馏回路的热源。

系统运行期间,2 台回流泵 1 台运行,1 台作为备用,它们的切换由控制软件设定的时间控制,具体参见 16.5.7 节设备切换。运行时要维持泵出口的循环流量不能低于3.6 m^3/h,否则控制软件会触发快速停运动作。循环泵位于 D-161 房间,标高 100 m。

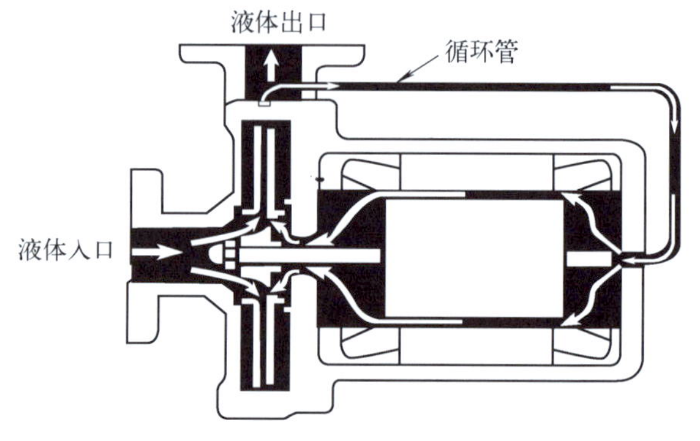

图 16-1-8 回流泵示意图

4) 再热器

再热器用于给蒸馏塔内的液体提供热源,位于 D-161 房间,标高 105.41 m。

5) 顶部冷凝器

顶部冷却器是水平安装的管板式热交换器,用循环冷却水作冷却介质,用于冷凝蒸馏塔分离出去的顶部产物。顶部产物冷凝器位于上段蒸馏塔的顶部,在 D-161 房间,标高 132.258 m。示意图如图 16-1-9 所示。

6) 顶部产物冷捕集器

顶部产物冷捕集器是一水平安装管板式热交换器,直接装于顶部产物冷凝器的顶部,冷冻水作冷却介质。捕集器的功能是在蒸馏塔内气体排放前降低其湿度和温度,产生的冷凝液靠重力疏水至顶部产物冷凝器。顶部产物冷捕集器位于 D-161 房间,蒸馏塔的最顶部,标高 133.153 m。

7) 暂存箱

暂存箱作为慢化剂和热传输重水升级塔的公用箱,用于在升级塔维修期间存放蒸馏塔内的重水。该箱位于 D-320 房间,标高 111.735 m。

(3) 顶部产物回路

顶部产物的重水浓度由顶部产物分析仪在线监测,浓度信号用于控制流量控制阀的开

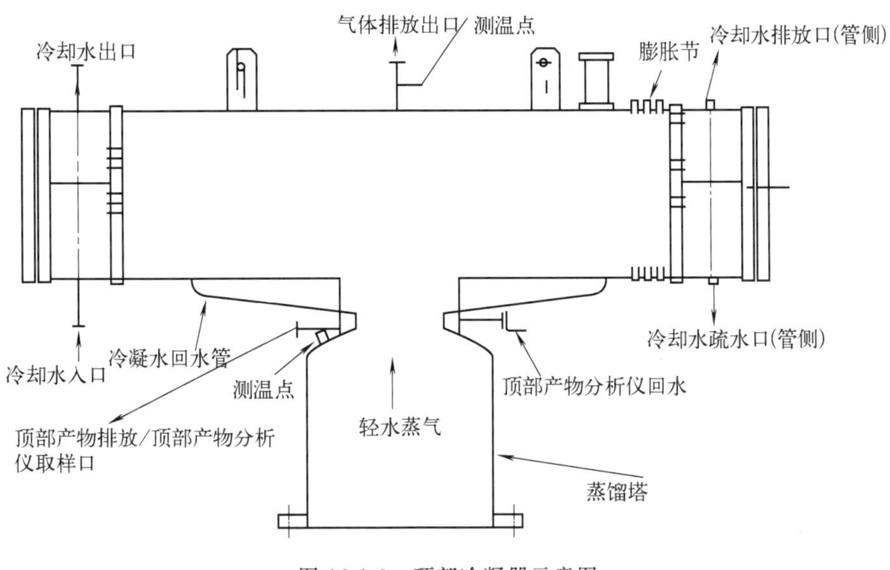

图 16-1-9 顶部冷凝器示意图

度，如果测量值达到设定值，控制软件会自动关闭顶部产物流量控制阀，并将系统转入全回流模式运行。蒸馏塔顶部排出的液体经过冷却后收集到顶部产物箱，取样合格后排放到辅助厂房放射性疏水系统。示意图如图 16-1-10 所示。

1）顶部产物冷却器

顶部产物冷却器是垂直安装双管式热交换器，冷却由顶部产物冷凝器冷凝的轻水，冷却后的液体依靠重力疏水至顶部产物箱，冷冻水作为该冷却器的冷却剂。该设备位于 D-161 房间，标高 128 m。

2）顶部产物箱

顶部产物箱收集经顶部产物冷却器冷却的轻水，通过顶部产物泵排至辅助厂房放射性疏水系统，箱体排气到烟囱。顶部产物箱位于 D-235 房间，标高 105.41 m。

3）顶部产物泵

2 台 100％容量的顶部产物泵输送顶部产物箱的轻水至放射性疏水系统，1 台泵运行，另 1 台泵备用，它们的切换由控制软件设定的时间控制，具体参见 16.5.7 节设备切换。顶部产物泵位于 D-235 房间，标高 105.41 m。

4）顶部产物分析仪

重水升级系统采用 Barringer 公司生产的 441B 型红外分析仪在线分析顶部产物，该分析仪主要承担两部分作用——分析显示和工艺控制。分析仪送出的 4～20 mA 模拟信号，该信号被用来控制顶部产物(轻水)排出蒸馏塔的流量，保证排出的产物不会因为浓度超标而需要回炉重新处理，以提高升级系统的生产效能。该型号分析仪的测量范围 0～0.5％(质量分数)，测量精度＋0.01％，运行压力 170 kPa(g)，运行温度 10～60 ℃。

此类型号分析仪专门为 CANDU-6 机组而设计，没有形成一定的批量生产，产品的可靠性和可维修性一直存在问题。TQNPC 从 2003 年初系统投用一段时间后，分析仪旋转滤镜转轴陆续出现不明原因的磨损，使分析脉冲信号频率失调，最终导致分析仪失效，这是主要问题，还有一个问题就是几次电子单元不明原因的黑屏导致分析仪失效。会议纪要 JY-

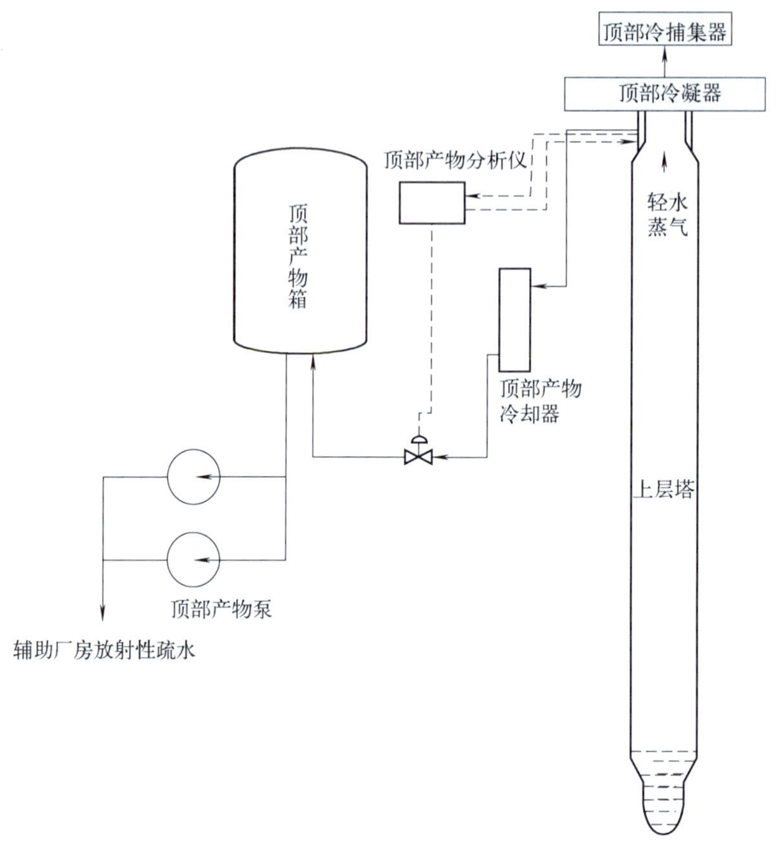

图 16-1-10　顶部产物回路示意图

051208-01 议定，此分析仪再次维修的意义已经不大，将不再进行维修，后续计划进行商务索赔。顶部产物分析仪位于 D-324 房间，标高 111.735 m。

（4）底部产物回路

底部产物回路用于将蒸馏塔底部合格的高浓度重水蒸发过滤杂质，冷凝、冷却后收集在底部产物箱，传输到重水供应系统作为热传输和慢化剂系统的后备装量，其示意图如图 16-1-11 所示。

1）底部产物蒸发器

底部产物蒸发器为 U 型管束式热交换器，蒸汽在管侧冷凝，进料重水在壳侧蒸发，目的是进一步除去浓缩的固体杂质颗粒，最终得到合格的产品。底部产物蒸发器位于 D-158 房间，标高 100 m。

2）底部产物冷凝器

底部产物冷凝器用于冷凝底部产物蒸发器出口的重水蒸气，以循环冷却水作为冷却介质。该冷凝器位于 D-320 房间，标高 111.735 m。

3）底部产物冷却器

底部产物冷却器是双管卧式热交换器，用于降低底部产物的温度，减少重水的蒸发量。该热交换器以冷冻水作冷却剂，冷却的重水靠重力疏水至底部产物箱。底部产物冷却器位于D-320房间，标高 111.735 m。

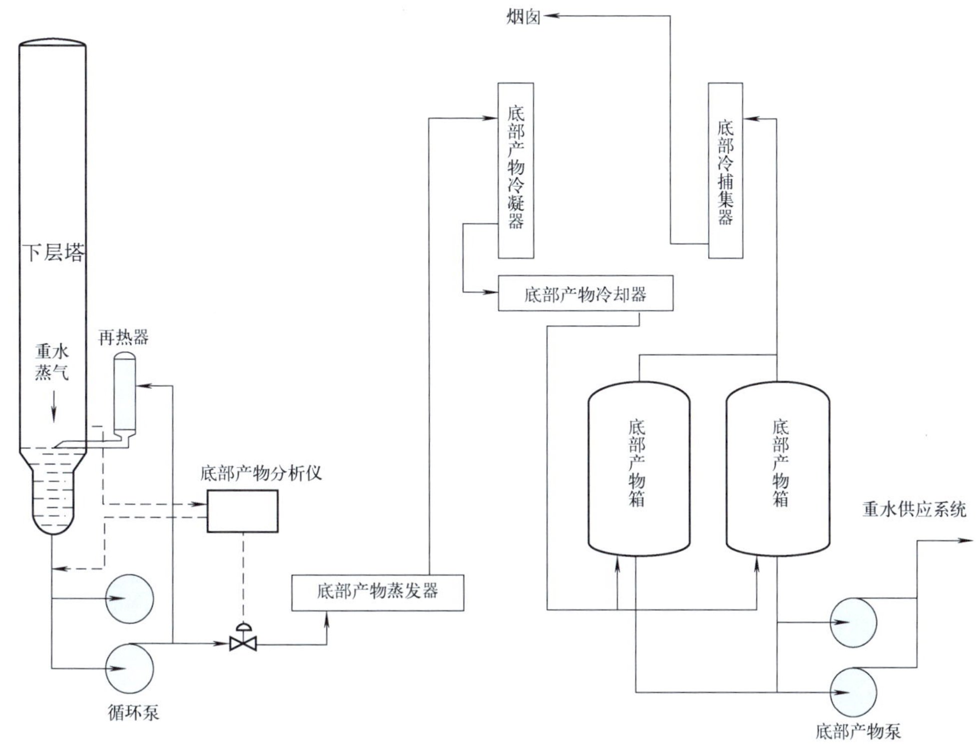

图 16-1-11 底部产物回路示意图

4）底部产物箱

2 个底部产物箱收集底部产物，系统运行期间 2 个箱子通过入口阀门的切换，1 个投入运行 1 个作为备用。2 个箱子均位于 D-235 房间，标高 105.41 m。

5）底部产物泵

2 台底部产物泵用于输送底部产物箱重水至重水供应箱或者将浓度不合格的底部产物重新送回进料箱再次升级。每个底部产物箱配备 1 台泵，在 1 台泵出现故障时也可以通过阀门切换作为另外 1 个箱子的传输泵使用。2 台泵都位于 D-235 房间，标高 105.41 m。

6）底部产物分析仪

底部产物分析仪原理与顶部产物分析仪相同，只是测量范围和型号不同。底部产物分析仪型号为 450B，测量范围 99%～99.999%，测量精度在 99.65%～99.999%范围内为 +0.005%，在 99.00%～99.65%范围内测量精度为 +0.02%。当底部产物浓度低于设定值(见 1.6 节系统参数)时自动停下底部产物提取，保证已生产的产品不会被降级。

底部产物分析仪也存在和顶部产物分析仪类似的问题，具体描述参见(3)中的 4)顶部产物分析仪。底部产物分析仪位于 D-324 房间，标高 111.735 m。

7）底部产物冷捕集器

底部产物冷捕集器是垂直安装管板式热交换器，它用来降低底部产物回路排气的温度和湿度，减少底部产物重水蒸发损失。该热交换器以冷冻水作冷却剂。底部产物冷捕集器位于 D-320 房间，标高 111.735 m。

(5) 真空回路

真空回路通过对蒸馏塔顶部不断抽气,建立并维持一个恒定的真空度,用于增加重水和轻水之间的相对挥发度,该回路流程如图 16-1-12 所示。

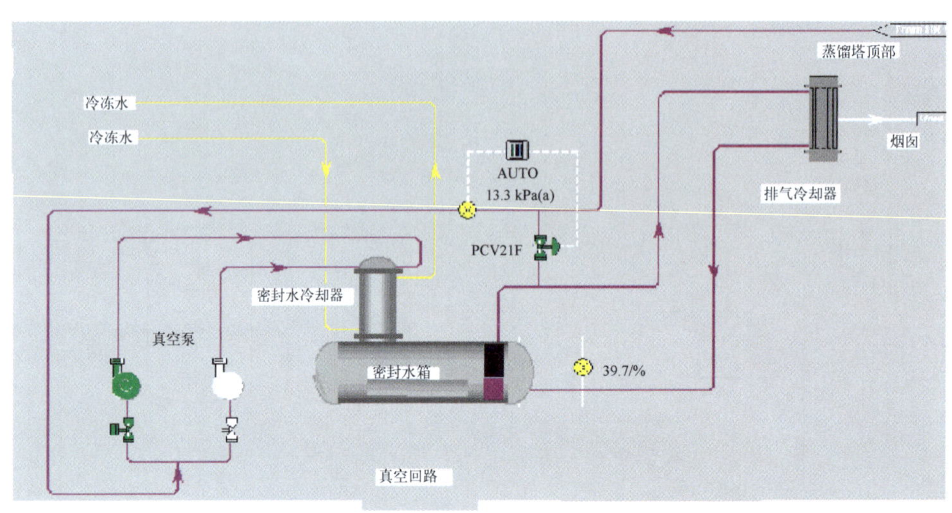

图 16-1-12 真空回路流程

1) 真空泵

每个子系统配备有 2 台液环式真空泵,液环泵主要是靠工作介质作密封介质,泵叶轮轴和泵壳不同心,叶轮旋转形成水环,进气区经抽吸形成真空,排气区经压缩排向大气。系统投运期间,1 台真空泵运行,另 1 台泵备用。它们的切换由控制软件设定的时间控制,具体参见 16.5.7 节设备切换。2 台泵位于 D-158 房间,标高 100 m,泵的示意图如图 16-1-13 所示。

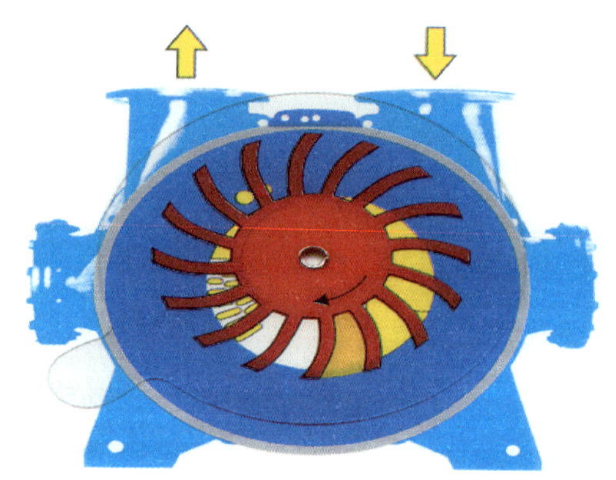

图 16-1-13 真空泵

2) 密封水冷却器

密封水冷却器用于冷却真空泵排出的汽水混合物,带走真空泵产生的热量,冷冻水用作冷却剂。冷却器也位于 D-158 房间,标高 100 m。

3) 密封水箱

密封水箱为水环式真空泵提供密封液,同时兼做蒸馏塔顶部抽气冷凝液的收集箱。该箱子位于 D-158 房间,标高 100 m。

4) 排气冷却器

排气冷却器位于真空泵的出口管线上,用于降低真空回路排气的湿度和温度。冷凝液靠重力返回至密封水箱,气体则排至烟囱。冷冻水作为该热交换器的冷却水。排气冷却器位于 D-320 房间,标高 111.735 m。

(6) 凝结水回路

重水升级系统采用主蒸汽或辅助蒸汽作为加热气源,蒸汽的凝结水靠重力收集到凝结水箱,由 2 台凝结水泵将水输送到 72110 系统,该回路示意图如图 16-1-14 所示。

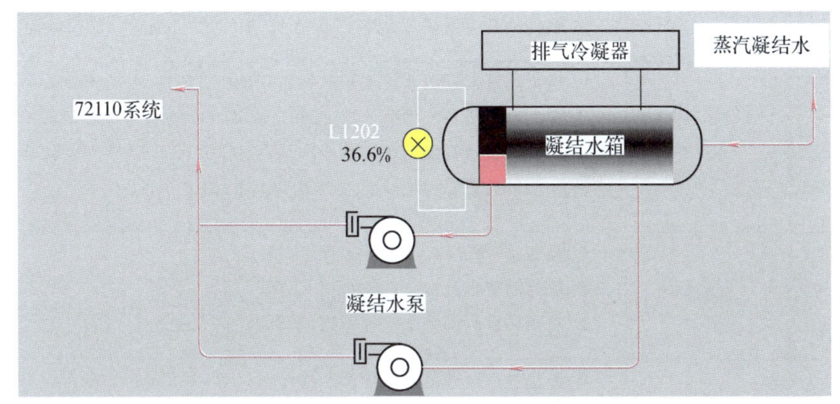

图 16-1-14　凝结水回路示意图

1) 凝结水箱

凝结水箱收集重水升级系统加热蒸汽的凝结水,该箱子位于 D-019 房间,标高 93.9 m,处于重水升级系统的最低点,利于快速疏水。

2) 凝结水泵

凝结水泵由凝结水箱液位控制,在高液位时自动启泵排水至 72110 系统,低液位自动停泵。蒸汽投入前需要先将凝结水回路投入,2 台凝结水泵在投运期间 1 台运行,1 台备用,它们的切换由控制软件设定的时间控制,具体参见 16.5.7 节设备切换。凝结水泵位于D-019 房间,标高 93.9 m。

3) 排气冷凝器

排气冷凝器位于凝结水收集箱的上部,用于降低凝结水箱排气的温度和湿度。冷凝器位于 D-019 房间,标高 93.9 m。

16.1.2　主要设备现场布置

表 16-1-1 所示为重水升级系统主要设备现场布置(仅 1 个子系统)。

表 16-1-1　重水升级系统主要设备现场布置

标高/m	区域/房间	设备名称
93.9	D-019	1. 慢化剂升级系统凝结水箱 TK05,凝结水泵 P25/P26; 2. 热传输升级系统凝结水箱 TK15,凝结水泵 P27/P28
100	D-157	1. 慢化剂升级系统真空泵 P09/P10,密封水箱 TK08,密封水冷却器 HX06,进料蒸发器 EV02,底部产物蒸发器 EV01; 2. 热传输升级系统真空泵 P19/P20,密封水箱 TK18,密封水冷却器 HX16,进料蒸发器 EV12,底部产物蒸发器 EV11

续表

<table>
<tr><th>标高/m</th><th>区域/房间</th><th>设备名称</th></tr>
<tr><td>100</td><td>D-161</td><td>1. 慢化剂升级系统蒸馏塔 COL01/COL02,循环泵 P01/P02,回流泵 P03/P04,进料蒸发器 HTR01;
2. 热传输升级系统蒸馏塔 COL11/COL12,循环泵 P11/P12,回流泵 P13/P14</td></tr>
<tr><td>105.41</td><td>D-235</td><td>1. 慢化剂重水升级系统底部产物箱 TK01/TK02,底部产物泵 P07/P08,顶部产物箱 TK03,顶部产物泵 P05/P06,进料箱 TK06,取样柜 PL2596;
2. 热传输重水升级系统底部产物箱 TK11/TK12,底部产物泵 P17/P18,顶部产物箱 TK13,顶部产物泵 P15/P16,取样柜 PL2597</td></tr>
<tr><td>105.41</td><td>D-247</td><td>1. 操作站 OPST1/OPST2;
2. 慢化剂重水升级系统控制柜 PL2590;
3. 热传输重水升级系统控制柜 PL2591</td></tr>
<tr><td>111.735</td><td>D-324</td><td>1. 慢化剂重水升级系统顶部产物分析仪 A48,底部产物分析仪 A68;
2. 热传输重水升级系统顶部产物分析仪 A248,底部产物分析仪 A268</td></tr>
<tr><td>105.41</td><td rowspan="6">D-161</td><td>再热器</td></tr>
<tr><td>110.3</td><td>1. 慢化剂重水升级系统进料箱 TK09;
2. 热传输重水升级系统进料箱 TK19</td></tr>
<tr><td>128</td><td>1. 慢化剂重水升级系统顶部产物冷却器 HX03;
2. 热传输重水升级系统顶部产物冷却器 HX13</td></tr>
<tr><td>132.258</td><td>1. 慢化剂重水升级系统顶部冷凝器 CD02;
2. 慢化剂重水升级系统顶部冷捕集器 HX01</td></tr>
<tr><td>133.153</td><td>1. 热传输重水升级系统顶部冷凝器 CD12;
2. 热传输重水升级系统顶部冷捕集器 HX11</td></tr>
</table>

重水升级系统主要设备现场布置示意图如图 16-1-15 所示。

16.1.3 与其他系统的接口

慢化剂重水升级系统进料箱 TK09 接收来自重水净化系统(38410)慢化剂序列产品箱的传水;

慢化剂重水升级系统进料箱 TK06 接收来自 2 个机组主慢化剂系统的重水,当慢化剂有升级需求时通过慢化剂净化系统传输重水;

底部产物箱 TK01、TK02/TK11、TK12 与重水供应系统连接,用于把合格重水供应给重水供应系统重水储存箱;

慢化剂/热传输重水升级系统顶部产物箱 TK03/TK13 排水到辅助厂房放射性疏水系统地漏;

慢化剂/热传输重水升级系统凝结水箱 TK05/TK15 疏水至 72110 系统;

系统排气到辅助厂房通风系统 73420。

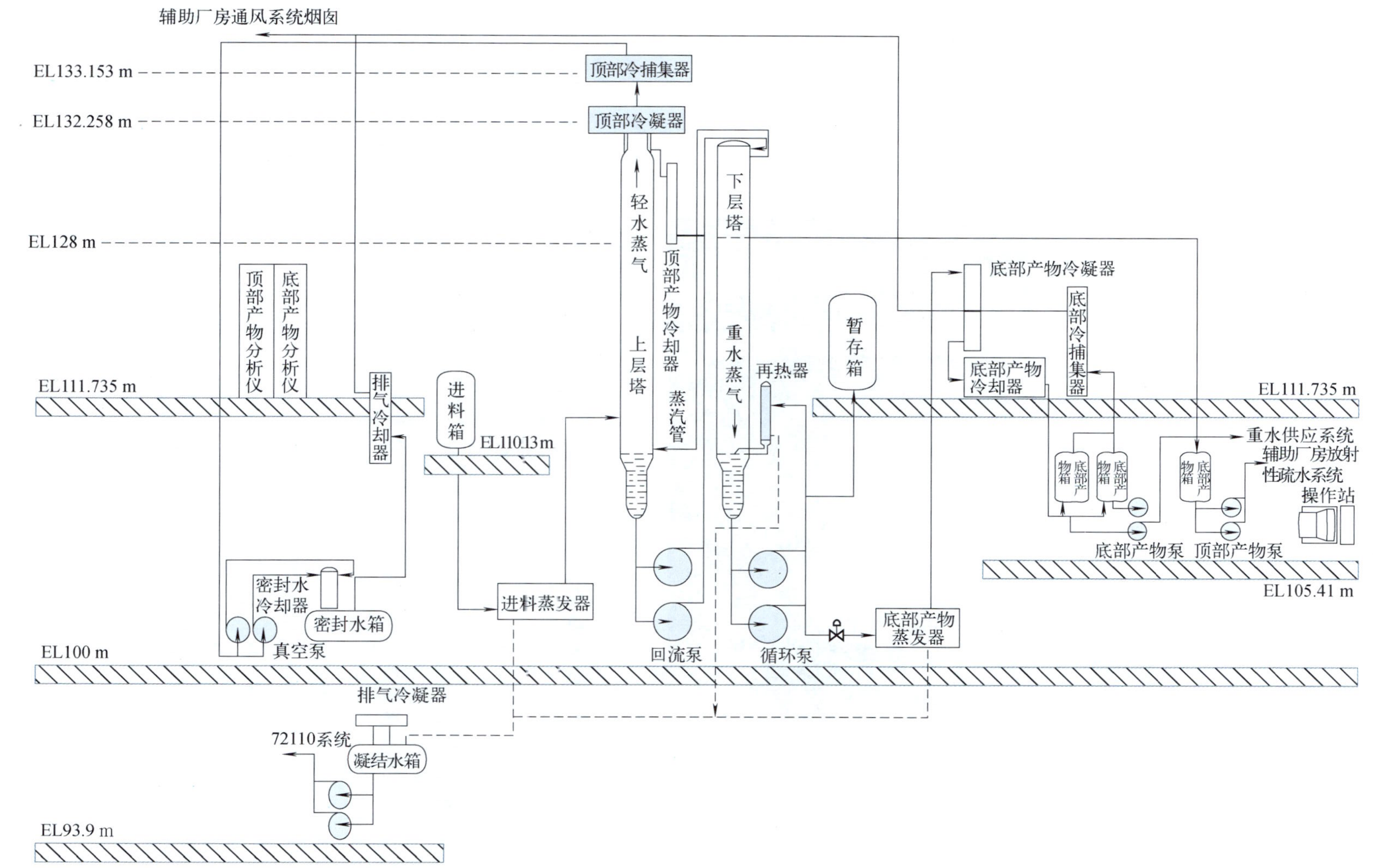

图16-1-15　重水升级系统主要设备现场布置示意图

16.1.4 就地盘台

重水升级厂房氚和惰性气体监测盘 67883-PL2601,位于 D-158 房间(标高 100 m),如图 16-1-16 所示,用于监测重水升级厂房(D/B)排风管的氚和惰性气体,工作用气为氩甲烷气体,气瓶出口压力设定值为 1 MPa。

图 16-1-16 重水升级厂房氚和惰性气体监测盘 67883-PL2601

D/B 厂房氚报警设定值为 103 MBq/m^3,惰性气体报警设定值为 104 MeV/m^3,厂房出现氚或惰性气体高报时,D-247 房间的重水升级系统操作站会出现报警,同时 1 号机组主控室出现 CRT 报警:3842 D/B RADIATION HIGH C2930。

16.1.5 取样点

慢化剂和热传输重水升级系统各有 5 个常规取样点,集中于 D-235 房间的取样柜 PL2596/PL2597 内,取样柜 PL2596 示意图如图 16-1-17 所示。

- 取样回路 S01/S11:用来对顶部产物箱 TK03/TK13 内的液体进行取样;
- 取样回路 S02/S12:用来对上层塔 COL02/COL12 底部的液体进行取样;
- 取样回路 S03/S13:用来对下层塔 COL01/COL11 底部的液体进行取样;
- 取样回路 S04/S14:用来对底部产物箱 TK01/TK11 内的液体进行取样;
- 取样回路 S05/S15:用来对底部产物箱 TK02/TK12 内的液体进行取样。

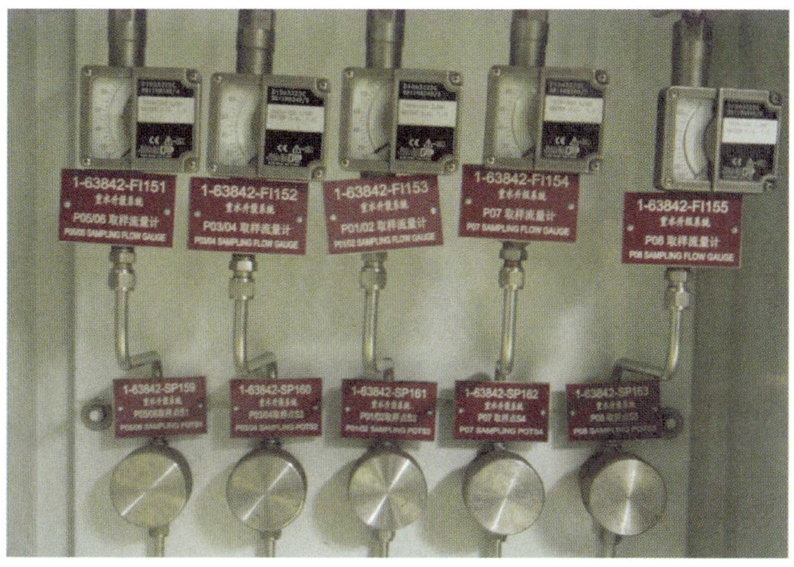

图 16-1-17 取样柜 PL2596 示意图

16.2 系统参数

表 16-2-1 所示为慢化剂和热传输升级系统公共部分参数列表。

表 16-2-1 慢化剂和热传输升级系统公共部分参数

参 数 名 称	仪表号	正常工作范围	设定值	单位
蒸汽压力调节阀 PCV11 前压力指示表	63842-P12	550～580		kPa
蒸汽压力调节阀 PCV11 后压力指示表	63842-P13-2	200～280		kPa
循环冷却水压力指示表	63842-P1	560		kPa
冷冻水压力指示表	63842-P6	650		kPa
仪用压空压力指示表	63842-P15	830		kPa
循环冷却水低压力开关	63842-PS002		413	kPa
冷冻水低报压力开关	63842-PS007		400	kPa
蒸汽供应低报压力开关	63842-PS013-1		200	kPa
蒸汽供应高报压力开关	63842-PS013-2		280	kPa
仪表压空供应低报压力开关	63842-PS016		400	kPa
蒸汽压力调节阀设定值	63842-PCV11		243	kPa
仪用压空压力设定值	63842-PRV57		450	kPa
仪用压空压力设定值	63842-PRV106		450	kPa
压力释放阀设定值	43340-PSV14		443	kPa
循环冷却水温度指示表	63842-T3	18～36.7		℃

续表

参数名称	仪表号	正常工作范围	设定值	单位
循环冷却水高报温度开关	63842-TS005		40	℃
冷冻水温度指示表	63842-T8	6		℃
冷冻水高报温度开关	63842-TS010		10	℃
暂存箱 TK07 液位	63842-LT077	0～83%	高报:83%	

表 16-2-2 所示为慢化剂重水升级系统参数列表。

表 16-2-2 慢化剂重水升级系统参数

参 数 名 称	仪表号	正常工作范围	设定值	单位
底部产物回路压空压力调节阀设定值	63842-PRV133		35	kPa
02 号塔 COL02 顶部压力	63842-PT017	13.3	高高报:17 高报:15 低报:12 低低报:10	kPa
真空单元吸入口高报压力开关	63842-PS022		15	kPa
真空泵密封水高报温度开关	63842-TS027		20	℃
02 号塔 COL02 底部温度	63842-TT60	62	高报:70	℃
02 号塔 COL02 顶部温度	63842-TT65	52	高报:55	℃
底部产物冷却器 CD01 出口高报温度开关	63842-TS91		40	℃
底部产物箱 TK01 液位	63842-LT094	0～40	高报:74	%
底部产物箱 TK02 液位	63842-LT099	0～40	高报:74	%
顶部产物箱 TK03 液位	63842-LT031	0～60	高报:79	%
凝结水箱 TK05 液位	63842-LT081	10～50	高报:50 低报:10	%
进料箱 TK06 液位	63842-LT038	30～74	高报:74 低报:15	%
密封水箱 TK08 液位	63842-LT024	28～45	高报:45 低报:27	%
进料供应箱 TK09 液位	63842-LT044	30～74	高报:74 低报:15	%
01 号塔底部液位	63842-LT072	35	高报:37 低报:17	%
02 号塔底部液位	63842-LT064	35	高报:37 低报:12	%
底部产物蒸发器 EV01 液位	63842-LT083	65	高报:75 低报:58	%

续表

参　数　名　称	仪表号	正常工作范围	设定值	单位
进料蒸发器 EV02 液位	63842-LT052	65	高报:75 低报:58	%
凝结水箱 TK05 高液位开关	63842-LS043		90	%
真空泵密封水箱 TK08 高液位开关	63842-LS028		55	%
进料蒸发器 EV02 高报液位开关	63842-LS053		90	%
进料蒸发器 EV02 低报液位开关	63842-LS054		10	%
02 号塔 COL02 高高报液位开关	63842-LS062		90	%
01 号塔 COL01 高高液位开关	63842-LS070		90	
02 号塔 COL02 低低报液位开关	63842-LS063		10	%
01 号塔 COL01 低低报液位开关	63842-LS071		10	%
底部产物蒸发器 EV01 高高报液位开关	63842-LS085		90	%
底部产物蒸发器 EV01 低低报液位开关	63842-LS086		10	%
循环泵 P01 低流量开关	63842-FIS142		0.4	usgpm
循环泵 P02 低流量开关	63842-FIS143		0.4	usgpm
回流泵 P03 低流量开关	63842-FIS140		1.0	usgpm
回流泵 P04 低流量开关	63842-FIS141		1.0	usgpm
顶部产物泵 P05 低流量开关	63842-FIS138		0.6	usgpm
顶部产物泵 P06 低流量开关	63842-FIS139		0.6	usgpm
底部产物泵 P07 低流量开关	63842-FIS144		0.6	usgpm
底部产物泵 P08 低流量开关	63842-FIS145		0.6	usgpm
顶部冷捕集器 HX01 冷冻水低流量开关	63842-FIS049		1 000	L/h
顶部冷凝器 CD02 冷却水低流量开关	63842-FIS050		50	m^3/h
底部产物分析仪冷冻水低流量开关	63842-FS68-1		22	L/h
回流流量	63842-FT069	220～2 200		L/h
再热器 RBO01 循环流量	63842-FT079	5.4	低报:4 低低报:3.6	m^3/h
再热器 RBO01 蒸汽供应流量	63842-FT080	910	低报:650 低低报:544	kg/h
底部产物冷却器 CD01 冷冻水低流量开关	63842-FIS090		4	m^3/h
真空单元冷却器 HX06 冷冻水低流量开关	63842-FIS018		1 500	L/h
进料蒸发器 EV02 电导率	63842-CIT056	＜20	高报:20	mS/m
进料蒸发器 HTR01 电导率	63842-CIT101	＜20	高报:20	mS/m
底部产物蒸发器 EV01 电导率	63842-CIT088	＜10	高报:10	mS/m
顶部产物浓度	63842-AIT-48	＜0.1%	高报:0.1%	摩尔浓度
底部产物浓度	63842-AIT-68	＞99.91%	低报:99.91%	摩尔浓度

表 16-2-3 所示为热传输重水升级系统参数列表。

表 16-2-3 热传输重水升级系统参数

参 数 名 称	仪表号	正常工作范围	设定值	单位
COL12 顶部压力	63842-PI-219	13.3		kPa(a)
底部产物回路温度	63842-TI-292	25	高报:40	℃
进料蒸发器 EV12 温度	63842-TT-251	66	高报:85	℃
COL12 底部温度	63842-TT-260	62	高报:70	℃
COL12 顶部温度	63842-TT-265	52	高报:55	℃
COL11 底部温度	63842-TT-274	68	高报:70	℃
产物蒸发器 EV11 温度	63842-TT-287	101	高报:115	℃
凝结水接收箱 TK15 液位	63842-LT-202	10～50	高报:50 低报:10	%
密封水箱 TK18 液位	63842-LT-224	28～45	高报:48 低报:27	%
顶部产物箱 TK13 液位	63842-LT-231	0～60	高报:79	%
进料供应箱 TK19 液位	63842-LT-239	15～74	高报:74 低报:15	%
进料蒸发器 EV12 液位	63842-LT-252	65	高报:75 低报:58	%
12 号塔底部液位	63842-LT-264	35	高报:37 低报:17	%
11 号塔底部液位	63842-LT-272	35	高报:37 低报:17	%
底部产物箱 TK12 液位	63842-LT-281	0～74	高报:74	%
底部产物箱 TK11 液位	63842-LT-294	0～74	高报:74	%
底部产物蒸发器 EV11 液位	63842-LT-283	65	高报:75 低报:58	%
顶部产物泵 P15 低流量开关	63842-FIS-209		0.6	usgpm
顶部产物泵 P16 低流量开关	63842-FIS-210		0.6	usgpm
回流泵 P13 低流量开关	63842-FIS-211		1.0	usgpm
回流泵 P14 低流量开关	63842-FIS-212		1.0	usgpm
循环泵 P11 低流量开关	63842-FIS-213		0.4	usgpm
循环泵 P12 低流量开关	63842-FIS-214		0.4	usgpm
底部产物泵 P17 低流量开关	63842-FIS-215		0.6	usgpm
底部产物泵 P18 低流量开关	63842-FIS-216		0.6	usgpm
顶部冷捕捉器 HX11 冷冻水流量	63842-FIS-249	1 800	低报:1 000	L/h
顶部冷凝器 CD12 冷却水流量	63842-FIS-250	75	低报:50	m^3/h

续表

参数名称	仪表号	正常工作范围	设定值	单位
底部产物分析仪冷冻水流量	63842-FS-268-1	>22	低报:22	L/h
回流流量	63842-FT-269	220～2 200		L/h
RBO11 产物循环流量	63842-FT-279	5.4	低报:4 低低报:3.6	m^3/h
RBO11 蒸汽供应流量	63842-FT-280	910	低报:650 低低报:544	kg/h
11 号塔底部产物排放流量	63842-FT-282	1-150		kg/h
CD11 冷冻水流量	63842-FIS-290	4	低报:2.15	m^3/h
进料蒸发器 EV12 电导率	63842-CIT-256	<20	高报:20	mS/m
底部蒸发器 EV11 电导率	63842-CIT-288	<10	高报:10	mS/m
顶部产物浓度	63842-AIT-248	<0.1%	高报:0.1%	摩尔浓度
底部产物浓度	63842-AIT-268	>99.85%	低报:99.85%	摩尔浓度
底部产物回路压空压力	63842-PRV333		35	kPa

16.3　风险警示和运行实践

(1) 重水升级系统配备 2 台计算机作为操作站，操作员以用户名“MU_OPERATOR”或“HTU_OPERATOR”登录任 1 台操作站均可实现对慢化剂或热传输重水升级系统的操作，如果登录名错误可能出现误操作等严重后果。

(2) 重水泄漏会释放出高浓度的氚，可能扩散到相邻区域和外部环境，必须采取措施对泄漏重水进行回收。

(3) 重水分析仪盘柜内阀门不允许使用工具操作，以防止阀门损坏。

(4) 投运蒸汽时确保设备和管道已经进行预热暖管，防止由于水锤或膨胀不均匀而损坏设备。

(5) 在重水升级系统投运过程中，真空泵存在初始启动时偶尔不能有效抽真空的现象。因此，在真空泵启动后应立即确认泵入口真空度低于 85 kPa(a)，并且逐渐下降；否则立即切换到备用真空泵运行。

(6) 每次进料箱补水后，应根据不同的进料浓度选择相应塔层的进料点。

(7) 重水升级系统的手动停运分为正常停运、Fast Stop 和 Emergency Shut down 三种模式，非紧急工况下禁止使用 Fast Stop 和 Emergency Shut down 模式停运系统。

16.4　技　能

底部产物箱的切换操作：2 个底部产物箱互为备用，在切换时要先打开备用箱的入口隔离阀，再关闭投运箱子的入口隔离阀，并且开关阀要操作到位，因为这 2 个箱子的入口隔离阀带有限位开关，如果操作不到位会导致系统自动进入“Total Reflux”模式。

16.5 主要操作

16.5.1 启动规程

(1) 重水升级系统启动到“全回流”模式

重水升级系统启动时应注意如下事项：

1) 投运蒸汽时确保设备和管道已经进行预热暖管，防止由于水锤或膨胀不均匀损坏设备。

2) 慢化剂重水升级系统启动前，为避免加热蒸汽流量扰动导致运行中的热传输重水升级系统跳机，需要将导致热传输升级塔快停联锁条件 Column 2 (col12) HEAD Pressure HIGH-HIGH(PAHH-217)和 Reboiler(RBO11) Steam Flow Low-Low(FALL-280)旁通，在慢化剂升级系统投运行后再取消此 2 个旁通条件。

3) 热传输重水升级系统启动前，为避免加热蒸汽流量扰动导致运行中的慢化剂重水升级系统跳机，需要将导致慢化剂升级塔快停联锁条件 Column 2 (col 02) HEAD Pressure HIGH-HIGH(PAHH-17)和 Reboiler(RBO01) Steam Flow Low-Low(FALL-80)旁通，在热传输升级系统投运行后再取消这 2 个旁通条件。

重水升级系统启动后首先在“Total Reflux”模式运行，用来保证升级塔内的重水同位素浓度达到设计要求。

具体程序参见 98-38420-OM-001/002 第 4.1.1 节程序。

(2) 投运顶部和底部产物分析仪

重水升级系统顶部和底部产物的浓度分别由顶部和底部产物在线红外分析仪监测、控制，以确保重水升级期间顶部产物排出液重水浓度(质量分数)不超过 0.1%，底部产物浓度(质量分数)不低于控制值(热传输升级系统底部产物控制值 99.85%，慢化剂升级系统底部产物控制值 99.92%)。

具体程序参见 98-38420-OM-001/002 第 4.1.2 节和 4.1.3 节程序。

(3) 投入进料和顶部/底部产物提取

重水升级系统启动后，在“Total Reflux”模式运行 2～3 d，顶部产物的浓度(质量分数)将小于 0.1%，且底部产物浓度大于等于控制值，然后分别投入进料和顶部/底部产物提取程序，调整升级塔内部温度分布，系统会自动转入“Normal Operation”模式——这也是重水升级塔进行升级处理时应放置的运行模式。

具体程序分别参见 98-38420-OM-001/002 第 4.1.4 节程序。

16.5.2 进料箱补水

重水升级塔进料箱低液位报警触发前需及时从重水净化系统补水，避免系统自动进入“Total Reflux”模式，停止重水的升级进程。

在进料箱补充新的待升级重水后，需重新计算进料重水浓度，设定进、出料流量，选择合适的进料位置，否则蒸馏塔内的浓度平衡受到扰动，影响到顶部或底部产物的浓度，进而影响升级效率。

具体程序参见 98-38420-OM-001/002 第 4.2.3 节程序。

16.5.3 进“Normal Operation”期间系统控制

重水升级塔在“Normal Operation”运行期间，需要依据浓度变化调整系统运行状态或顶部产物提取流量以保证产物浓度合格。

具体程序参见 98-38420-OM-001/002 第 4.2.4 节程序。

16.5.4 顶部产物箱处理

顶部产物箱重水浓度(质量分数)如低于 0.3%，直接排放到辅助厂房放射性疏水系统，否则需要对液体装桶回收重新升级。重水升级系统对顶部产物的浓度(质量分数)控制值为 0.1%。

具体程序参见 98-38420-OM-001/002 第 4.2.5 节程序。

16.5.5 底部产物箱处理

(1) 底部产物箱重水品质满足化学指标控制要求，将重水传输至重水供应系统重水储存箱。

具体程序参见 98-38420-OM-001 第 4.2.6.3/4.2.6.4 节程序。

(2) 底部产物箱分析参数中离子杂质含量超出化学参数指标限值，将重水传输到重水净化系统重新净化处理。

具体程序参见 98-38420-OM-001 第 5.3/5.4 节程序；98-38420-OM- 002 第 5.3/5.6/5.7/5.10 节程序。

(3) 底部产物箱分析参数中只有重水浓度不符合化学参数指标控制要求，其他项目均合格，将重水输送到进料箱重新升级。

具体程序参见 98-38420-OM-001 第 5.5/5.6 节程序；98-38420-OM-002 第 5.4/5.8 节程序。

(4) 如果热传输重水升级系统底部产物箱分析参数中氚浓度超出 1 号机组 PHT 氚浓度的 1.3 倍，需要将重水传输到重水供应系统高氚重水储存箱。

具体程序参见 98-38420-OM-002 第 5.5/5.9 节程序。

16.5.6 停运规程

重水升级系统属于间歇式运行系统，在没有降级重水需要处理时，系统处于停运状态。慢化剂重水升级系统的停运分为自动和手动停运两种方式。自动停运由控制软件所设定的停运条件触发，即当慢化剂和热传输重水升级系统分别出现下列情况之一时，控制逻辑自动触发 Fast Stop 程序。

(1) 慢化剂重水升级系统自动停运条件，如图 16-5-1 所示。

(2) 热传输重水升级系统自动停运条件，如图 16-5-2 所示。

(3) 重水升级系统的手动停运分为如下 3 种方式：

1) 当慢化剂或热传输降级重水完成升级任务后，正常通过对应的操作站的操作界面上点击 MU Shut Down 按钮或者 HTU Shut Down 按钮来停运系统，系统转入“Total Re-

FAST-STOP CONDITIONS
CONDITION
Bottom Product Cold Trap (HX05) Vent Shut-off Valve CLOSED (XV-177)
Bottom Product Cold Trap (HX05) Bleed Air Shut-off Valve CLOSED (XV-179)
Column 1 (COL01) Reflux Recycle Shut-Off Valve CLOSED (XV-172)
Reboiler (RBO01) Product Circulating Flow Low-Low (FALL-79)
Circulation Pumps P01 and P01 TRIPPED
Reflux Pumps P03 and P04 TRIPPED
Reboiler (RBO01) Inlet Shut-Off Valve CLOSED (XV-176)
Cooling Water Pressure Switch Low (PAL-2-MU)
Chilled Water Pressure Switch Low (PAL-7-MU)
Steam Supply Pressure Switch Low (PAL-13-1-MU)
Instrument Air Supply Pressure Switch Low (PAL-16-MU)
Column 2 (COL02) Sump Level Switch Low-Low (LALL-63)
Column 2 (COL02) Head Pressure High-High (PAHH-17)
Column 1 (COL01) Sump Level Switch Low-Low (LALL-71)
Head Condenser (CD02) Outlet Temperature Switch High (TAH-66)
Reboiler (RBO01) Steam Flow Low-Low (FALL-80)
Condersate Reciever (TK05) High-High (LAHH-43)
Seal Water Tank (TK08) Level Switch High-High (LAHH-28)
Seal Water Tank (TK08) Temperature Switch High (TAHT-27)
Seal Water Tank (TK08) Level Low (LAL-24)
Seal Water Cooler (HX06) CHilled Water Flow Switch Low (FAL-18)
Column 1 (COL01) Sump Level Switch High-High (LAHH-70)
Head Condenser (CD02) Cooling Water Flow Low (FAL-50)
Column 2 (COL02) Sump Level Switch High-High (LAHH-62)

图 16-5-1 慢化剂重水升级系统自动停运条件

flux”模式运行,60 s 后(如果此前系统已在“Total Reflux”模式运行,则没有 60 s 计时)操作界面上会跳出询问框:DO YOU REALLY WANT TO SHUT DOWN THE PLANT? 操作员选择“YES”即可实现系统停运。

具体程序请参见 98-38420-OM-001/002 第 4.4.1 节程序。

2) 如果重水升级系统控制逻辑出现混乱,无法继续执行,操作员可在操作界面上通过点击 Fast Stop 按钮将系统快速停运(没有 60 s 计时等待时间)。非异常工况下不推荐使用快速停运的方式停运系统。

具体程序请参见 98-38420-OM-001 第 5.10.1 节程序;98-38420-OM-002 第 5.14.1 节程序。

3) 出现诸如重水大量泄漏等紧急情况,分别按下升级系统控制柜 63842-PL2590/PL2591 上红色的 Emergency Shut down 按钮使系统紧急停运。在非紧急工况下禁止使用 Emergency Shut down 模式停运重水升级系统。

具体程序请参见 98-38420-OM-001 第 5.10.2 节程序;98-38420-OM-002 第 5.14.2 节程序。

FAST—STOP CONDITIONS

CONDITION
Column 1 COL11 Sump Level High-High Switch (LAHH—270)
Head Condenser CD12 Cooling Water Flow Low (FAL—250)
Column 2 COL12 Sump Level High—High Switch (LAHH—262)
Rchoiler RBO11 Product Circ,Flow Low—Low (FALL—279) & Standby Pump Not Ready
Circulating Pumps P—11 and P—12 TRIP
Reflux Pumps P—13 and P—14 TRIP
Seal Water Tank TK18 Level Low (LAL—224)
Seal Water Cooler HX16 Chilled Water Flow Low Switch (FAL—218)
Cooling Water Pressure Low Switch (PAL—2—HTU)
Chilled Water Pressure Low Switch (PAL—7—HTU)
Steam Supply Pressure Low Switch (PAL—13—1—HTU)
Instrument Air Pressure Low Switch (PAL—16—HTU)
Column 2 COL 12 Sump Level Low - Low Switch (LALL—263)
Column 2 COL 12 Head Pressture High—High (PAHH—217)
Column 1 COL 11 Sump Level Low—Low Switch (LALL—271)
Column 2 COL 12 Head Temperature High Switch (TAH—266)
Reboiler RBO11 Steam Flow Low—Low (FALL—280)
Condensate Reclever TK15 High—High (LAHH—201)
Seal Water Tank TK18 Level High—High Switch (LAHH—228)
Seal Water Tank TK18 Temperature High Switch (LAHH—227)

图 16-5-2　热传输重水升级系统自动停运条件

16.5.7　设备切换

重水升级系统中除了 2 台底部产物泵无法自动切换外，其他转动设备(回流泵、循环泵、真空泵、顶部产物泵、凝结水泵)都为 1 台运行 1 台备用，这些泵的切换由控制软件设定的时间控制，描述如表 16-5-1 所示。

表 16-5-1　系统设备状态表

设备名称	系统正常运行时状态	房间区域
循环泵	1 台运行 1 台备用，P01/P11 运行 120 h 自动切换，P02/P12 运行 96 h自动切换	D-161
回流泵	1 台运行 1 台备用，P03/P13 运行 120 h 自动切换，P04/P14 运行 96 h自动切换	D-161
顶部产物泵	1 台运行 1 台备用，P05/P15 运行 120 h 自动切换，P06/P16 运行 96 h自动切换	D-235
底部产物泵	底部产物箱取样或传输重水时运行	D-235

续表

设备名称	系统正常运行时状态	房间区域
真空泵	1 台运行 1 台备用,P09/P19 运行 120 h 自动切换,P10/P20 运行 96 h自动切换	D-158
凝结水泵	1 台运行 1 台备用,P25/P27 运行 120 h 自动切换,P26/P28 运行 96 h自动切换	D-019

16.5.8 使用慢化剂升级系统处理热传输降级重水

设计上慢化剂升级系统用来处理慢化剂降级重水,热传输升级系统用来处理热传输降级重水。电厂运行期间,一般热传输系统的降级重水要远多于慢化剂系统产生的降级重水,如果在某一段时期内热传输降级重水特别多而慢化剂升级任务相对比较轻,可以考虑用慢化剂升级系统来处理热传输的降级重水,但在处理之前需要对慢化剂升级系统进行疏水、冲洗。

16.5.9 本系统设计变更

(1) 9801-QY-38420-DMR-00728

重水的提纯过程同时也是离子杂质的浓缩过程,尽管升级系统设有进料蒸发器和底部产物蒸发器,可以过滤掉包含在水中的离子杂质,但当离子杂质积累到一定程度后,进入汽相的比例也相应增大,直接导致底部水质不合格,主要体现在电导率高、pH 值偏低方面。重水升级系统没有装设专门的排污系统,秦山三期目前采取的办法是停运重水升级塔,对系统进行清洗,并将底部产物箱内的不合格重水疏放到重水净化系统重新净化处理。出现这种情况时如果不能迅速确认污染点的位置并及时正确地处理,会在很大程度上影响到降级重水的升级处理,甚至在一定程度上影响到电厂的可用重水储备。并且由于无专门的疏水管线,在实施疏水操作时需要接约 100 m 临时软管至重水净化系统,既对日常工作带来很大的不便,又大大增加了重水泄漏的可能性。参照国外同类电厂的做法,在重水升级塔厂房底部设置 1 个合适容量的箱子,将重水升级系统的疏水统一疏到此箱子内,并从箱子底部连接传输泵传输到重水净化系统。

(2) 9801-QY-38420-DMR-00609

重水升级系统重水浓度分析仪 63842-A48/A68/A248/A268 的冷却回路采用冷冻水(71940)循环冷却。冷冻水系统压力约为 90 psi(g)(1 psi=6.895 kPa),因为分析仪冷却回路设计压力为 30 psi(g),冷冻水流进入分析仪后,就没有足够的压头返回压力为 90 psi(g)的冷冻水系统。现场接临时管线将冷冻水排放到地坑中,4 台分析仪运行时每天要排掉大约 800 kg 的冷冻水。现场拟增加 1 个收集箱和传输泵,将冷冻水回流收集到收集箱中的冷冻水增压后集中打回冷冻水系统(注:最终验收会议决定由 AECL 负责设计、提供所需物资费用,TQNPC 提出物资报价供 AECL 确认后,由 TQNPC 自己采购,并实施变更)。

(3) 9801-QY-38420-DMR-00651

重水厂房空气中氚监测盘台 67883-PL2601 送出 2 个 4～20 mA 的电流信号(重水升级塔厂房空气中的氚浓度/惰性气体浓度信号 PL2601-1/ PL2601-2)到 63842-PL2590 内第 3 块 I/O 卡(两线制模拟量输入卡)的第 6、7 通道,由于该卡是两线制,卡件同时给现场供电,造成 67883-PL2601 的 4～20 mA 电流输出回路有两路电源供电(67883-PL2601 与 I/O 卡件叠加供电),电流偏离仪表应正常输出的值,使得输出值在 DCS 中无法正常显示。在变更中将 67883-PL2601 输出信号接到 63842-PL2590 内第 5 块 I/O 卡(四线制模拟量输入卡)的第 5、6 通道,由于四线制卡件不会对现场送电,因此对 67883-PL2601 送出的电流引号不会产生干扰。更改现场盘柜内接线后对控制系统的软件重新组态。

16.5.10 Delta V 分布式控制系统简介

秦山三期重水升级系统控制系统采用 Emerson 公司开发的 Delta V 控制系统,这也是 CANDU 电厂中首次使用分布控制系统的重水升级系统。Delta V 系统集合 DCS 的众多优势,如系统的安全性、冗余功能、用户界面集成等,且具有现场总线控制系统接口,可以方便用户安全地进行设计、调试、更改、运行,目前其应用涉及各种工业领域。

Delta V 系统由工作站、集线器、控制器以及 I/O 子系统组成,最大节点可达 120 个,可以有 60 个工作站,100 个控制器,结构如图 16-5-3 所示。

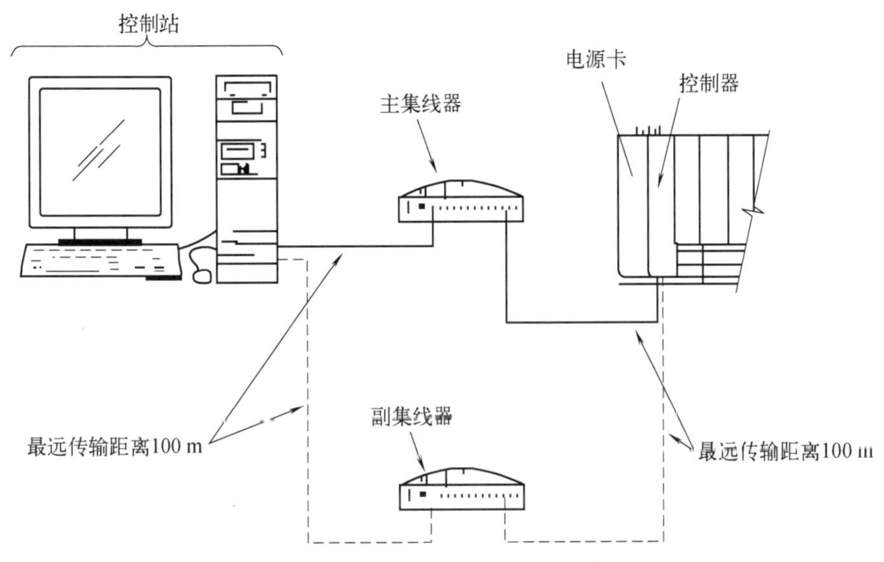

图 16-5-3 DCS 控制网络示意图

图 16-5-3 中计算机作为人机接口的操作站,其中的 1 台作为工程师站(PLUS Station),用于系统组态、控制及维护,可以兼作操作员站。除工程师站以外的其他计算机均为操作员站,帮助操作员实现生产过程的监视和操作控制、报警处理、故障诊断等。有些生产场合也配备有专门的应用操作站,完成一些特定的工作。控制器是控制系统的核心,执行数据处理和设备控制等任务,控制器的电源由与它相邻的电源卡提供。操作站与控制器之间的通信通过网线和集线器完成,为了确保系统可靠运行,采用 2 个集线器和 2 条网线,即主控制网络(实线)和冗余控制网络(虚线)。现场的模拟和数字信号通过 I/O 卡进入控制器处理。

秦山三期重水升级系统配置有 2 台控制站(见图 16-5-4),登录任 1 台计算机均可实现对慢化剂或热传输重水升级系统的操作监控。控制器和 I/O 卡件、集线器都集中在控制柜 63842-PL2590/PL2591(见图 16-5-5)内,所有这些硬件均位于 D-247 房间。

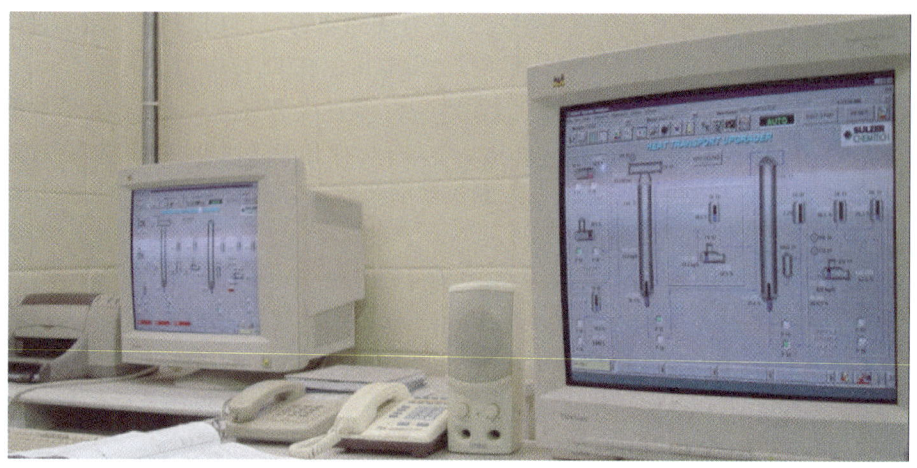

图 16-5-4　重水升级系统操作站

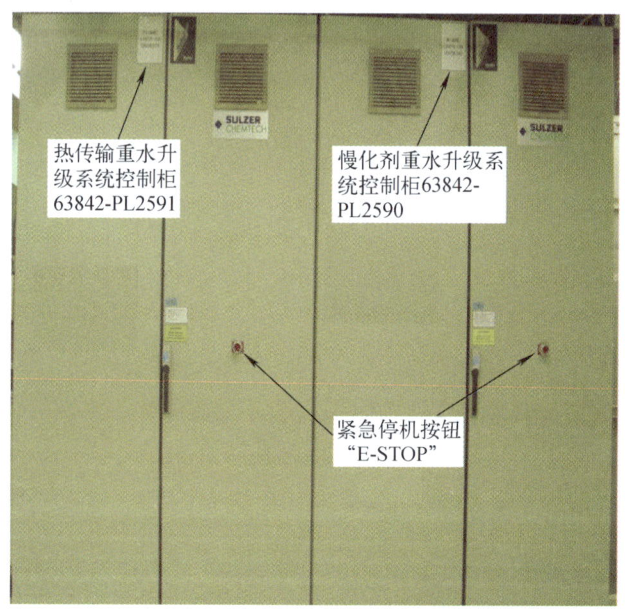

图 16-5-5　重水升级系统控制柜

复习思考题

1. 在失去顶部和底部产物分析仪后，重水升级塔如何运行？

参考答案：

根据不同浓度的进料选择对应的进料流量 F，同时将顶部产物提取流量设置为 $F\times$(1－进料浓度)，定期对顶部和底部产物取样，只有在底部产物浓度合格后才投入底部产物提取。

2. 降级重水在进入升级塔之前已经经过进料蒸发器处理过，为什么升级后的重水还要经过底部产物蒸发器二次蒸发?

参考答案:

重水升级过程实质上也是一个杂质浓缩过程,即将一次蒸发所带入的杂质在升级塔底部进行浓缩,几乎全部保留在已升级的重水中,所以有必要在使用之前二次蒸发降低 D_2O 的杂质含量。

3. 重水升级系统运行压力升高会产生什么影响? 应采取哪些手段干预?

参考答案:

系统运行压力对升级塔的运行极其重要。如果运行压力升高,重水中轻水相对挥发性降低,导致对轻重水的分离能力不能达到所需的水平。可采取以下手段干预:启动备用真空泵;关闭压力控制阀前后隔离阀;关闭产物分析仪的空气排放阀。若采取以上行动后还无法维持所需真空,需要停运系统进行检查、处理。

4. 重水升级塔的"全回流"模式用于哪些运行工况?

参考答案:

(1) 在启动时使蒸馏塔达到平衡,也就是达到同位素浓度与蒸馏柱的标高关系。

(2) 在正常操作时,塔的平衡不受干扰,允许停止进料和出料,进行工艺上的一些调整。

5. 重水升级系统真空单元采用什么类型的真空泵? 描述该类型真空泵的工作原理。影响该类型真空泵效率的因素有哪些(列出 3 点)?

参考答案:

水环式真空泵。原理:主要是靠水作密封介质,泵叶轮轴和泵壳不同心(偏心),叶轮旋转形成水环,进气区经抽吸形成真空。影响因素:工作液温度过高/供水量过小/吸水量过大/端面间隙过大。

6. 列举重水升级系统进料水质控制限值。

参考答案:

粒状物	100 mg/L	硝酸盐	1 ppm
硼酸	1 ppm	氨和胺类	1 ppm
有机物	10 ppm	油	1 ppm
氯化物	1 ppm	氚	1 ppm
pH	6.5~10		

7. 影响秦山三期重水升级塔离子杂质积累的因素有哪些?

参考答案:

(1) 进料重水的水质量情况。进入升级塔的重水首先需要进行净化处理,除去悬浮物、油、有机物和离子杂质等,进料水质不好,会增加升级塔内离子杂质的含量,对氧化铜填料层造成腐蚀;过多的积累会直接影响底部产物箱的水质;甚至有可能堵塞各个塔层的分水盘的分水集管,使得水流不均匀,影响液/汽交换效果,从而影响到升级塔的升级效率。从调试以来,秦山三期升级塔的进料水源控制难点主要在TOC这一项指标上。秦山三期的重水净化系统没有G2电站那样装有有机物分解装置,在国外的同类电站TOC控制值定为1 mg/kg,秦山三期把TOC控制值由1 mg/kg改到了3 mg/kg,但TOC过高进入升级塔以后由于有铜的催化,温度也比较高,生成有机酸(主要是甲酸、乙酸和乙醇酸),这些酸的生成本身会导致电导的升高,同时也会对氧化铜填料腐蚀,氧化铜颗粒又会使得电导变大,pH降低。同时这些有机酸进入底部蒸发器后按照一定的分配系数有部分直接进入了汽相,随着有机酸的积累,进入汽相的分配比例也增加,最终导致底部产物箱重水电导高、pH降低。

(2) 升级塔底部料液槽内重水浓度的控制。底部产物的浓度控制太高,这虽然可以带来一定的正面效益,但底部产物在底部停留时间越长,离子杂质的浓缩情况越厉害。所以对于底部产物的浓度控制只能是"合理可行尽量高",而不是越高越好。

(3) 升级水量的影响。单位时间内处理的水量越多,积累在塔内的杂质越多。

(4) 进料重水浓度的影响。进料重水的浓度越低,升级到核级浓度需要的时间就越长,重水在升级塔底釜中停留的时间也就越久,从而使得更多的离子杂质在蒸馏塔内积聚。

(5) 在国外的同类电站中还出现过底部产物蒸发器的蒸汽加热盘管发生微量泄漏而导致底部产物箱重水高电导事件。由于泄漏量很小,进入的轻水使得重水浓度的降级并不明显,但却影响到底部产物箱的水质状况。